施工管理技術検定学習書

2級 管工事施工管理技士

合格ガイド

第一次・第二次検定

第2版

Tetsuro Ishihara
石原鉄郎

本書内容に関するお問い合わせについて

このたびは翔泳社の書籍をお買い上げいただき、誠にありがとうございます。弊社では、読者の皆様からのお問い合わせに適切に対応させていただくため、以下のガイドラインへのご協力をお願い致しております。下記項目をお読みいただき、手順に従ってお問い合わせください。

●ご質問される前に

弊社Webサイトの「正誤表」をご参照ください。これまでに判明した正誤や追加情報を掲載しています。

正誤表　https://www.shoeisha.co.jp/book/errata/

●ご質問方法

弊社Webサイトの「書籍に関するお問い合わせ」をご利用ください。

書籍に関するお問い合わせ　https://www.shoeisha.co.jp/book/qa/

インターネットをご利用でない場合は、FAXまたは郵便にて、下記"翔泳社 愛読者サービスセンター"までお問い合わせください。
電話でのご質問は、お受けしておりません。

●回答について

回答は、ご質問いただいた手段によってご返事申し上げます。ご質問の内容によっては、回答に数日ないしはそれ以上の期間を要する場合があります。

●ご質問に際してのご注意

本書の対象を超えるもの、記述個所を特定されないもの、また読者固有の環境に起因するご質問等にはお答えできませんので、予めご了承ください。

●郵便物送付先およびFAX番号

送付先住所　〒160-0006　東京都新宿区舟町5
FAX番号　03-5362-3818
宛先　（株）翔泳社 愛読者サービスセンター

はじめに

２級管工事施工管理技士は、「建設業法」に基づく資格で、この資格を有することで、管工事業の営業所の専任技術者や、工事現場における主任技術者になることができます。第一次検定と第二次検定による試験に合格することで、この資格を取得することができます。

限られた時間の中で記憶・理解できることには限界があります。第一次検定、第二次検定により出題される本試験の出題分野を、すべて完璧に網羅しようとすることは得策ではありません。

そこで本書は、第一次検定および第二次検定で問われる要点をまとめることに努めました。要点をコンパクトな一冊にまとめることで、通勤・通学時間や休憩時間などの空き時間に、効率的に学習することができるようにしています。

- **頻出項目の出題内容が把握できる**
  広範な出題分野から、合格のために必ず覚えておきたい、頻出しているテーマに絞って解説しています。

- **要点整理でキーワードを確認できる**
  試験でよく問われる専門用語や特徴、用途、数値などのキーワードを効率よく学習できるように構成しています。

- **関連問題で理解度を確認できる**
  テーマごとに、過去に出題された問題を取り上げています。問題を解くことで理解度をチェックできます。

２級管工事施工管理技術検定に合格するための入門書から、過去問題集のサブテキスト、試験直前の総まとめなどに、本書を活用していただければと思います。皆さんが、合格の栄冠を手にされることを願っています。

2023年10月　石原鉄郎

目次

第7章　工事施工　125

第8章　法規　151

第2部　第二次検定

第1章　施工経験記述　183

2級管工事施工管理技術検定試験とは

2級管工事施工管理技術検定は、建設業法第27条に基づき、管工事に従事する施工管理技術者の向上、技術水準の確保を図ることを目的とした国家試験です。建設業法に定められた一般建設業の許可要件である営業所における「専任技術者」及び工事現場における「主任技術者」となることが認められています。

● 検定概要

○検定の種類

2級管工事施工管理技術検定は、「**第一次検定**」と「**第二次検定**」から構成されています。なお、令和2年度までは「第一次検定」「第二次検定」はそれぞれ「学科試験」「実地試験」と言われていました。

検定区分	検定時間	解答形式	出題数・解答数
第一次検定	2時間10分	4択択一または 4肢2択	出題数：52問 うち40問を選択して解答
第二次検定	2時間	全問記述式	出題数6問 うち4問を選択して解答

検定の内容は次のとおりです。

検定区分	検定科目	検定基準
第一次検定	機械工学等	1. 管工事の施工の管理を適確に行うために必要な機械工学、衛生工学、電気工学、電気通信工学及び建築学に関する概略の知識を有すること。 2. 管工事の施工の管理を適確に行うために必要な設備に関する概略の知識を有すること。 3. 管工事の施工の管理を適確に行うために必要な設計図書を正確に読みとるための知識を有すること。
	施工管理法	1. 管工事の施工の管理を適確に行うために必要な施工計画の作成方法及び工程管理、品質管理、安全管理等工事の施工の管理方法に関する基礎的な知識を有すること。 2. 管工事の施工の管理を適確に行うために必要な基礎的な能力を有すること。
	法規	建設工事の施工の管理を適確に行うために必要な法令に関する概略の知識を有すること。
第二次検定	施工管理法	1. 主任技術者として、管工事の施工の管理を適確に行うために必要な知識を有すること。 2. 主任技術者として、設計図書で要求される設備の性能を確保するために設計図書を正確に理解し、設備の施工図を適正に作成し、及び必要な機材の選定、配置等を適切に行うことができる応用能力を有すること。

※令和６年２月に管工事試験部より「令和６年度以降の管工事施工管理技術検定試験問題の見直しについて」という文書が出されましたが、引き続き、本書等で過去に出題された事項を学習し、内容を理解していきましょう。
https://www.jctc.jp/kentei/info/kentei20240226_k.pdf

○検定スケジュール

第一次検定は１年に**2回（前期・後期）**、第二次検定は１年に**1回（後期）**行われます。「第一次検定のみ（前期/後期）」、「第二次検定のみ（後期）」のほか、同日に両方を受検する「第一次検定・第二次検定（後期）」の受検も可能です。

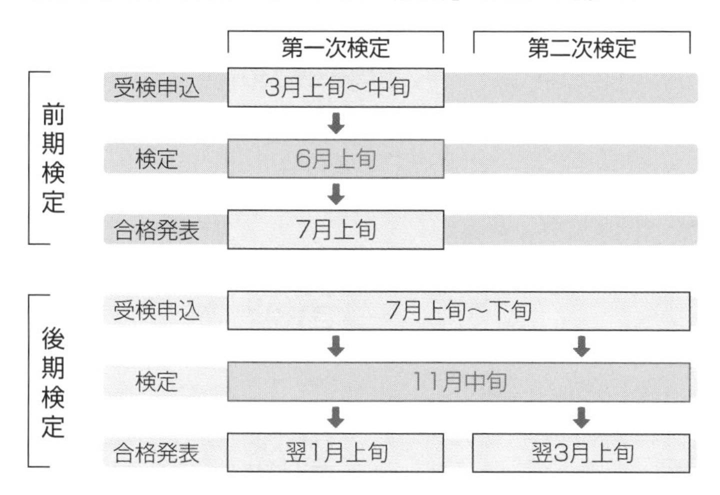

第一次検定に合格すると「2級技士補」になり、その上で第二次検定に合格すると「2級技士」になることが出来ます。

○合格基準

下記が基準ですが、試験の実施状況等を踏まえ、変更がある場合もあります。

- 第一次検定　　得点が60%以上
- 第二次検定　　得点が60%以上

○申込方法

受検申込みには、「第一次検定・第二次検定」「第一次検定のみ」「第二次検定のみ」の３区分あります。それぞれに申込みできる受検資格があります。

※令和６年度より施工管理技術検定の受検資格が変わり、第二次検定は新受検資格になりました。ただし、令和６年度から令和10年度までは制度改正に伴う経過措置として、「新受検資格」と「旧受検資格」のどちらの受検資格でも受検が可能です。

新規受検申込者は書面申込みのみですが、再受検者はインターネットでの申込みも可能です。書面の申込書は購入する必要があります。

試験区分や申込み方法、必要書類の詳細等は、公式サイトをご確認ください。

○問い合わせ

上記の情報は、令和５年１１月現在のものです。管工事施工管理技術検定を受検する際には、下記Webサイトに記載されている最新の「受検の手引き」を参照するか、下記の試験実施団体に問い合わせてください。

管工事施工管理技術検定試験に関する申込書類提出先及び問い合わせ先

一般財団法人　全国建設研修センター

〒187-8540　東京都小平市喜平町2-1-2

TEL　042(300)6855

技術検定について

https://www.jctc.jp/exam/

２級管工事施工管理技術検定について

https://www.jctc.jp/exam/kankouji-2

読者特典

以下のサイトから、第二次検定の「施工経験記述」（➔P.184）の練習用解答用紙がPDF形式でダウンロードできます。

https://www.shoeisha.co.jp/book/present/9784798182865

※本解答用紙は翔泳社が独自で作成したもので、実際の解答用紙とは異なる場合があります。

※コンテンツ配布は予告なく終了することがあります。あらかじめご了承ください。

※会員特典データのダウンロードには、SHOEISHA iD（翔泳社が運営する無料の会員制度）への会員登録が必要です。詳しくは、Web サイトをご覧ください。

2級管工事施工管理技術検定試験の傾向と対策

傾向

２級管工事施工管理技術検定は、第一次検定と第二次検定により構成されています。

第一次検定は、**４択択一式または４肢２択式**の問題が52問出題され、うち40問を解答する方法で、例年、実施されています。

第二次検定は、**記述式**の問題が６問出題され、うち４問を解答する方法で、例年、実施されています。

２級管工事施工管理技術検定試験の内容					
試験	分類	出題数	解答数	必須問題／選択問題	出題形式
第一次検定	一般基礎	4	4	必須問題	4肢択一式
	電気	1	1	必須問題	
	建築	1	1	必須問題	
	空調設備	8	9	選択問題（17問中9問）	
	衛生設備	9			
	機器材料	4	4	必須問題	
	設計図書	1	1	必須問題	
	施工管理法	10	8	選択問題（10問中8問）	
	法規	10	8	選択問題（10問中8問）	
	施工管理法（基礎的な能力）	4	4	必須問題	4肢2択式
	合計	52	40		
第二次検定	施工図	1	1	必須問題	記述式
	工事施工（空調）	1	1	選択問題（2問中1問）	
	工事施工（衛生）	1			
	工程管理	1	1	選択問題（2問中1問）	
	法規	1			
	施工経験記述	1	1	必須問題	
	合計	6	4		

※令和４年度現在の内容です。内容が変更される可能性があります。

対策

○第一次検定対策

第一次検定の合格基準は、正解率60%と公表されています。したがって、解答数40問のうち24問以上の正解が合格基準となります。

第一次検定の解答数に対する各分野の示す割合は、次のグラフのとおり、基礎的な能力を含む施工管理法の分野が40問中12問の30%と最も高いです。また、法規の分野は8問で20%を占め、**施工管理法と法規の分野で解答数全体の50%**を占めています。したがって、第一次検定での解答数が多い**施工管理法と法規の分野を重点的に勉強することが得策**です。

施工管理法の次に解答数に占める割合の多い**空調・衛生**の分野は、17問中9問選択の選択問題となっており、難しい問題は解答する必要はないので、**基本的な問題を確実に解ける**ようにしておくことが得策です。

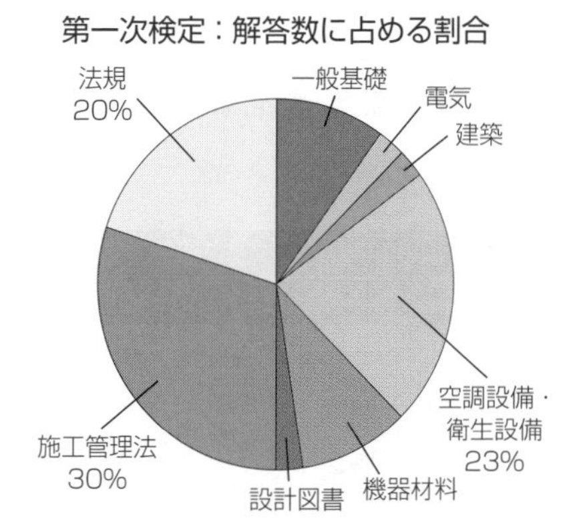

○第二次検定対策

第二次検定の問題は、施工図、工事施工（空調・衛生）、工程管理、法規、施工経験記述に分類され、対策として考えられることは、それぞれの次のとおりです。

分類	対策
施工図	予備知識なしで正解することは難しい。過去に出題された図が繰り返し出題されるので、**既出図面**をよく理解しておく。
工事施工	**第一次検定**で学習する**施工管理法の工事施工**に関する知識を応用して記述できるようにしておく。
工程管理	予備知識なしで正解することは難しい。過去に出題された問題の類似問題が繰り返し出題されるので、**既出問題**をよく理解しておく。
法規	**第一次検定**で学習する**法規**に関する知識を応用して記述できるようにしておく。
施工経験記述	例年、出題されるパターンがほぼ定まっているので、**予め、記述する内容を準備**しておく。

第1部 第一次検定

第1章 一般基礎

一般基礎の分野からは、空気環境、水環境、流体工学、熱力学に関する事項が出題される。空気環境は、温度、湿度などの温熱環境、二酸化炭素、揮発性有機化合物など、水環境は、水の性質、水環境の指標などの事項が出題される。流体工学は、流体の性質、ピトー管など、熱力学は、熱容量、比熱、状態変化、気体と熱などの事項が出題される。

1-1 空気環境

空気環境の分野からは、温度、湿度、空気環境指標などの内容が出題される。温度は、乾球温度、湿球温度、有効温度、作用温度などが、湿度は、絶対湿度、相対湿度、結露などが、空気環境指数は、一酸化炭素、二酸化炭素、揮発性有機化合物などが出題される。

① 温度

☐ **乾球**温度とは、感熱部を**乾いた**状態で、アスマン通風乾湿計で測定した温度のこと。

※**アスマン通風乾湿計**とは、小型ファンで送風しながら乾球温度と湿球温度を計測する温度計をいう。

☐ **湿球**温度とは、感熱部を**布で湿らせた**状態で、アスマン通風乾湿計で測定した温度のこと。

☐ 乾球温度と湿球温度が等しいとき、**飽和**湿り空気の状態で、**相対湿度**は**100**%である。

※**飽和湿り空気**とは、空気中に含まれる水蒸気が**飽和状態**になっている空気をいう。

※**相対湿度**とは、その温度における飽和水蒸気分圧に対するそのときの空気中の水蒸気分圧の百分率をいう（➲P.3）。

☐ 温熱環境の指数には、**有効**温度（ET）、**修正有効**温度（CET）、**新有効**温度（ET*）、**作用**温度（OT）、**平均放射**温度（MRT）などがある。

- ▶ **有効**温度（ET）とは、**乾球温度、湿球温度、風速**の３つの要素を考慮した温熱指標のこと。
- ▶ **修正有効**温度（CET）とは、**乾球温度、湿球温度、風速、放射**の４つの要素を考慮した温熱指標のこと。
- ▶ **新有効**温度（ET*）とは、**乾球温度、湿球温度、風速、放射、代謝、着衣**の６つの要素を考慮した温熱指標のこと。
- ▶ **作用**温度（OT）とは、**気温、気流、放射**の３要素を考慮した温熱指標のこと。
- ▶ **平均放射**温度（MRT）とは、ある点が受ける**熱放射を平均**した温度のこと。

☐ **放射熱**を測定するときに使用する**グローブ**温度計とは、表面を黒色つや消しに仕上げた中空銅球の中央に、温度計を挿入したもののこと。

☐ **予想平均申告**（PMV）とは、**人間が感じる温冷感**の指標のこと。

☐ 飽和湿り空気を冷却すると、相対湿度は**100%のまま変化しない**。

過去問にチャレンジ！ 令和4年度 前期 No.1

湿り空気に関する記述のうち、**適当でないもの**はどれか。

1 湿り空気の全圧が一定の場合、乾球温度と相対湿度が定まると、絶対湿度が定まる。

2 絶対湿度は、湿り空気中に含まれている乾き空気1kgに対する水蒸気の質量で表す。

3 飽和湿り空気の乾球温度と湿球温度は等しい。

4 飽和湿り空気を冷却すると、相対湿度は上昇する。

解答 **4**

解説 飽和湿り空気を冷却すると、相対湿度は**100%のまま変化しない。**

② 湿度

- [ ] 湿度には、**絶対**湿度と**相対**湿度がある。
- [ ] **絶対**湿度とは、**湿り空気中**に含まれる**乾き**空気1kgに対する水蒸気の質量のこと。

※**湿り空気**とは、水蒸気を含む空気を、**乾き空気**とは、水蒸気を含まない空気をいう。

- [ ] **相対湿**度とは、ある温度における飽和水蒸気分圧に対する空気中の水蒸気分圧の割合をいう。一般的には、湿度といえばこちらのことを指す。

$$\textbf{相対}\text{湿度} = \frac{\text{ある湿り空気の水蒸気分圧}}{\text{同じ温度の飽和湿り空気の水蒸気分圧}} \times 100\ [\%]$$

※**水蒸気分圧**とは、湿り空気中における水蒸気の占める圧力をいう。

- [ ] 湿り空気を加熱すると、**絶対**湿度は変化しないが、**相対**湿度は低下する。

※**絶対**湿度は、加湿して空気中に含まれる水蒸気の質量の絶対値を上昇させない限り変化しないが、**相対**湿度は、空気中に含むことのできる水蒸気量は温度が高くなるほど多くなるので、相対的に低下するため。

- [ ] 湿り空気が**露点**温度より冷やされて、湿り空気中の水蒸気が凝縮する現象のことを**結露**という。

※**露点温度**とは、結露を生じる温度をいう。

- [ ] 湿り空気の全圧が一定の場合、乾球温度と相対湿度が定まると、**絶対**湿度が定まる。
- [ ] 不飽和湿り空気（飽和湿り空気以外の湿り空気）の湿球温度は、その乾球温度より**低**くなる。

□ 露点温度とは、その空気と同じ**絶対**湿度をもつ飽和湿り空気の温度をいう。

□ 空気中に含むことのできる水蒸気量は、温度が高くなると**多**くなる。

□ 壁の表面結露対策には、壁の熱通過率を**小さ**くする、壁の表面温度を**高**くする、壁の表面の空気を**流動**させる等の方法がある。

過去問にチャレンジ！ 令和元年度 後期 No.1

湿り空気に関する記述のうち、**適当でないもの**はどれか。

1　飽和湿り空気の相対湿度は100%である。

2　絶対湿度は、湿り空気中に含まれる乾き空気1kgに対する水蒸気の質量で表す。

3　空気中に含むことのできる水蒸気量は、温度が高くなるほど少なくなる。

4　飽和湿り空気の乾球温度と湿球温度は等しい。

解答　**3**

解説　空気中に含むことのできる水蒸気量は、温度が高くなると**多**くなる。

③ 空気環境指標

□ **室内空気中の許容濃度**：二酸化炭素（1000ppm）＞一酸化炭素（10ppm）

□ **密度（比重）**：二酸化炭素＞空気＞一酸化炭素

□ **揮発性有機化合物**（VOCs）とは、空気中に揮発しやすい有機化合物で、**シックハウス症候群**の主要因である。

□ **二酸化炭素、浮遊粉じん量、臭気**は、室内空気の**汚染**指標である。

□ 一酸化炭素は、燃焼中の酸素が**不足**すると発生する**無**色**無**臭の有害な気体である。

□ ホルムアルデヒドは、仕上げ材等から放散され、**刺激**臭を有し、アレルギーやシックハウス症候群を引き起こす。

□ 石綿は、**天然**の繊維状の鉱物で、その粉じんを吸入すると**中皮種**などの健康障害を引き起こす。

□ 空気齢は、換気のため導入された外気が到達する時間であり、値が**小さい**ほど換気効率がよい。

□ 居室の必要換気量は、一般的に、**二酸化炭素**濃度の許容値に基づき算出する。

□ PM2.5は、大気中に浮遊する微小**粒子**状物質を表し、環境基準が定められている。

- □ NC曲線は、室内**騒音**に関する評価指標である。
- □ 予想不満足者率（PPD）は、人間が感じる**温冷感**の指標で、**予想平均申告（PMV）**と相関関係がある。
- □ clo（クロ）は、**衣服**の熱絶縁性を表す指標である。
- □ met（メット）は、人体の**代謝**量を表す指標である。

過去問にチャレンジ！

令和4年度 後期 No.1

空気環境に関する記述のうち、**適当でないもの**はどれか。

1　一酸化炭素は、炭素を含む物質の燃焼中に酸素が不足すると発生する気体である。

2　二酸化炭素は、直接人体に有害とはならない気体で、空気より軽い。

3　浮遊粉じん量は、室内空気の汚染度を示す指標の一つである。

4　ホルムアルデヒドは、内装仕上げ材や家具等から放散され刺激臭を有する。

解答　**2**

解説　二酸化炭素は空気より密度が大きく、空気より**重い**。

1-2 水環境

水環境の分野からは、水の性質、水環境指標などの内容が出題される。水の性質は、圧縮性、密度、粘性、比熱などが、水環境指数は、pH、生物化学的酸素要求量（BOD）、浮遊物質（SS）、溶存酸素（DO）、硬度などが出題される。

❶ 水の性質

- □ 水は、空気に比べて**圧縮しにくい**。
- □ 水の密度は、**4℃付近**で**最大**となる。
- □ １気圧の下で**水**が**氷**になると、容積が約10%**増加**する。
- □ 粘性係数の比較：**水**の粘性係数**＞空気**の粘性係数

※**粘性係数**とは、流体に働く粘性力の強さを示した係数をいう。**粘性力**とは、粘性（粘り気）により作用する力をいう。

- □ 水の**比熱**は、１気圧のもとで約**4.2** kJ/（kg・K）である。

※**比熱**とは、1kgの物体の温度を1K（1℃）上げるのに必要な熱量をいう。

- □ 水は、一般に、**ニュートン**の粘性法則に従う、**ニュートン**流体として扱われる。

※**ニュートンの粘性法則**とは、流体が物体から受ける摩擦応力が速度勾配（流速／物体からの距離）に比例するという法則をいい、次式で表される。

$$\text{流体が物体から受ける摩擦応力} \propto \text{速度勾配} = \frac{\text{流速}}{\text{物体からの距離}}$$

したがって、配管内を流れる流体においては、流体が物体（配管の内表面）から受ける摩擦応力は、流体の流速が**大きい（速い）**ほど大きくなり、物体（配管の内表面）からの距離が**小さい（近い）**ほど大きくなる。

- □ １気圧における水の密度は、0℃の氷の密度より**小さい**。
- □ 空気の水に対する溶解度（溶けやすさ）は、圧力が高くなると**増加**し、温度が高くなると**減少**する。

過去問にチャレンジ！　令和3年度 後期 No.2

水に関する記述のうち、**適当でないもの**はどれか。

1　大気圧において、1kgの水の温度を1℃上昇させるために必要な熱量は、約4.2kJである。

2　0℃の水が氷になると、その容積は約10%増加する。

3　硬水は、カルシウム塩、マグネシウム塩を多く含む水である。

4　大気圧において、空気の水に対する溶解度は、温度の上昇とともに増加する。

解答　4

解説　大気圧において、空気の水に対する溶解度は、温度の上昇とともに**減少**する。

過去問にチャレンジ！　平成26年度 学科 No.3

水の性質に関する記述のうち、**適当でないもの**はどれか。

1　水は、空気に比べて圧縮しやすい。

2　水の密度は、4℃付近で最大となる。

3　水の粘性係数は、空気の粘性係数より大きい。

4　水は、一般に、ニュートン流体として扱われる。

解答　1

解説　水は、空気に比べて圧縮**しにくい。**

② 水環境の指標

- □ pHとは、**水素イオン濃度**の大小を表す指標で、pH＝7のとき**中性**、pH＜7のとき**酸性**、pH＞7のとき**アルカリ性**である。
- □ 水質汚濁の指標として、**生物化学的酸素要求量**（BOD）、**浮遊物質**（SS）、**溶存酸素**（DO）などがある。
  - ▶ **生物化学的酸素要求量（BOD）**とは、水中に含まれる**有機物質**の量を示す指標である。
  - ▶ **浮遊物質**（SS）とは、水中に含まれる**浮遊物質**の量を示す指標である。
  - ▶ **溶存酸素**（DO）とは、水中に溶けている**酸素**の量である。
- □ 水に含まれる**カルシウムイオン**、**マグネシウムイオン**の含有量は、**硬度**で表す。より含有量が多いとき、硬度が**高い**という。
- □ 化学的酸素要求量（COD）は、汚濁水を**酸化剤**で**化学的**に酸化するときに消費される酸素量である。
- □ 軟水は、カルシウム塩、マグネシウム塩の**少ない**水である。
- □ 濁度は水の**濁り**の程度を、色度は水の**色**の程度を示す度数である。

過去問にチャレンジ！　令和4年度 後期 No.2

水に関する記述のうち、**適当でないもの**はどれか。

1　軟水は、カルシウム塩、マグネシウム塩を多く含む水である。

2　BODは、水中に含まれる有機物質の量を示す指標である。

3　0℃の水が氷になると、体積は約10%増加する。

4　pHは、水素イオン濃度の大小を示す指標である。

解答　1

解説　軟水は、カルシウム塩、マグネシウム塩の**少ない**水である。

1-3 流体工学

流体工学の分野からは、流体の性質、ピトー管などの内容が出題される。流体の性質は、圧縮性、圧力損失、レイノルズ数、毛管現象などが、ピトー管は、使用目的、全圧、静圧、動圧などが出題される。

① 流体の性質

- □ 液体は**非圧縮**性流体、気体は**圧縮**性流体である。

  ※**圧縮性流体**とは、圧力を加えると体積が小さくなる流体、**非圧縮性流体**とは、圧力を加えてもほとんど体積が小さくならない流体をいう。

- □ 管内を流れる流体は、流体の**粘性**により、管壁との間に**摩擦**が生じて、流体の**圧力損失**が発生する。

  ※**圧力損失**とは、流体が管内を流れることにより生じる摩擦や、配管の高低差などにより流体が保有している圧力が損失することをいう。

- □ 流体の**粘性力に対する慣性力の比**を**レイノルズ数**という。この数値が大きくなると**乱流**になりやすくなるので、**乱流**と**層流**の判定の目安に用いられる。

  ※**レイノルズ数**とは、**粘性**力（粘り気）に対する**慣性**力の比をいい、次式で表される。

  $$\text{レイノルズ数} = \frac{\textbf{慣性}\text{力}}{\textbf{粘性}\text{力}}$$

  レイノルズ数が大きくなると、粘性力に対して慣性力の比が大きくなり、流体は流れが不規則な**乱流**になりやすい。一方、レイノルズ数が小さいということは、慣性力に対して粘性力の比が大きいことであり、流体は乱流になりにくく、流れが一定の**層流**になりやすい。

  ※**乱流**とは、流体の速度や圧力などが不規則に変動する流れを、**層流**とは、流体の速度や圧力などが変動せず一定である流れをいう。

- □ 管内の水流を急閉止したときに生じる**急激な圧力変動**を**ウォーターハンマー**という。液体の**流速**が**大きい**場合に発生しやすい（➔P.69）。
- □ 液体に細い管を入れると、管内の**液面**が**上昇または下降**する現象を**毛管現象**という。これは、液体の**表面張力**によるものである。
- □ 液体の粘性係数は温度が高くなると**減少**する。
- □ 水中の水圧は水面からの深さに**比例**する。水深**10**mの水圧は約１気圧に相当する。
- □ ゲージ圧とは**圧力計**が示す圧力であり次式で表される。ゲージ圧＝**絶対**圧－**大気**圧
- □ **パスカル**の原理とは、密閉された流体に加えた圧力は、流体の全てに伝わるという原理である。
- □ 流体の圧力損失は、流体の密度に**比例**する。
- □ 流体の圧力損失は、流速の**２乗**に比例する。

☐ 定常流とは、流れの状態が時間によって変化**しない**流れをいう。

☐ 流体の粘性の影響は、流体に接する**壁面**近くで発生する。

☐ **ベルヌーイの定理**とは、流体の密度、流量が一定の流れにおいて、流体のもつ**速度エネルギー、圧力エネルギー、位置エネルギーの総和は一定**であるという定理をいい、次式で表される。

速度エネルギー＋圧力エネルギー＋位置エネルギー＝一定

※つまり、密度、流量が一定の流れにおいて、流速が一定のまま高さが低くなると、位置エネルギーが圧力エネルギーに変換され、高さが一定のまま流速が遅くなると、速度エネルギーが圧力エネルギーに変換されるが、流体のもつ速度エネルギー、圧力エネルギー、位置エネルギーの総和は不変である。

☐ 動圧とは、流体の運動エネルギーによる圧力のことで、次式で表される。

$$\text{動圧}=\frac{\text{流体の}\textbf{密度}\times\text{流速}^2}{2}$$

過去問にチャレンジ！

令和4年 後期 No.3

流体に関する記述のうち、**適当でないもの**はどれか。

1　圧力計が示すゲージ圧は、絶対圧から大気圧を差し引いた圧力である。

2　毛管現象は、液体の表面張力によるものである。

3　流体が直管路を満流で流れる場合、圧力損失の大きさは、流体の密度と関係しない。

4　定常流は、流れの状態が、場所によってのみ定まり時間的には変化しない。

解答　**3**

解説　流体の圧力損失は、流体の密度に**比例**する。

過去問にチャレンジ！

令和4年 前期 No.3

流体に関する記述のうち、**適当でないもの**はどれか。

1　水は、一般的にニュートン流体として扱われる。

2　1気圧のもとで水の密度は、4℃付近で最大となる。

3　液体の粘性係数は、温度が高くなるにつれて減少する。

4　大気圧の1気圧の大きさは、概ね深さ1mの水圧に相当する。

解答 **4**

解説 水深**10**mの水圧が約1気圧に相当する。

② ピトー管

□ ピトー管とは、流体の**全圧**と**静圧**の差を測定する計器で、この測定値から**流速**を算出することができる。

※**全圧**とは、静圧と動圧の和をいう。**静圧**とは、流体の流れに平行な面が受ける圧力をいい、**動圧**とは、流体の運動エネルギーによる圧力をいう。

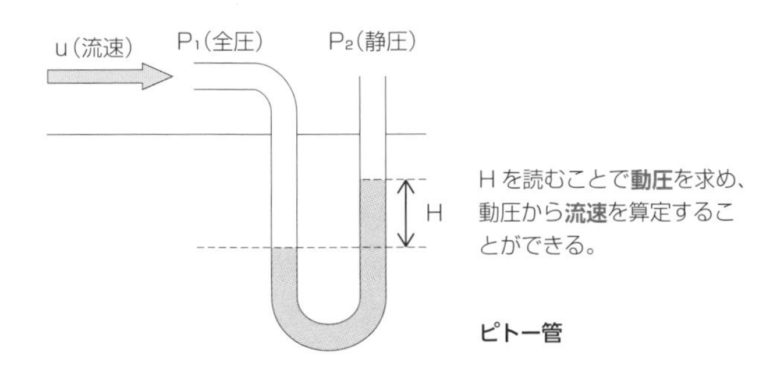

ピトー管

過去問にチャレンジ！ 令和2年度 後期 No.3

流体に関する記述のうち、**適当でないもの**はどれか。

1　流体が直管路を満流で流れる場合、圧力損失の大きさは、平均流速と関係しない。

2　ウォーターハンマーによる圧力波の伝わる速度は、管の内径や肉厚と関係している。

3　毛管現象は、液柱に作用する重力と表面張力の鉛直成分とのつり合いによるものである。

4　ピトー管は、流速の測定に用いられる。

解答 **1**

解説 流体の圧力損失は、流速の**2乗**に比例する。

1-4 熱力学

熱力学の分野からは、伝熱、熱容量、比熱、状態変化と熱、気体と熱などに関する事項が出題される。温度変化に伴う顕熱、状態変化に伴う潜熱、断熱圧縮、断熱膨張などを理解しよう。

① 伝熱、熱容量、比熱

- □ 熱は、**高温**の物体から**低温**の物体へは自然に伝わるが、**低温**の物体から**高温**の物体へは、自然には伝わらない。
- □ **熱放射**による熱移動には**媒体**を必要としない。よって、真空中で、**熱放射**による熱エネルギーは移動**する**。

  ※**熱放射**とは、**放射**ともいい、熱が電磁波として伝わる現象をいう。
- □ 物体の温度を1K（1℃）**上げる**のに必要な熱量を、**熱容量**という。
- □ 1kg の物体の温度を1K（1℃）**上げる**のに必要な熱量を、**比熱**という。
- □ 気体の定容比熱**<**気体の定圧比熱

  ※**定容比熱**とは、体積一定の条件下での比熱、**定圧比熱**とは、圧力一定の条件下での比熱をいう。
- □ 国際単位系(SI)では、熱量の単位は**ジュール**[J]が用いられる。
- □ 熱容量の**大きい**物質は、温まりにくく冷えにくい。
- □ 熱**通過**は固体壁を挟んだ流体間の伝熱、熱**伝達**は固体壁と接する流体間の伝熱、熱**伝導**は固体壁内の伝熱である。

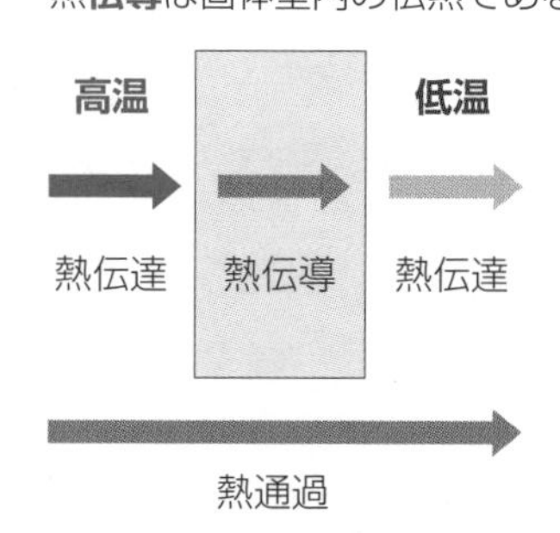

過去問にチャレンジ！ 令和4年度 後期 No.4

熱に関する記述のうち、**適当でないもの**はどれか。

1　熱容量の大きい物質は、温まりにくく冷えにくい。

2　熱放射による熱エネルギーの伝達には、媒体が必要である。

3　熱は、低温の物体から高温の物体へ自然に移ることはない。

4　顕熱は、相変化を伴わない、物体の温度を変えるための熱である。

解答　**2**

解説　熱放射による熱エネルギーの伝達には、媒体は**不要**である。

② 状態変化と熱

□ 状態変化とは、物質が温度によって**気体**、**液体**、**固体**と状態が変化することである。

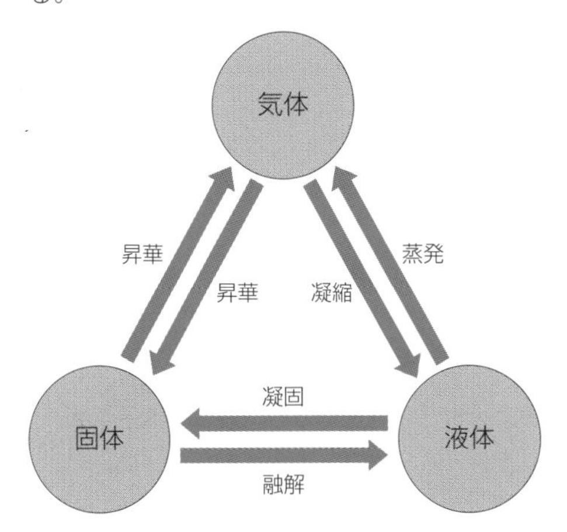

□ **顕熱**とは、**状態**変化を伴わずに、**温度**変化のみに消費される熱のこと。

□ **潜熱**とは、**温度**変化を伴わずに、**状態**変化のみに消費される熱のこと。

□ 0℃の氷を0℃の水に変化させるのに必要な熱は、**潜**熱である。

□ 固体、液体、気体のような状態を**相**といい、**相**が変化することを**相**変化という。

□ 単一物質においては、固体から液体への状態変化（相変化）において温度は**変わらない**。

令和４年度 前期 No.4

熱に関する記述のうち、**適当でないもの**はどれか。

1　単位質量の物体の温度を1℃上げるのに必要な熱量を比熱という。

2　熱エネルギーが低温部から高温部に移動することを熱移動という。

3　単一物質では、固体から液体への相変化における温度は変わらない。

4　熱と仕事は、ともにエネルギーの一種であり、これらは相互に変換することができる。

解答　**2**

解説　熱エネルギーが**高温**部から**低温**部へ移動することを熱移動という。

③ 気体と熱

□ **ボイル・シャルルの法則**とは、気体の圧力、体積、温度に関する法則をいい、下記の式で表される。

$$\frac{\text{絶対}\textbf{圧力}\times\text{体積}}{\text{絶対}\textbf{温度}}=\text{一定}$$

気体の圧力と体積は**反比例**関係、気体の圧力と温度は**比例**関係、気体の体積と温度は**比例**関係にある。

□ 気体の体積を一定に保って**加熱**すると、圧力は**高く**なる。

□ 気体の体積を一定に保って**冷却**すると、圧力は**低く**なる。

□ 気体を**断熱圧縮**（熱の出入りのない状態で圧縮）すると、温度は**上昇**する。

□ 気体を**断熱膨張**（熱の出入りのない状態で膨張）すると、温度は**低下**する。

□ 気体は、液体や固体に比べて熱伝導率（熱伝導のしやすさ）が**小さい**。

過去問にチャレンジ！

令和3年度 後期 No.4

熱に関する記述のうち、**適当でないもの**はどれか。

1　体積を一定に保ったまま気体を冷却すると、圧力は低くなる。

2　気体では、定容比熱より定圧比熱のほうが大きい。

3　潜熱とは、物体の相変化を伴わず、温度変化のみに費やされる熱をいう。

4　熱は、低温の物体から高温の物体へ自然に移ることはない。

解答　**3**

解説　潜熱とは、物体の**温度**変化を伴わず、**相**変化のみに費やされる熱をいう。

過去問にチャレンジ！

平成29年度 学科 No.4

熱に関する記述のうち、**適当でないもの**はどれか。

1　物質内部に温度差があるとき、温度が高い方から低い方に熱エネルギーが移動する現象を熱伝導という。

2　気体を断熱圧縮した場合、温度は変化しない。

3　熱放射による熱エネルギーの移動には、熱を伝える物質は不要である。

4　体積を一定に保ったまま気体を冷却した場合、圧力は低くなる。

解答　**2**

解説　気体を断熱圧縮すると、温度は**上昇する。**

第 1 部

第一次検定

第 2 章

電気・建築

電気の分野からは、電動機回路、電動機、力率改善の効果、漏電遮断器、合成樹脂製可とう電線管の特徴などの内容が出題される。
建築の分野からは、鉄筋コンクリート、コンクリート工事などの内容が出題される。
電気は、配線用遮断器、保護継電器、コンデンサなど、建築は、鉄筋コンクリートの強度、線膨張係数、中性化、水セメント比、かぶり厚さ、コンクリートの保温養生、湿潤養生などの用語が出題される。
なお、「電気・建築」は必須問題である。

2-1 電気

電気の分野からは、電動機回路、電動機、力率改善の効果、漏電遮断器、合成樹脂製可とう電線管の特徴、電気工事士資格が必要な主な作業などの内容が出題される。このうち、電動機回路は、配線用遮断器、保護継電器、コンデンサなどが出題される。

❶ 電動機回路

☐ 電動機回路とは、**電動機に電力を送る回路**をいい、次のものなどで構成される。

- **短絡（ショート）**時に配線の焼損などを保護するための**配線用遮断器**（ブレーカー）
- 電動機の**発停**のための**電磁接触器**
- 電動機の**過負荷**による焼損などを保護するための**保護継電器**などで構成される。

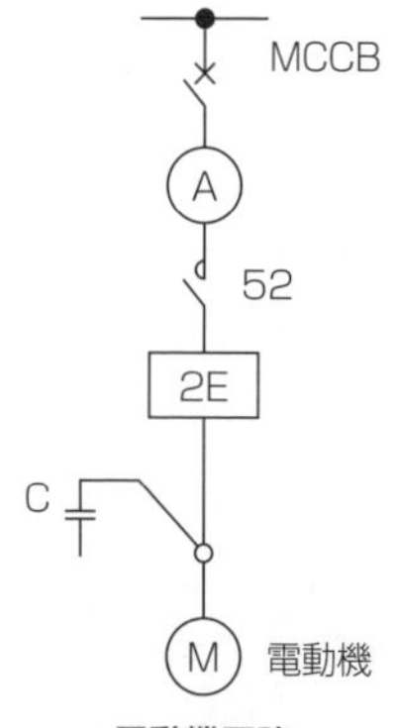

電動機回路

記号	名称	用途
MCCB	配線用遮断器	**短絡**保護
Ⓐ	電流計	電動機運転電流の表示
52	電磁接触器	電路の**開閉**による電動機の発停
2E	保護継電器 (2Eリレー)	**過負荷**保護、 **欠相**保護
C	コンデンサ	**力率**改善
Ⓜ	電動機	設備機器への軸動力

☐ 3Eリレー：**過負荷**保護、**欠相**保護、**反相（逆相）**保護

☐ サーマルリレー：熱動継電器ともいい**過負荷**保護に用いられる。

☐ その他、主な図記号

- SC（またはC）：**コンデンサ**
- EM-IE：600V**耐燃**性**ポリエチレン**絶縁電線
- PF：**合成樹脂**製**可とう**電線管
- MC：**電磁**接触器
- ELCB：**漏電**遮断器
- F：**ヒューズ**

- ☐ メガー（**絶縁**抵抗計）：**絶縁**抵抗の測定に用いられる。
- ☐ アーステスター（**接地**抵抗計）：**接地**抵抗の測定に用いられる。

過去問にチャレンジ！ 令和4年度 後期 No.5

電気設備において、「記号又は文字記号」とその「名称」の組合せのうち、**適当でないもの**はどれか。

1 EM-IE ――― 600V耐燃性ポリエチレン絶縁電線

2 PF ――― 合成樹脂製可とう電線管

3 MC ――― 電磁接触器

4 ELCB ――― 配線用遮断器

解答 **4**

解説 ELCBは**漏電**遮断器である。

❷ 電動機

- ☐ 一般的な建築設備の電動機には、**三相3線式200V**の**普通かご形誘導電動機**が多用されている。

※**三相3線式200V**とは、交流波形を3つ組み合わせた三相を3本の電線で供給する方式のうち、使用電圧が200Vのものをいう。他には、一般家庭のコンセントに用いられる**単相（一相）2線式100V**などがある。

※**普通かご形誘導電動機**とは、電動機の回転体（回転子という）が板状の導体をかご状に組んだ形状をしている誘導電動機（電磁誘導により回転する電動機）をいう。他には、大型で特殊な用途には、**巻線形誘導電動機**が用いられている。

- ☐ **定格電圧で始動させたときの始動電流**は、全負荷時の定格電流の**5～7倍**である。

※**定格**とは、設計上安定して使用できるものとして定められている値をいう。

- ☐ 電源の電圧が降下すると、始動**トルク**は**減少する**。
- ☐ 3本の結線のうち2本を入れ替えると、電動機の回転**方向が変わる**。
- ☐ 電動機の電源配線は、金属管内で**接続**してはならない。端子箱等で**接続**する。
- ☐ 全電圧始動（直入始動）は、電動機の始動時に定格電圧を加える方式で、始動時の電流・トルクを制御**できない**。
- ☐ 電動機始動法のスターデルタ始動は、電動機の始動時に結線方式を切り替える方式で、始動時の電流・トルクを制御**できる**。

③ 力率改善の効果

- □ **電圧と電力の積に対する有効電力の比**を**力率**という。力率は、電圧と電流から有効電力を算出するときなどに用いられる概念である。
- □ 一般に、電動機は力率の値が小さいので、必要に応じて、**力率改善**を行う。その効果は下記の通り。
  - ▶ 電力**損失**の軽減
  - ▶ 電圧**降下**の改善
  - ▶ 電力供給設備**余力**の増加

過去問にチャレンジ！ 令和3年度 後期 No.5

電気設備に関する用語の組合せのうち、**関係のないもの**はどれか。

1　漏電遮断器 ―――― 地絡保護

2　配線用遮断器 ――― 短絡保護

3　接地工事 ――――― 感電防止

4　サーマルリレー ―― 力率改善

解答　**4**

解説　力率改善に用いられるのは**コンデンサ**である。

④ 漏電遮断器（ELB）

- □ **漏電遮断器**とは、回路に**漏電**が発生すると自動的に**遮断**するものをいう。
- □ 漏電による**火災**および**感電**防止の役割をもつ。
- □ 漏電すると大地に電流が流れ**地絡**状態になるが、漏電遮断器は**地絡**保護に用いられる。
- □ 飲料用冷水機等の**水気**のある場所への電源回路には、漏電遮断器を設置する。
- □ 感電防止には漏電遮断器のほかに**接地**工事が有効である。

過去問にチャレンジ！ 令和元年度 後期 No.5

電気設備の制御機器に関する「文字記号」と「用語」の組合せとして、**適当でないもの**はどれか。

（文字記号）　（用語）

1　F ―――――― ヒューズ

2　ELCB ―――― 漏電遮断器

3　SC ―――――― 過負荷欠相継電器

4　MCCB ――― 配線用遮断器

解答　**3**

解説　SCは**コンデンサ**を表す。

⑤ 合成樹脂製可とう電線管の特徴

□ **合成樹脂製可とう電線管**とは、蛇腹状の可とう性（屈曲性）を有する形状の樹脂でできた電線を収める配管をいう。特徴は次のとおり。

- **耐食**性にすぐれている。
- **軽量**である。
- 非**磁性**体である。

□ **CD**管は、コンクリートに埋設して敷設し、露出して施設してはならない。

□ **PF**管は、露出して施設することが可能である。

過去問にチャレンジ！ 令和元年度 前期 No.5

電気工事に関する記述のうち、**適当でないもの**はどれか。

1　飲料用冷水機の電源回路には、漏電遮断器を設置する。

2　CD管は、コンクリートに埋設して施設する。

3　絶縁抵抗の測定には、接地抵抗計を用いる。

4　電動機の電源配線は、金属管内で接続しない。

解答　3

解説　絶縁抵抗の測定には、**絶縁**抵抗計を用いる。

6 電気工事士資格が必要な主な作業

- □ 電線管に**電線**を収める作業
- □ 電線管とボックスを**接続**する作業
- □ コンセントを取り換える作業（**露出**型コンセントを除く）
- □ **接地**極を地面に埋設する作業

過去問にチャレンジ！　令和3年度 前期 No.5

一般用電気工作物において、「電気工事士法」上、電気工事士資格を有しない者でも従事することができるものはどれか。

1　電線管に電線を収める作業

2　電線管とボックスを接続する作業

3　露出型コンセントを取り換える作業

4　接地極を地面に埋設する作業

解答　3

解説　**露出**型コンセントを取り換える作業は、電気工事士資格を有しない者でも従事することができる。

2-2 建築

建築の分野からは、鉄筋コンクリート、コンクリート工事、鉄筋コンクリートの構造などの内容が出題される。鉄筋コンクリートは、強度、線膨張係数、中性化、水セメント比、かぶり厚さなどが、コンクリート工事は、保温養生や湿潤養生などが出題される。

① 鉄筋コンクリート

- □ **鉄筋コンクリート**とは、引張応力に弱いコンクリートを、引張応力に強い鉄筋で補強したコンクリートをいう。
- □ 鉄筋コンクリート造は、剛性（変形しにくさ）が**高**く振動による影響を受け**にくい**。
- □ コンクリートが**圧縮**力を負担し、鉄筋が**引張**力を負担する。
- □ コンクリートの強度：**圧縮**強度＞**引張**強度
  ※**圧縮強度**とは、圧縮応力に対抗する強さ、**引張強度**とは、引張応力に対抗する強さをいう。
- □ 線膨張係数：鉄筋の線膨張係数≒コンクリートの線膨張係数
  ※**線膨張係数**とは、温度上昇によって長さが膨張する割合をいう。
- □ コンクリートは**アルカリ**性であるので、鉄筋が**さびにくい**。
- □ コンクリートは、空気中の**二酸化炭素**により表面から**中性化**する。
- □ **セメント**に対する**水**の重量比を、**水セメント比**という。
- □ **硬化前のコンクリートの流動性**を示す値を、**スランプ値**という。スランプ値が大きいほど、流動性が**大きい**。
- □ **硬化前のコンクリートの作業性**を、**ワーカビリティー**という。流動性が大きいほど、ワーカビリティーが**良い**。
- □ **水セメント比が大きく**なると、スランプ値が**大きく**なり、ワーカビリティーが**良く**なり、コンクリートの圧縮強度が**小さく**なる。
- □ 鉄筋から**コンクリート表面**までの**最短**距離を、鉄筋の**かぶり厚さ**という。鉄筋のかぶり厚さが大きくなると、建築物の耐久性が**高く**なる。
- □ 鉄筋のかぶり厚さは、外壁、柱、梁及び基礎**ごとに異なる**厚さが**建築基準**法に定められている。
- □ 柱の周方向の**帯筋**、梁の周方向の**あばら筋**は、**せん断**破壊を防止する補強筋である。
  ※**せん断破壊**とは、せん断（物体をはさみ切るような作用）応力によって引き起こされる破壊をいう。

- □ 現場での鉄筋の折曲げ加工は、**加熱**せずに**冷間**加工で行う。
- □ 鉄筋の継手(つぎて)は、一か所への集中を**避け**、応力の**小さい**ところに設ける。
- □ 異形棒鋼（節のある鉄筋）は、丸鋼（節のない鉄筋）と比べてコンクリートとの付着力が**大きい**。
- □ ジャンカ（空隙）やコールドジョイント（打継跡）等の欠陥は、鉄筋の**腐食**の原因になりやすい。

過去問にチャレンジ！ 令和４年度 後期 No.6

鉄筋コンクリートの特性に関する記述のうち、**適当でないもの**はどれか。

1　鉄筋コンクリート造は、剛性が低く振動による影響を受けやすい。

2　異形棒鋼は、丸鋼と比べてコンクリートとの付着力が大きい。

3　コンクリートはアルカリ性のため、コンクリート中の鉄筋は錆びにくい。

4　コンクリートと鉄筋の線膨張係数は、ほぼ等しい。

解答　1

解説　鉄筋コンクリート造は、剛性が**高**く振動による影響を受け**にく**い。

❷ コンクリート工事

- □ 打込み後、硬化中のコンクリートに**振動及び外力**を**加えない**ようにする。
- □ コンクリートの露出面をシートで覆い、直射**日光**や**風**から保護する。
- □ **夏期の打込み後のコンクリート**は、**乾燥**を防ぐために**湿潤**養生を行う。
- □ 湿潤養生は、コンクリートの強度の発現をより**促進**させる。
- □ **湿潤**養生したコンクリートの強度は、**材齢**とともに増進する。
- □ **冬期の打込み後のコンクリート**は、**凍結**を防ぐために**保温**養生を行う。
- □ 型枠の最小存置期間は、平均気温が低いほど**長く**する。
- □ 養生温度が低い場合は、高い場合よりもコンクリートの強度の発現が**遅**い。

過去問にチャレンジ！ 令和4年度 前期 No.6

コンクリート打設後の初期養生に関する記述のうち、**適当でないもの**はどれか。

1 硬化中のコンクリートに振動を与えると、締め固め効果が高まる。

2 養生温度が低い場合は、高い場合よりもコンクリートの強度の発現が遅い。

3 コンクリートの露出面をシートで覆い、直射日光や風から保護する。

4 湿潤養生は、コンクリートの強度の発現をより促進させる。

解答 1

解説 硬化中のコンクリートには振動を**与えない**ようにする。

③ 鉄筋コンクリートの構造

- □ 構造体に作用する荷重及び外力は、**固定**荷重、**積載**荷重、**地震**力及び**風圧**力等を考慮する。
- □ 片持ち床版は、設計荷重を割り増すなどにより、版厚及び配筋に**余裕**を持たせる。
- □ 柱には、原則として、配管等の**埋設**を行わない。
- □ 梁貫通孔は、せん断力の大きい部位を**避けて**設け、必要な**補強**を行う。

過去問にチャレンジ！ 令和元年度 前期 No.6

鉄筋コンクリート造の建築物の構造に関する記述のうち、**適当でないもの**はどれか。

1 バルコニーなど片持ち床版は、設計荷重を割増すなどにより、版厚及び配筋に余裕を持たせる。

2 柱には、原則として、配管等の埋設を行わない。

3 梁貫通孔は、せん断力の大きい部位を避けて設け、必要な補強を行う。

4 構造体に作用する荷重及び外力は、固定荷重、積載荷重及び地震力とし、風圧力は考慮しない。

解答 **4**

解説 構造体に作用する荷重及び外力は、**固定**荷重、**積載**荷重、**地震**力とともに**風圧**力等も考慮する。

第1部

第一次検定

第3章

空調設備

空調設備の分野からは、空調計画、空調方式、湿り空気線図、エアフィルター、パッケージ形空気調和機、換気・排煙などの事項が出題される。

3-1 空調計画

空調計画の分野からは、熱負荷、ゾーニングなどの内容が出題される。熱負荷は、顕熱負荷、潜熱負荷、顕熱比、熱通過率、実効温度差などが、ゾーニングは、方位別ゾーニング、使用時間別ゾーニング、温湿度条件別ゾーニング、負荷傾向別ゾーニングなどが出題される。

① 熱負荷

- □ **熱負荷**とは、**快適な室内の温湿度環境を確保**するために**空調設備が負担**して処理すべき熱量をいう。外気との温度差や人体や照明など室内で発生する熱などが、熱負荷となる。
- □ **顕熱**（けんねつ）のみの負荷：**日射**負荷、**照明**負荷、**OA機器**負荷

  ※**顕熱**とは、**温度**変化に伴う熱をいう。顕熱の負荷とは、温度変化に伴う熱の負荷、すなわち**温度差に起因して発生する熱負荷**をいう。
- □ **顕熱と潜熱**（せんねつ）のある負荷：**外気**負荷、**人体**負荷

  ※**潜熱**とは、**状態**変化に伴う熱をいう。潜熱の負荷とは、空調の熱負荷については、水（液体）と水蒸気（気体）の状態変化に伴う負荷をいい、外気の侵入や浴室、厨房など、絶対湿度を変化させるような熱負荷をいう。
- □ **全熱**負荷に対する**顕熱**負荷の割合のことを**顕熱比**（SHF）という。

  ※**全熱**とは、顕熱と潜熱の和をいう。
- □ **熱通過率**は、値が**大きい**ほど、熱をよく通す。構造体の構成材質が同じであれば、**薄い**方が大きい。
- □ **冷房負荷計算**では、日射、人体、照明、OA機器負荷を室内負荷として考慮**する。**

  ※**冷房負荷計算**とは、冷房時における熱負荷を算出することをいう。
- □ **冷房負荷計算**では、ダクト通過熱損失と送風機による熱負荷を考慮**する。**
- □ **暖房負荷計算**では、日射、人体、照明、OA機器負荷を室内負荷として考慮**しない。**

  ※**暖房負荷計算**とは、暖房時における熱負荷を算出することをいう。
- □ **暖房負荷計算**では、一般的に、外気温度の昼間、夜間等の時間的変化を考慮**しない。**
- □ **外気負荷**は、冷房負荷計算、暖房負荷計算ともに考慮**する。**
- □ 外壁の熱伝導の遅れを考慮した温度差のことを**実効**温度差というが、**窓ガラス**面の負荷計算には用いない。
- □ 窓ガラス面の負荷計算は、ブラインド、ひさし、袖壁の影響も考慮**する。**
- □ ガラス面からの熱負荷には、**温度**差による通過熱負荷と透過**日射**熱負荷がある。

- □ 空気は鉄、コンクリート、木材よりも熱伝導率が**小さい**ので、構造体の空気層は、構造体の熱通過率に影響を**与える**。
- □ 二重サッシ内にブラインドを設置した場合、室内にブラインドを設置した場合よりも、日射負荷が**小さく**なる。
- □ 顕熱比は、**全**熱に対する**顕**熱の割合をいう。

過去問にチャレンジ！

令和4年度 後期 No.9

熱負荷に関する記述のうち、**適当でないもの**はどれか。

1　構造体の構成材質が同じであれば、厚さの薄い方が熱通過率は大きくなる。

2　冷房負荷計算で、窓ガラス面からの熱負荷を算定する時はブラインドの有無を考慮する。

3　暖房負荷計算では、一般的に、外気温度の時間的変化を考慮しない。

4　照明器具による熱負荷は、顕熱と潜熱がある。

解答　**4**

解説　照明器具による熱負荷は**顕熱のみ**である。

過去問にチャレンジ！

令和4年度 前期 No.9

熱負荷に関する記述のうち、**適当でないもの**はどれか。

1　顕熱比（SHF）とは、潜熱負荷に対する顕熱負荷の割合をいう。

2　暖房負荷計算では、一般的に、日射負荷は考慮しない。

3　外気負荷には、顕熱と潜熱がある。

4　日射負荷は、顕熱のみである。

解答　**1**

解説　顕熱比は、**全熱**に対する顕熱の割合をいう。

❷ ゾーニング

□ ゾーニングとは、**空調ゾーニング**ともいい、空調系統を**区分**することをいう。

□ ゾーニングの例

ゾーニング	空調系統の区分の例
方位別ゾーニング	東系統、西系統、南系統、北系統
使用時間別ゾーニング	8時間系統、12時間系統、24時間系統
温湿度条件別ゾーニング	一般事務室系統、電算機室系統
負荷傾向別ゾーニング	一般事務室系統、食堂系統 インテリア(内周部)系統、ペリメータ(外周部)系統

□ インテリアとペリメータの例

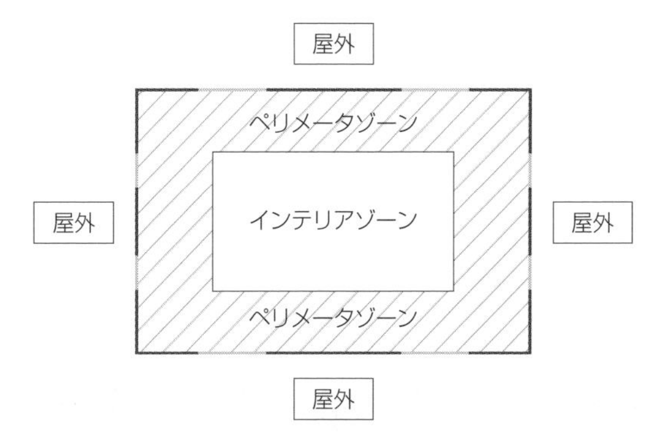

過去問にチャレンジ!　平成25年度 学科 No.7

空気調和計画において、空気調和系統の区分とそのゾーニングの組合せのうち、**適当でないもの**はどれか。

1　北側事務室と南側事務室 ――― 方位別ゾーニング

2　一般事務室と電算機室 ――― 温湿度条件別ゾーニング

3　インテリアとペリメータ ――― 使用時間別ゾーニング

4　一般事務室と食堂 ――― 負荷傾向別ゾーニング

解答　**3**

解説　インテリアとペリメータの区分は、負荷傾向別ゾーニングに相当する。

③ 省エネルギー計画

- □ 冷暖房時に**外気**を入れ過ぎない。
- □ 予冷・予熱時に外気を導入**しない**。
- □ 熱源機器は、**部分**負荷性能が高いものを用いるか複数台に分割する。
- □ ユニット形空気調和機に**全熱**交換器を組み込む。
- □ 全熱交換器：給気と排気の全熱（顕熱と潜熱）を交換し、外気導入による熱負荷を軽減する機器
- □ 成績係数の**高い**機器を採用する。
- □ 成績係数：消費エネルギーに対する冷暖房能力の割合
- □ 空気調和機に**インバータ**を導入し、電動機の消費電力を節減する。
- □ インバータ：電源の周波数を制御することで電動機の回転数を制御する機器。

過去問にチャレンジ！

令和3年度 前期 No.7

空気調和設備の計画に関する記述のうち、省エネルギーの観点から、**適当でないもの**はどれか。

1　湿度制御のため、冷房に冷却減湿・再熱方式を採用する。

2　予冷・予熱時に外気を取り入れないように制御する。

3　ユニット形空気調和機に全熱交換器を組み込む。

4　成績係数が高い機器を採用する。

解答　**1**

解説　冷却減湿・再熱方式は、**冷やしたものを再加熱**する方式であり、非省エネ的な制御である。

3-2 空調方式

空調方式の分野からは、定風量単一ダクト方式、変風量単一ダクト方式、ダクト併用ファンコイルユニット方式、マルチパッケージ形空気調和方式などの各空調方式の概要、特徴、用途などが出題される。

❶ 空調方式

□ **空調方式**とは、空気の温湿度や清浄度などを調整するシステムである空気調和設備の方式をいう。空気の温湿度や清浄度を調整する**空気調和機**、空気調和された空気を搬送する**ダクト**などで構成される。空気調和機の種類、ダクトや配管、風量制御などの方式によって、下記のように分類される。

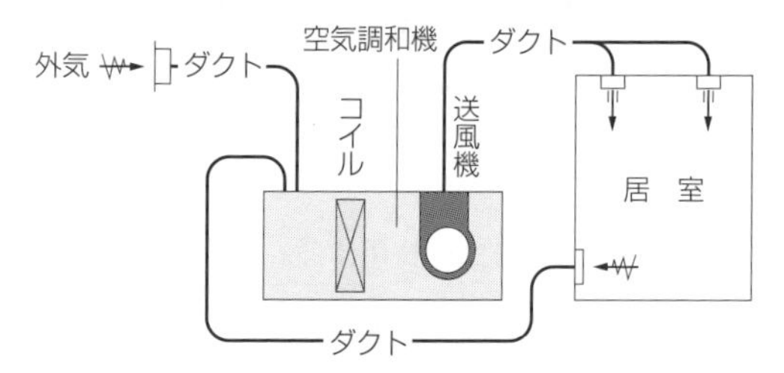

空気調和システム図

□ **定風量単一ダクト**方式

- **送風量**を一定にして**送風温度**を変化させる方式。
- ダクト併用ファンコイルユニット方式に比べて、**送風量**が**多い**。
- 各室ごとの部分的な空調の運転・停止が**できない**。
- 各室ごとの温度制御が**困難**である。
- 各室の室温がアンバランスになりやすいため、熱負荷特性の異なる室がある場合に適**さない**。
- 送風量が**多い**ため、室内の空気清浄度を保ち**やすい**。
- 一般的に空調機が機械室にあるため、維持管理が**容易**である。
- 変風量単一方式に比べて、換気量と室内の良好な気流分布を確保し**やすい**。

□ **変風量単一ダクト**方式

- 一般的に、給気**温度**を一定にして各室の**送風量**を変化させることで室温を制御する。
- 室内の負荷変動に対し、**変風量（VAV）ユニット**により**送風量**を変化させる方式。
- 定風量単一ダクト方式に比べて、負荷変動に対して各室の送風量を変化させることができるので、各室ごとの**温度制御**が**容易**。
- 定風量単一ダクト方式に比べて、負荷減少時に送風量を減少させることができるので、**空気搬送動力**の**節減**が可能。
- 負荷減少時における送風量の減少時においても、必要**外気**量を確保する必要がある。
- 室内の気流分布が悪くならないように最小**風量**設定が必要となる。
- **各**室に設置したサーモスタット（**温度**検出器）により送風量を制御する。
- 送風機の制御には、**インバータ**による回転数制御が用いられる。
- VAV（可変風量）ユニットの発生**騒音**に注意が必要である。

□ **ダクト併用ファンコイルユニット**方式

- 空調する室に熱媒体として**空気**と**水**を供給する方式（**空気-水**方式）。
- ファンコイルユニットで**ペリメータ**負荷を処理する。

  ※**ファンコイルユニット**とは、ファン（送風機）とコイルで構成される小型の空気調和機ユニットのことである。
- 全空気方式に比べ、ダクトスペースが**小さい**。

  ※**全空気方式**とは、空調する室内に熱媒体として空気をダクトで供給する方式のことである。
- ファンコイルユニットごとの個別制御が**容易**である。

□ **マルチパッケージ形空気調和機**方式（➔P.41）

- **屋内ユニットごと**に運転、停止が**可能**。
- **全熱交換器**などを用いて、別に**外気導入**する必要がある。
- 一般に、暖房時の**加湿**対策が別に必要（屋内機に**加湿器**を組み込んだものもある）。
- 冷媒配管は、長さが**短く**高低差が**小さい**方が運転効率がよい。

過去問にチャレンジ！

令和４年度 後期 No.7

空気調和方式に関する記述のうち、**適当でないもの**はどれか。

1　ファンコイルユニット・ダクト併用方式は、全空気方式に比べてダクトスペースが小さくなる。

2　ファンコイルユニット・ダクト併用方式は、ファンコイルユニット毎の個別制御が困難である。

3　パッケージ形空気調和機方式は、全熱交換ユニット等を使うなどして外気を取り入れる必要がある。

4　パッケージ形空気調和機方式の冷媒配管は、長さが短く高低差が小さい方が運転効率が良い。

解答　**2**

解説　ダクト併用ファンコイルユニット方式は、ファンコイルユニットごとの個別制御が**容易**である。

過去問にチャレンジ！

令和４年度 前期 No.7

定風量単一ダクト方式に関する記述のうち、**適当でないもの**はどれか。

1　送風量を一定にして送風温度を変化させる。

2　各室ごとの温度制御が容易である。

3　一般的に、空調機は機械室にあるため、維持管理が容易である。

4　送風量が多いため、室内の清浄度を保ちやすい。

解答　**2**

解説　定風量単一ダクト方式は、各室ごとの温度制御が**困難**である。

3-3 空調システム図と湿り空気線図

空調システム図と湿り空気線図の分野からは、冷房時の空調システム図と湿り空気線図、暖房時の空調システム図と湿り空気線図が出題される。空調システム図上に示された点と湿り空気線図上に示された点を符合させる問題が出題される。

第一次

第3章 空調設備

❶ 冷房時の空調システム図と湿り空気線図

□ **空調システム図**とは、下図のとおり、**空気調和機**、**ダクト**、**居室**を示した図である。空調システム図における用語は次のとおりである。

- **外気**：屋外の空気
- **コイル**：管の中に水を流すことにより、通過する空気を冷却・減湿（除湿ともいう）したり、加熱したりする熱交換器
- **送風機**：空調された空気を居室に送る機器
- **居室**：居住、作業、娯楽などの目的のために継続的に使用する室
- OA：外気
- RA：還気（居室から戻ってくる空気）
- SA：給気（居室へ送られる空気）

□ **湿り空気線図**とは、縦軸に**絶対湿度**、横軸に**乾球温度**をとった線図をいう。空気の状態点は、絶対湿度が高ければ線図の**上方**に、低くなれば**下方**に、乾球温度が高くなれば線図の**右方**に、低くなれば**左方**に示される。**飽和空気線**とは、その乾球温度において飽和湿り空気となる絶対湿度を示した線をいう。

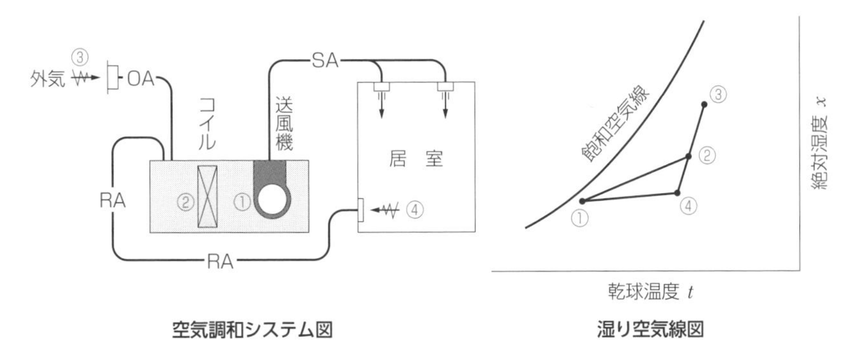

空気調和システム図　　　湿り空気線図

□ **冷房時**の、空調システム図上の①～④の空気の状態は、湿り空気線図上では上右図の①～④の状態点に相当する。外気③と還気④がコイル入口で混合してコイル

入口②の状態となる。コイル入口②はコイルを通過する間に、コイルにより冷却・減湿され、**乾球温度・絶対湿度ともに低下**してコイル出口①となり、送風機、SAダクトを介して居室に給気される。

- [ ] 露点温度は、湿り空気が冷やされて**飽和**湿り空気となり**結露**するときの温度をいう。

② 暖房時の空調システム図と湿り空気線図

- [ ] **暖房時**の、空調システム図上の①～⑤の空気の状態は、湿り空気線図上では下右図の①～⑤の状態点に相当する。外気④と還気⑤がコイル入口で混合してコイル入口③の状態となる。コイル入口③はコイルを通過する間に、コイルにより加熱され、**乾球温度が上昇**してコイル出口②となる。コイル出口②は加湿され、**絶対湿度が上昇**して加湿器出口①となり、送風機、SAダクトを介して居室に給気される。

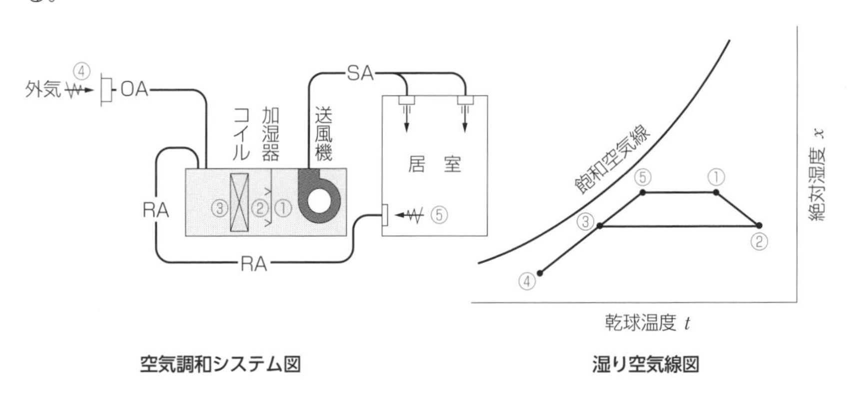

空気調和システム図　　**湿り空気線図**

- [ ] 加湿量は、加湿器入口空気と加湿器出口空気の**絶対**湿度差から求められる。

過去問にチャレンジ！　令和4年度 前期 No.8

居室の温湿度が下図に示す空気線図上にあるとき、窓ガラス表面に結露を生ずる可能性が**最も低いもの**はどれか。
ただし、窓ガラスの居室側表面温度は10℃とする。

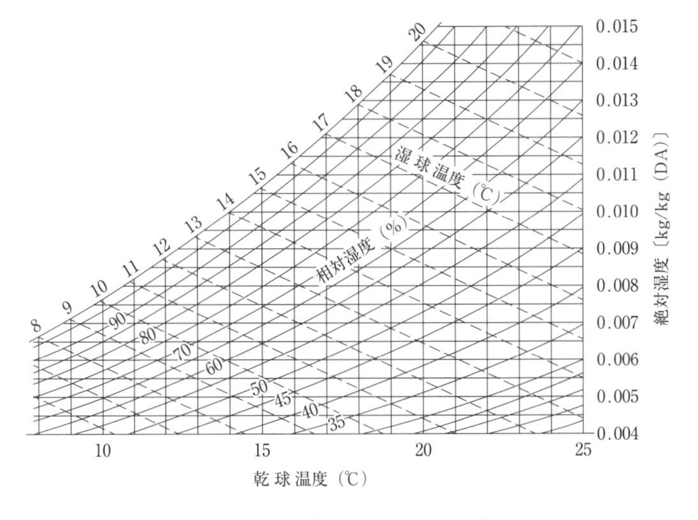

1　居室の乾球温度が22℃、相対湿度が50%のとき。

2　居室の乾球温度が20℃、相対湿度が55%のとき。

3　居室の乾球温度が18℃、相対湿度が60%のとき。

4　居室の乾球温度が16℃、相対湿度が65%のとき。

解答　4

解説　1～4の状態点を湿り空気線図上に示すと下図のとおりである。表面温度10℃の窓ガラス面で最も結露する可能性の低いものは、露点温度が10℃未満（約9.8℃）の4である。

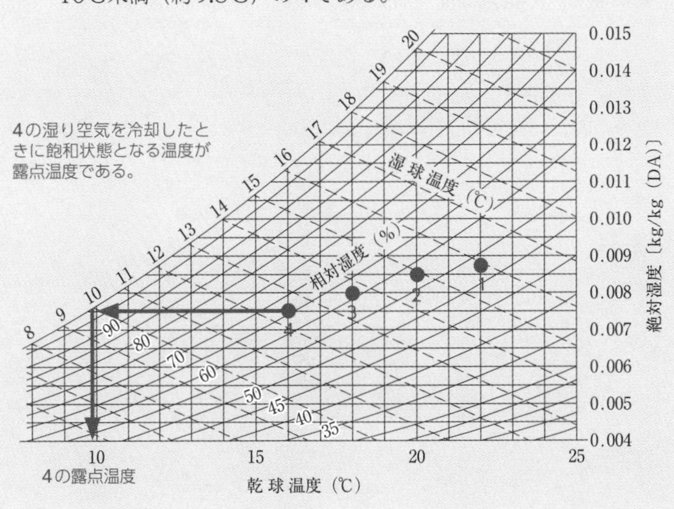

令和３年度 前期 No.8

下図に示す暖房時の湿り空気線図に関する記述のうち、**適当でないもの**はどれか。ただし、空気調和方式は定風量単一ダクト方式、加湿方式は水噴霧加湿とする。

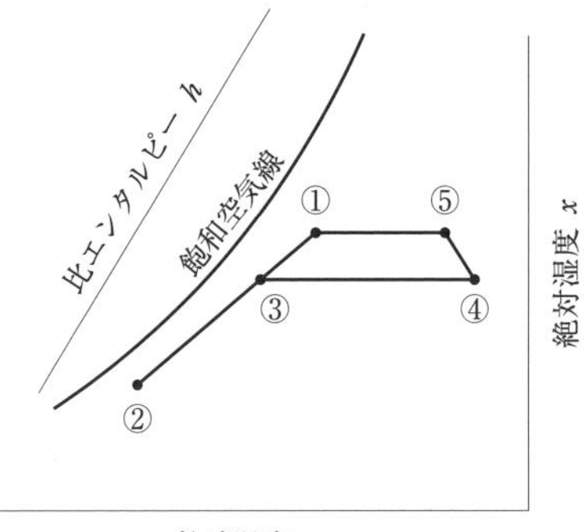

1　吹出し温度差は①と⑤の乾球温度差である。

2　コイルの加熱負荷は、③と④の比エンタルピー差から求める。

3　加湿量は、④と⑤の相対湿度差から求める。

4　コイルの加熱温度差は、③と④の乾球温度差である。

解答　**3**

解説　加湿量は④と⑤の**絶対**湿度差から求める。

3-4 空気清浄装置

空気清浄装置の分野からは、ろ材に求められる性能、HEPAフィルター（高性能フィルター）、自動巻取フィルター、質量法、比色法、計数法などのエアフィルターの性能試験方法などが出題される。

❶ 空気清浄装置

- □ **ろ過式エアフィルター**とは、ろ材により空気をろ過するフィルターをいい、空気中に含まれる花粉や煙、粉じんなどの空気中の微粒子を捕集し、**空気の清浄度**を確保するために用いられる。
- □ ろ過式エアフィルターのろ材に求められる特性は次のとおり。
  - ▶ **難燃性**又は**不燃性**であること。
  - ▶ **粉じんの保持量**が**大きい**こと。
  - ▶ **空気抵抗**が**小さい**こと。
  - ▶ **吸湿性**が**小さい**こと。
  - ▶ **腐食**及び**かび**の発生が**少ない**こと。
- □ HEPAフィルター（高性能フィルター）は、**クリーンルーム**などの**最終段フィルター**として使用される。
- □ **自動巻取形**は、フィルター前後の**差圧**又はタイマーなどにより自動的に巻取りが行われる。
- □ エアフィルターの性能試験方法
  - ▶ **質量法**：**粗じん用**フィルターに用いられる。
  - ▶ **比色法**：**中性能**フィルターに用いられる。
  - ▶ **計数法**：**高性能**フィルターに用いられる。
- □ 静電式は、高電圧を使って**粉じん**を帯電させて除去する。
- □ エアフィルターの種類と主な用途

エアフィルターの種類	主な用途
HEPAフィルター	**クリーンルーム**
活性炭フィルター（化学**吸着**式）	**ガス**処理
自動**巻取**形	一般空調
電気集じん機（**静電**式）	一般空調
グリスフィルター	**厨房**排気
パネルフィルター	ファンコイルユニット用

過去問にチャレンジ！

令和４年度 後期 No.10

エアフィルターの「種類」と「主な用途」の組合せのうち、**適当でないもの**はどれか。

	（種類）	（主な用途）
1	HEPAフィルター	クリーンルーム
2	活性炭フィルター	ガス処理
3	自動巻取形	一般空調
4	電気集じん器	厨房排気

解答　**4**

解説　電気集じん機は**喫煙室**などに用いられる。厨房排気には**グリスフィルター**などが用いられる。

過去問にチャレンジ！

令和４年度 前期 No.10

空気清浄装置に関する記述のうち、**適当でないもの**はどれか。

1　ロール状ろ材を自動的に巻き取る自動更新方式は、一般空調用に使用される。

2　HEPAフィルターは、クリーンルームなどで最終段フィルターとして使用される。

3　活性炭などを使用した化学吸着式は、粉じんの除去に使用される。

4　静電式は、一般空調用に使用される。

解答　**3**

解説　活性炭などを使用した化学吸着式は、**ガス**の除去に使用される。

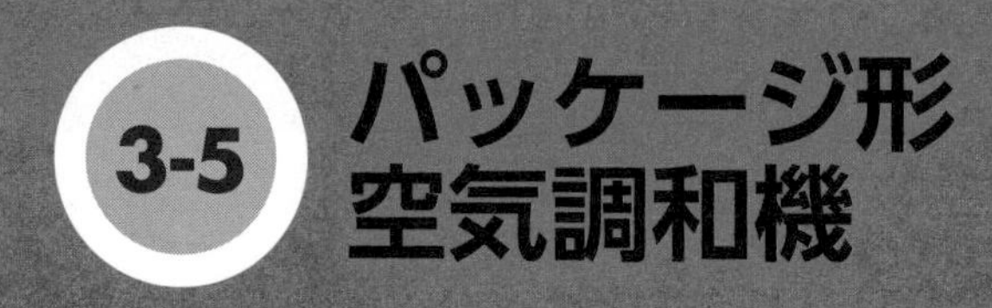

パッケージ形空気調和機の分野からは、マルチパッケージ形空気調和機、ヒートポンプ方式パッケージ形空気調和機、ガスヒートポンプ方式パッケージ形空気調和機、パッケージ形空気調和機の特徴などが出題される。

❶ マルチパッケージ形空気調和機

- □ マルチパッケージ形空気調和機とは、１台の**屋外**機に対して**複数**の**屋内**機を接続し、室内の冷房や暖房を行うものである。

  ※**パッケージ形空気調和機**とは、空気調和機に、蒸発器、凝縮器、圧縮機、膨張弁などの熱源装置を組み込んだものをいう。

- □ 室内機に**加湿器**を組み込んだものがある。

❷ ヒートポンプ方式パッケージ形空気調和機

- □ ヒートポンプ方式パッケージ形空気調和機とは、冷媒（伝熱に用いられる媒体）の**凝縮時の放熱**を利用して、暖房も行う方式のパッケージ形空気調和機である。
- □ **空気**熱源ヒートポンプ方式と**水**熱源ヒートポンプ方式がある。
- □ ヒートポンプ方式のマルチパッケージ形空気調和機には、１台の屋外機に接続された個々の屋内機ごとに**冷房**運転又は**暖房**運転が**選択**できる方式がある。
- □ 屋外機を屋内機より**高い位置**に設置することは**可能である**。

❸ ガスヒートポンプ方式パッケージ形空気調和機

- □ ガスエンジンヒートポンプ方式とは、屋外機内にある**圧縮機**を**ガスエンジン**で駆動し、冷房や暖房を行う方式である。
- □ **エンジン**の**排熱**が利用できるため、**電動式**のものに比べ**暖房能力**が**高く**、寒冷地に**適している**。
- □ エンジン排熱を利用した暖房運転を行うので、一般的に、デフロスト（除霜）運転が**不要**である。

④ パッケージ形空気調和機の特徴

- □ **冷媒配管**が長くなると能力が**低下**し、屋内機と屋外機間の**高低差**、**冷媒管長**に**制限**がある。

※**冷媒配管**とは、冷媒（伝熱に用いられる媒体）を搬送するために用いられる配管をいう。

- □ **冷媒**には、一般に、**オゾン層破壊係数**が０（ゼロ）のものが使用されている。
- □ ユニット形空気調和機を用いた場合に比べて、**機械室**や**ダクトスペース**が**小さい**。
- □ 外気温度が**高くなる**ほど**冷房能力**と**成績係数**が**低下**する。

※**ユニット形空気調和機**とは、エアフィルター、コイル、加湿器、送風機を一体化した空気調和機をいう。

※**成績係数**とは、入力エネルギーに対する冷房能力（または暖房能力）の比をいう。

- □ 外気温度が**低い**ときに暖房運転を行うと、**屋外機の熱交換器**に**霜**が付着することがある。
- □ 圧縮機には、全密閉形の**ロータリー**形、**スクロール**形などが使用されている。

※**圧縮機**とは、気体を圧縮して圧力を高める機器をいう。パッケージ形空気調和機の圧縮機は、蒸発させた冷媒を外気温などよりも高い温度で放熱・凝縮させるために用いられる。

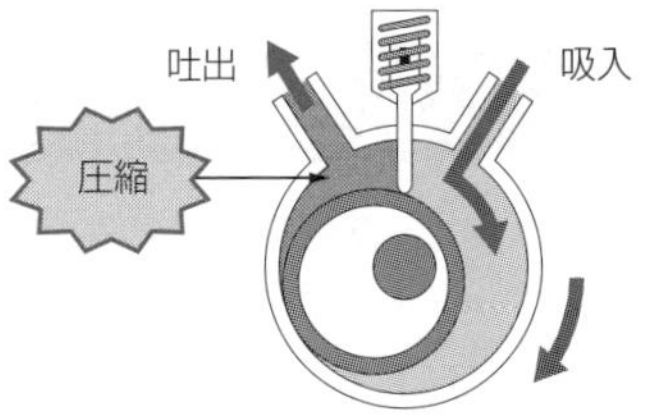

ロータリー形

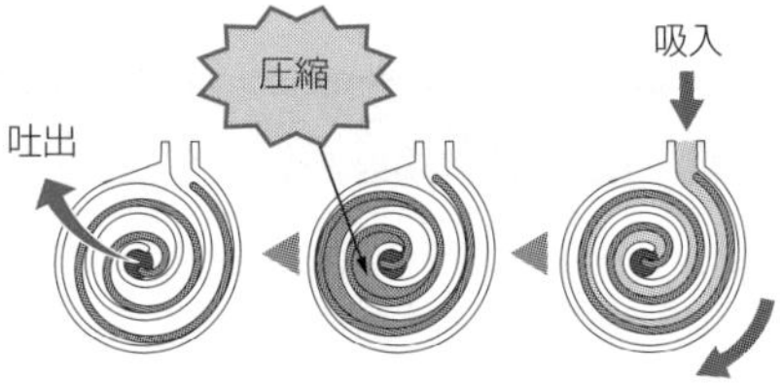

スクロール形

- □ **インバータ制御方式**は、電動機の**回転数**を**インバータ**で変化させることにより、圧縮機の**回転数**を変化させ冷房や暖房の能力を制御するものである。
- □ インバータ制御のものは、電源の**高調**波対策をする必要がある。
  高調波：電源周波数の整数倍の周波数成分の交流電気。インバータにより発生し電動機等を過熱させるおそれがある。
- □ **天井カセット形**では、**ドレン配管の自由度**を高めるため**ドレンアップ**する方式のものが多い。

※**ドレン配管**とは、空気調和機内で生じた結露水を排水するための配管をいう。

※**ドレンアップ**とは、空気調和機内で生じた結露水をくみ上げることをいう。

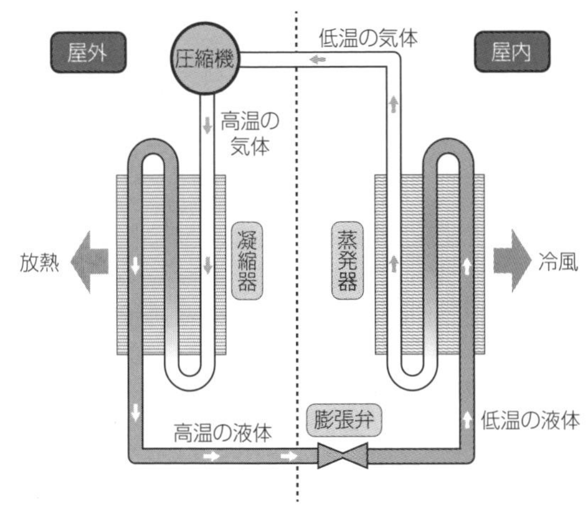

パッケージ形空気調和機のシステム図（屋内冷房時）

過去問にチャレンジ！

令和4年度 後期 No.12

パッケージ形空気調和機に関する記述のうち、**適当でないもの**はどれか。

1　マルチパッケージ形空気調和機には、1台の屋外機で冷房と暖房を屋内機ごとに選択できる機種もある。

2　業務用パッケージ形空気調和機は、一般的に、代替フロン（HFC）が使用されており、「フロン類の使用の合理化及び管理の適正化に関する法律」の対象となっている。

3　パッケージ形空気調和機には、空気熱源ヒートポンプ式と水熱源ヒートポンプ式がある。

4　マルチパッケージ形空気調和機方式は、ユニット形空気調和機を用いた空気調和方式に比べて、機械室面積等が広く必要となる。

解答　**4**

解説　マルチパッケージ形空気調和機方式は、ユニット形空気調和機方式に比べて、**機械室スペース等を小さく**できる。

3-6 暖房

暖房の分野からは、温水暖房と蒸気暖房の特徴、温水床パネル式低温放射暖房の特徴、コールドドラフトの防止、膨張タンクなどが出題される。温水暖房と蒸気暖房の比較や、コールドドラフト防止のための放熱器配置などの内容が出題される。

① 温水暖房と蒸気暖房の特徴

- □ 温水暖房は**温水の顕熱**、蒸気暖房は**蒸気の潜熱**を利用している。
- □ 温水暖房は、蒸気暖房に比べて、**配管径**、**所要放熱面積**が**大きい**。
- □ 温水暖房は、蒸気暖房に比べて、**制御**が**容易**である。
- □ 温水暖房は、蒸気暖房に比べて**ウォーミングアップ**の時間が**長い**。
- □ 配管の耐食性は、一般的に、**温水**暖房の方が**蒸気**暖房に比べて優れている。
- □ 蒸気暖房には、一般的に、**100**kPa以下の低圧蒸気が使用される。
- □ 温水暖房には、一般的に、**50**～**80**℃の温水が使われる。
- □ 鋳鉄製温水ボイラーの温水温度は、ボイラー構造規格により、最高**120**℃までに制限されている。
- □ 放熱器には自然対流型と強制対流型があり、**強制**対流型は**自然**対流型に比べて、放熱器を小型に、ウォーミングアップ時間を短くすることができる。

過去問にチャレンジ！

令和３年度 前期 No.11

放熱器を室内に設置する直接暖房方式に関する記述のうち、**適当でないもの**はどれか。

1. 暖房用自然対流・放射形放熱器には、コンベクタ類とラジエータ類がある。
2. 温水暖房のウォーミングアップにかかる時間は、蒸気暖房に比べて長くなる。
3. 温水暖房の放熱面積は、蒸気暖房に比べて小さくなる。
4. 暖房用強制対流形放熱器のファンコンベクタには、ドレンパンは不要である。

解答　3

解説　温水暖房の放熱面積は、蒸気暖房に比べて**大きく**なる。放熱器にはコンベクタ類とラジエータ類があるが、暖房機器にはドレンパンは不要である。

❷ 温水床パネル式低温放射暖房の特徴

- □ **温水床パネル式低温放射暖房**とは、居室の床に温水配管を敷設し、比較的低温の温水を流し、熱放射により居室を暖房する方式をいう。
- □ 対流暖房に比べて、室内空気の上下の**温度差**が**小さく**、**室内気流**を生じ**にくい**。
  ※**対流暖房**とは、放熱器などにより、居室内の空気を対流させて暖房する方式をいう。
- □ 対流暖房に比べて、室内空気温度を**低く**しても、同一の暖房効果が得られる。
- □ **放熱器**や**配管**が室内に**露出**しないので、**火傷**などの危険性が少ない。
- □ 対流暖房に比べて、一般に、予熱時間が**長い**。放射量の調節に時間が**かかる**。
- □ 漏水箇所の発見や修理が**困難**である。
- □ 天井の高いホール等において良質な温熱環境を得られ**やすい**。

過去問にチャレンジ！　令和4年度 後期 No.11

放射冷暖房方式に関する記述のうち、**適当でないもの**はどれか。

1　放射冷暖房方式は、室内における上下の温度差が少ない。

2　放射暖房方式は、天井の高いホール等では良質な温熱環境を得られにくい。

3　放射冷房方式は、放熱面温度を下げすぎると放熱面で結露を生じる場合がある。

4　放射冷房方式は、室内空気温度を高めに設定しても温熱感的には快適な室内環境を得ることができる。

解答　2

解説　放射冷暖房方式は、**天井の高い**ホール等でも**良質な温熱環境を得られやすい。**

③ コールドドラフトの防止

□ コールドドラフトとは、**暖房時における不快な冷気流**をいう。

□ コールドドラフトの防止には次の方法がある。

- 放熱器を、**窓面**などの暖房負荷の**大きい**側の床に設置する。
- 強制対流形の放熱器では、送風量をできるだけ**多く**し、室内空気を**撹拌**する。
- 自然対流形の放熱器では、放熱器を**長く**し、できるだけ壁全体に沿って設置する。
- 暖房負荷となる外壁面からの**熱損失**を、できるだけ減少させる。
- **気密**性を高めて、すき間風を**減らす**。

過去問にチャレンジ！　令和4年度 前期 No.11

コールドドラフトの防止に関する記述のうち、**適当でないもの**はどれか。

1　屋外より侵入する隙間風を減らすため、外壁に面する建具の気密性を高める。

2　外壁面からの熱損失を減らすため、外壁面の熱通過率を小さくする。

3　窓面からの熱損失を減らすため、二重ガラスを使用する。

4　自然対流形の放熱器は、できるだけ内壁側に設置する。

解答　**4**

解説　自然対流形の放熱器は、できるだけ**外壁側**に設置する。

④ 膨張タンク

□ 膨張タンクは、**温度**変化に伴う水の膨張・収縮に対して、装置内の**圧力**の変動を吸収するために設ける。

□ 大気に**開放**されている**開放**式膨張タンクと、**密閉**されている**密閉**式膨張タンクがある。

□ 開放式膨張タンクは、装置内の空気の**排出**口として利用**できる**。

□ 開放式膨張タンクは、必ず配管系の**最上部**に設置する。

□ 装置内を常に正圧に保つため、開放式膨張タンクの**膨張管**は、循環ポンプの**吸込み**側に設ける。

- □ 開放式膨張タンクにボイラーの逃がし管を接続する場合、メンテナンス用バルブを設け**てはならない**。
- □ 密閉式膨張タンクは、ダイヤフラム（ゴムなどでできた膜）内に封入された**空気**の圧縮性を利用している。
- □ 密閉式膨張タンクは、**任意**の場所に設置することが可能。
- □ 密閉式膨張タンクには、**安全**弁（圧力が設定以上になると自動的に開放して圧力を逃がす弁）などの**安全**装置が必要。

過去問にチャレンジ！

令和3年度 後期 No.11

温水暖房における膨張タンクに関する記述のうち、**適当でないもの**はどれか。

1　開放式膨張タンクの容量は、装置全水量の膨張量から求める。

2　開放式膨張タンクにボイラーの逃がし管を接続する場合は、メンテナンス用バルブを設ける。

3　密閉式膨張タンクは、一般的に、ダイヤフラム式やブラダー式が用いられる。

4　密閉式膨張タンク内の最低圧力は、装置内が大気圧以下とならないように設定する。

解答　**2**

解説　開放式膨張タンクにボイラーの逃がし管を接続する場合、メンテナンス用バルブを**設けてはならない**。密閉式膨張タンクには、**ダイヤフラム**または**ブラダー**と呼ばれる隔膜が用いられている。

3-7 換気

換気の分野からは、自然換気、機械換気、火気を使用する室の換気量、給気口の開口面積、機械換気設備の有効換気量などが出題される。機械換気は、第一種、第二種、第三種機械換気方式の内容が、給気口の開口面積は、計算問題が出題される。

① 自然換気

- □ 自然換気は、**風力**又は**温度**差による**浮力**を利用している。
- □ **浮力**を利用する自然換気の場合、冬期は室内温度と外気温度の差が**大きい**ので、夏期より換気量が**多**い。
- □ **温度差**を利用する自然換気方式では、換気対象室のなるべく**低い**位置に給気口を設ける。

② 機械換気

- □ 機械換気とは、送風機や換気扇など機械力を用いた換気方式をいう。機械換気は、第一種、第二種、第三種の３つに分類される。

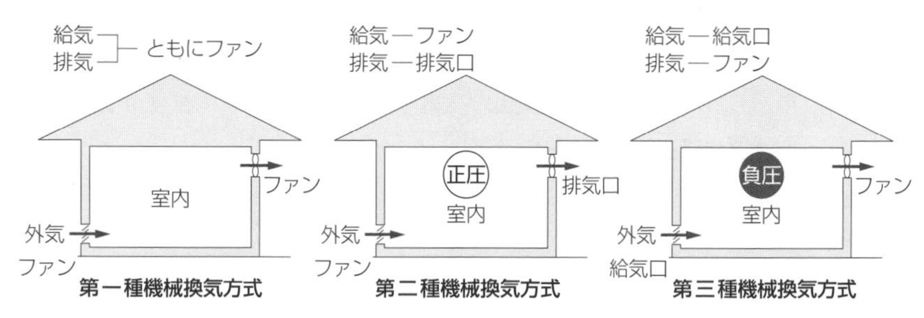

- ▶ 第一種機械換気方式：給気、排気とも**機械**換気。室内は**負**圧、**正**圧に調整可能。
- ▶ 第二種機械換気方式：給気は**機械**換気、排気は**自然**換気。室内は**正**圧になる。
- ▶ 第三種機械換気方式：給気は**自然**換気、排気は**機械**換気。室内は**負**圧になる。

- □ 臭気、燃焼ガスなどの**汚染源の異なる**換気は、**同一**系統にしない。
- □ **排気送風機**は、ダクト内を**負**圧に保つためダクト系の**末端**に設ける。また、排気ガラリに**近**い位置に設置し、ダクトの**正**圧部分を短くする。
- □ **厨房**（ちゅう）の換気は、**第一**種機械換気を採用し、臭気が流れ出さないように、厨房を**負**圧にする。

- ☐ **密閉式の燃焼器具**を設けた室には、燃焼空気のための換気設備を設けな**くてもよい**。
- ☐ 便所、浴室、喫煙室などの**臭気、湯気**を発生する部屋には、**第三**種機械換気とする。
- ☐ **有害なガス**が発生する部屋の換気には、**第三**種機械換気を採用とする。
- ☐ 実験室に設置する**ドラフトチャンバ**（排気のための囲い）**内**の圧力は、室内よりも**負**圧にする。
- ☐ **ボイラー室、熱源機械室**の換気は、**第一**種機械換気とする。
  ※ボイラーはボイラともいう。
- ☐ 発電機室や無窓の居室は**第一**種機械換気方式とする。
- ☐ **第二種**機械換気方式は、他室からの汚染物質の侵入を嫌う室や燃焼用空気を必要とする室に適している。
- ☐ 駐車場の換気として、ダクトを使用せずに送風機だけで換気する通風**誘導**換気方式を採用する場合がある。
- ☐ 汚染度の高い室を換気する場合の室内の気圧は、周囲の室よりも**低く**し、汚染物質が拡散しないようにする。
- ☐ 汚染源が移動し固定していない室は、**全般**換気とする。
- ☐ **局所**換気は、汚染物質を汚染源の近くで捕捉・処理するため、**全般**換気よりも換気量を少なくできる。
- ☐ 排気フードはできるだけ汚染源に**近接**し、汚染源を囲むように設ける。
- ☐ エアカーテンは、出入り口に**気流**を生じさせて、外気の侵入を防ぎ、外気と室内空気の混合を抑制する。
- ☐ 必要換気量：室内の汚染物質濃度を許容値以下に保つために必要な**外気**量
- ☐ **換気回数**＝ $\dfrac{\text{換気量}}{\text{室容積}}$

過去問にチャレンジ！

令和４年度 後期 No.13

換気に関する記述のうち、**適当でないもの**はどれか。

1 営業用厨房は、燃焼空気の供給のため室内を正圧とする。

2 第一種機械換気方式は、給気側と排気側の両方に送風機を設ける方式である。

3 駐車場の換気として、誘引誘導換気方式を採用する場合がある。

4 第三種機械換気方式では、換気対象室内は負圧となる。

解答 **1**

解説 厨房は、臭気の拡散を避けるため室内を**負圧**にする。

❸ 火気を使用する室の換気量

- □ 煙突の場合　V＝**2**KQ
  V：有効換気量の最小値[㎥／h]、K：燃料の単位燃焼量当たりの理論廃ガス量［㎥/（kW･h)］、Q：器具の燃料消費量［kW］
- □ 排気フードⅡ型の場合　V＝**20**KQ
  ※**排気フードⅠ型、Ⅱ型**とは、建築基準法、建設省告示に定められた形状、寸法、性能を有している排気フード（覆い）をいう。
- □ 排気フードⅠ型の場合　V＝**30**KQ
- □ 換気扇の場合（排気フードのない場合）　V＝**40**KQ

- □ **密閉**式の燃焼器具を設けた室には、当該器具のための燃焼空気のための換気設備を設けなくてよい。

過去問にチャレンジ！　令和元年度 前期 No.13

床面積の合計が100m^{2}を超える住宅の調理室に設置するガスコンロ（開放式燃焼器具）の廃ガス等を、換気扇により排気する場合の必要換気量として、「建築基準法」上、正しいものはどれか。
ただし、排気フードは設けないものとする。
ここで、
K：燃料の単位燃焼量当たりの理論廃ガス量〔m^3/(kW・h)〕
Q：火を使用する器具の実況に応じた燃料消費量〔kW〕とする。

1　2KQ〔m^3/h〕

2　20KQ〔m^3/h〕

3　30KQ〔m^3/h〕

4　40KQ〔m^3/h〕

解答 4

解説 換気扇（フードのない場合）の必要換気量の算定式は**40KQ**である。

④ 給気口の開口面積

☐ **給気口の開口面積**は、給気口の開口している部分の断面積を表し、その求め方は次のとおり。

$$A = \frac{Q}{3600va} \text{〔m}^2\text{〕}$$

A：給気口の開口面積[m²]、Q：換気量[m³/h]、v：給気口の有効開口面風速[m/s]、a：給気口の有効開口率

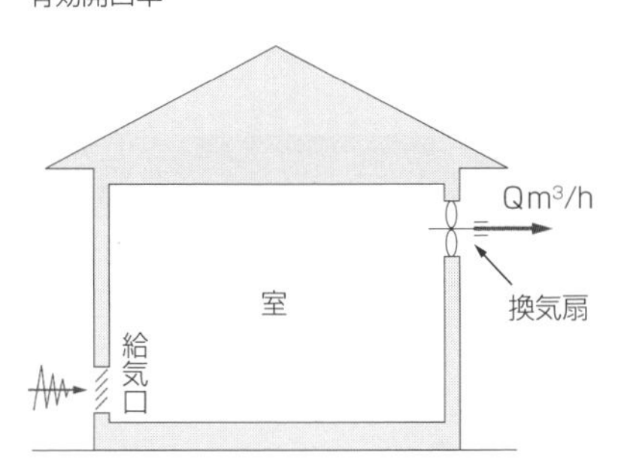

過去問にチャレンジ！　令和4年度 前期 No.14

図に示すような室を換気扇で換気する場合、給気口の寸法として、**適当なもの**はどれか。
ただし、換気扇の風量は720m³/h、
給気口の有効開口面風速は2m/s、
給気口の有効開口率は30%とする。

1　600mm × 400mm
2　700mm × 400mm
3　700mm × 500mm
4　800mm × 600mm

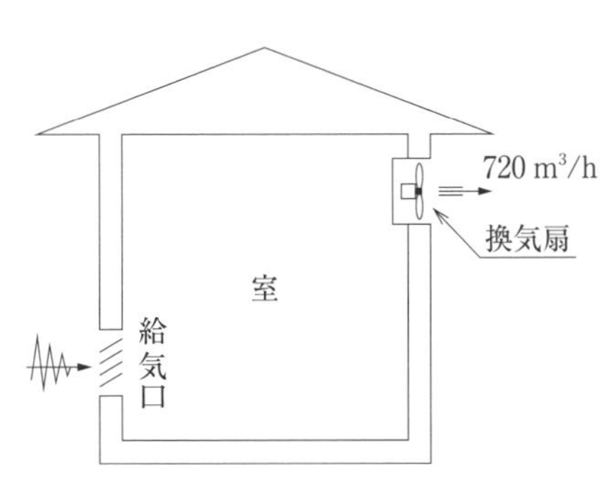

解答　**3**

解説　$A = \dfrac{Q}{3600va} = \dfrac{720}{3600 \times 2 \times 0.3} \fallingdotseq 0.333[m^2]$

よって、3の0.7[m]×0.5[m]＝0.35[m^2]が最も適当である。

⑤ 機械換気設備の有効換気量

□ **機械換気設備の有効換気量**は、機械換気を有する設備が居室を有効に換気するための風量（単位時間当たりに流れる空気の体積）を表し、その求め方は次の通り。

$$V = \frac{\mathbf{20Af}}{\mathbf{N}}$$

V：有効換気量［m^3/h］、Af：居室の床面積［m^2］、N：実況に応じた１人当たりの占有面積［m^2］

過去問にチャレンジ！　令和元年度 後期 No.14

特殊建築物の居室に機械換気設備を設ける場合、有効換気量の必要最小値を算定する式として、「建築基準法」上、**正しいもの**はどれか。
ただし、
V：有効換気量［m^3/h］、Af：居室の床面積［m^2］、
N：実況に応じた１人当たりの占有面積（3を超えるときは3とする。）［m^2］とする

1　$V = \dfrac{10Af}{N}$

2　$V = \dfrac{20Af}{N}$

3　$V = \dfrac{Af}{10N}$

4　$V = \dfrac{Af}{20N}$

解答　**2**

解説　本文参照

3-8 排煙

排煙の分野からは、排煙の目的、排煙設備、排煙口、排煙機などが出題される。排煙設備では、不燃材料、予備電源、自然排煙と機械排煙の併用など、排煙口と排煙機では、求められる構造、性能などの内容が出題される。

① 排煙の目的

- ☐ **消防隊**による救出活動及び消火活動を容易にすることが**できる**。
- ☐ 避難経路の安全を確保し、**避難活動**を容易にすることが**できる**。
- ☐ 機械排煙設備の作動中は、室内が**負圧**になるため、煙の流出を抑えることが**できる**。
- ☐ 爆発的な火災の拡大による他区画への**延焼を防止**することは**できない**。

② 排煙設備

- ☐ 排煙設備の排煙口、ダクトその他**煙に接する部分**は、**不燃材料**で造る。
- ☐ 電源を必要とする排煙設備には、**予備電源**を設ける。
- ☐ 防火ダンパーの作動温度は換気用に比べて**高く**する。

  ※**防火ダンパー**とは、ダクトを介して火災が拡大するのを防止するため、火災時にダクトを閉止する器具をいう。なお、ダンパーはダンパともいう。

- ☐ ダクト系統が受けもつ防煙区画は**均等化**する。
- ☐ 一つの防煙区画に、自然排煙と機械排煙を併用**してはならない**。

  ※**自然排煙**とは、排煙窓などを用いた自然換気による排煙をいう。**機械排煙**とは、排煙機などを用いた機械換気による排煙をいう。

③ 排煙口

- ☐ 排煙口には、**手動**開放装置を設ける。
- ☐ 排煙口は、**天井**面または**壁**面の上部に設置する。**天井**面に限定されていない。
- ☐ 排煙口は、避難方向と煙の方向が**反対**になるように設ける。

④ 排煙機

- ☐ 排煙機は、最上階の排煙口よりも**高い**位置に設ける。
- ☐ 排煙機は、排煙口の**開放**に伴い**自動**的に作動するようにする。

過去問にチャレンジ！ 平成24年度 学科 No.14

排煙設備の目的に関する記述のうち、**適当でないもの**はどれか。
ただし、本設備は「建築基準法」上の「特殊な構造」によらないものとする。

1 爆発的な火災の拡大による他区画への延焼を防止することができる。

2 機械排煙設備の作動中は、室内が負圧になるため、煙の流出を抑えることができる。

3 消防隊による救出活動及び消火活動を容易にすることができる。

4 避難経路の安全を確保し、避難活動を容易にすることができる。

解答 **1**

解説 排煙設備は、爆発的な火災の拡大による延焼を防止することはできない。

第 1 部

第一次検定

第 4 章

衛生設備

衛生設備とは、給排水衛生設備ともいい、給水設備、排水通気設備を中心に、上水道、下水道、屋内消火栓設備、ガス設備及び浄化槽設備に関する事項が、この分野から出題される。

4-1 上水道

上水道の分野からは、水道施設、専用水道と簡易専用水道、水質基準、水道水の消毒、配水管・給水装置などが出題される。水道施設からは、取水施設、貯水施設、導水施設、浄水施設、送水施設、配水施設の順序などが出題される。

① 水道施設

□ 水道施設の各施設は次のとおりである。

- **取水**施設：河川、湖沼、地下の水源から水を取り入れ、粗いごみや砂を取り除く施設。
- **貯水**施設：豊水時の水を貯留し、降水量の変動を吸収して取水の安定を図る施設。
- **導水**施設：取水施設から浄水施設まで原水を送る施設。
- **浄水**施設：原水を水質基準に適合させるために、沈殿、ろ過、消毒などを行う施設。
- **送水**施設：浄化した水を浄水施設から配水施設まで送る施設。
- **配水**施設：浄化した水を給水区域内の需要者に必要な圧力で必要な量を供給する施設。

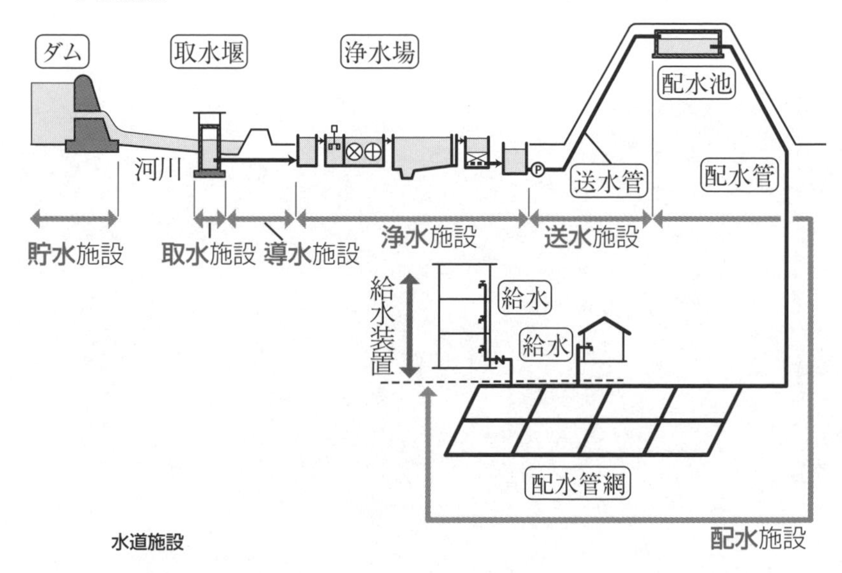

水道施設

☐ 浄水施設には、必ず**消毒**設備を設けなければならない。

☐ 浄水施設にある**着水井**には、水位変動を安定させ、量を調整して、浄化処理を安定させる役割がある。

☐ 浄水施設のろ過方式には**緩速**ろ過方式と**急速**ろ過方式があり、**緩速**ろ過方式は低濁度の原水処理に適し、**急速**ろ過方式は高濁度の原水処理に適している。

過去問にチャレンジ！ 令和4年度 後期 No.15

上水道施設に関する記述のうち、**適当でないもの**はどれか。

1　取水施設は、河川、湖沼又は地下の水源より原水を取り入れ、粗いごみや砂を取り除く施設である。

2　送水施設は、取水施設にて取り入れた原水を浄水施設へ送る施設である。

3　着水井には、流入する原水の水位変動を安定させ、その量を調整することで、浄水施設での浄化処理を安定させる役割がある。

4　結合残留塩素は、遊離残留塩素より殺菌作用が低い。

解答　**2**

解説　原水を取水施設から浄水施設へ送るのは、**導水施設**である。

② 専用水道と簡易専用水道

☐ **専用**水道とは、**自家用の水道、水道事業の用に供する水道以外**の水道で、次のいずれかに該当するもの。ただし、他の水道から供給を受ける水のみを水源とし、かつ、規模が政令で定める基準以下である水道を除く。
1. **100**人を超える者にその**居住**に必要な水を供給するもの。
2. その水道施設の**1日最大給水量**が**20㎥を超えるもの**。

☐ **簡易専用**水道とは、**水道事業の用に供する水道**及び**専用水道以外の水道**で、水道事業の用に供する水道から供給を受ける水のみを水源とするもの。ただし、**水槽の有効容量の合計**が**10**㎥以下のものを除く。

③ 主な水質基準

☐ 水道水には、下記のように水質基準が決められている。

▶ **一般細菌**：1mLの検水で形成される集落数が100以下

- **大腸菌**：検出されないこと
- **水銀**及びその化合物：**水銀**の量に関して、0.0005mg/L以下
- **鉄**及びその化合物：**鉄**の量に関して、0.3mg/L以下
- **銅**及びその化合物：**銅**の量に関して、1.0mg/L以下
- **鉛**及びその化合物：**鉛**の量に関して、0.01mg/L以下
- **pH**値：5.8以上8.6以下
- **味**：異常でないこと
- **臭気**：異常でないこと
- 色度：**5**度以下
- 濁度：**2**度以下

④ 水道水の消毒

- □ 水道水の原水が清浄であっても、必ず**消毒**しなければならない。
- □ 水の消毒には、**塩素**剤のみが認められている。
- □ 水道水の消毒薬には、**液化塩素**、**次亜塩素酸ナトリウム**等が使用される。
- □ 一般細菌は、**塩素**で消毒すると、ほとんど**検出**されなくなる。
- □ **殺菌作用**の大きさ：遊離残留塩素**>**結合残留塩素
- □ **残留効果**の大きさ：遊離残留塩素**<**結合残留塩素

過去問にチャレンジ！

令和２年度 後期 No.15

上水道における水道水の消毒に関する記述のうち、**適当でないもの**はどれか。

1　浄水施設には、必ず消毒設備を設けなければならない。

2　水道水の消毒薬には、液化塩素、次亜塩素酸ナトリウム等が使用される。

3　遊離残留塩素より結合残留塩素の方が、殺菌力が高い。

4　一般細菌には、塩素消毒が有効である。

解答　**3**

解説　**遊離残留塩素**の方が、結合残留塩素より殺菌力が高い。

⑤ 配水管・給水装置

□ 給水装置とは、需要者に水を供給するために水道事業者の施設した**配水管**から分岐して設けられた**給水管及びこれに直結する給水用具**をいう。

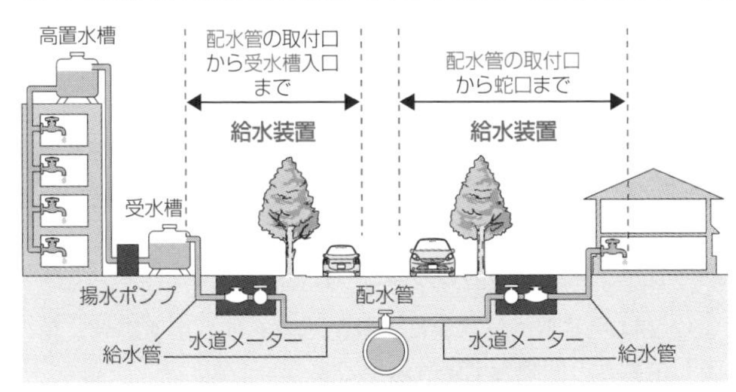

給水装置

□ 水道事業者は、給水装置のうち、**配水管の分岐から水道メーターまでの材料、工法などについて指定**できる。

□ 水道事業者は、給水装置が**水道事業者**又は**指定給水装置工事事業者**が施工したものであることを供給条件とすることができる。

□ 道路に埋設する配水管は、原則として、**地色**が**青**・**文字**が**白**の胴巻テープなどの使用により、識別を明らかにする。

□ 給水管を**不断水工法**により配水支管から取り出す場合、給水管の口径が25mm以下のときには**サドル付分水栓**、75mm以上のときには**割T字管** を使用する。

※**不断水工法**とは、断水させないで行う工法をいい、サドル付分水栓、割T字管などにより、配水支管より給水管を分岐する。

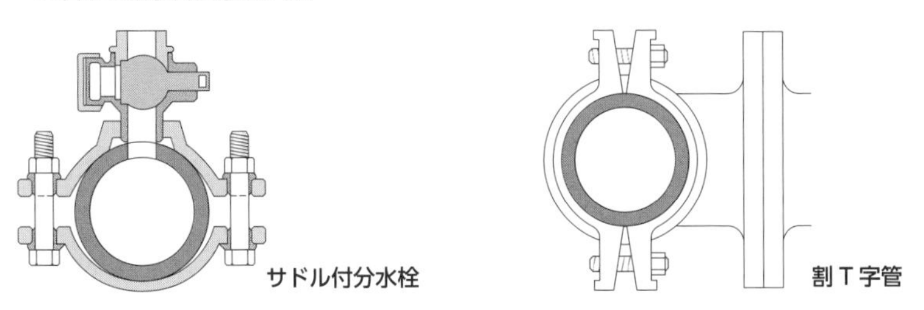

サドル付分水栓　**割T字管**

□ **硬質ポリ塩化ビニル管**に分水栓を取り付ける場合は、配水管折損防止のため、**サドル**を使用する。

□ 配水管を他の地下埋設物と交差又は近接して布設するときは**0.3**m以上の間隔を確保する。

□ 地下水位が高い場所に布設する配水管には**浮上**防止対策を講じる。

- ☐ 市街地等の道路部分に布設する外径**80**mm以上の配水管には、管理者、布設年次等を明示するテープを取り付ける。
- ☐ 配水管から分水栓等により給水管を取り出す場合、他の給水管の取り出し位置との間を**30**cm以上とする。
- ☐ 給水装置の耐圧性能試験：静水圧**1.75**MPa、保持時間**1**分間、充水後、**一昼夜**経過して行う。

過去問にチャレンジ！

令和4年度 前期 No.15

上水道に関する記述のうち、**適当でないもの**はどれか。

1　配水管から分水栓又はサドル付分水栓により給水管を取り出す場合、他の給水管の取り出し位置との間隔を15cm以上とする。

2　簡易専用水道とは、水道事業の用に供する水道から供給を受ける水のみを水源とし、水の供給を受けるために設けられる水槽の有効容量の合計が$10m^3$を超えるものをいう。

3　浄水施設における緩速ろ過方式は、一般的に、原水水質が良好で濁度も低く安定している場合に採用される。

4　給水装置とは、水道事業者の敷設した配水管から分岐して設けられた給水管及びこれに直結する給水用具をいう。

解答　**1**

解説　配水管から分水栓等により給水管を取り出す場合、他の給水管の取り出し位置との間を**30**cm以上とする。

4-2 下水道

下水道の分野からは、下水道の排除方式、管きょ、排水ますなどが出題される。下水道の排除方式は、合流式と分流式の排除方式の特徴、勾配、流速、口径など、管きょ、排水ますについては、構造などの内容が出題される。

① 下水道の排除方式

- ☐ 公共下水道の設置、改築、修繕、維持その他の管理は**市町村**が行う。
- ☐ 下水道の排除方式には、**合流**式と**分流**式がある。
  - ▶ **合流**式：汚水と雨水とを**同一**の管路系統で排除する方式。雨水は汚水と合わせて処理される。
  - ▶ **分流**式：汚水と雨水とを**別々**の管路系統で排除する方式。雨水は直接**公共用水域**へ**放流**される。

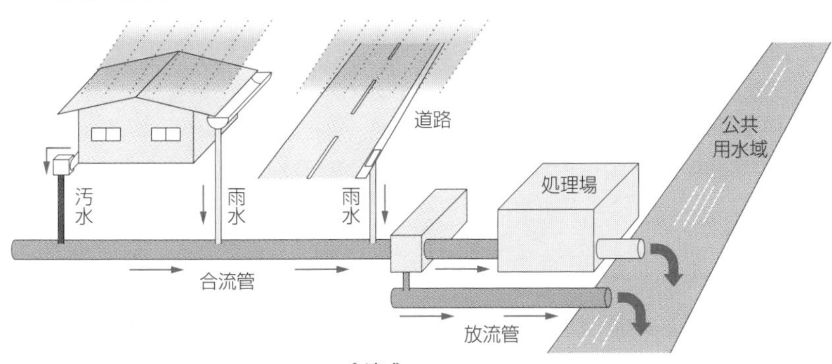

合流式

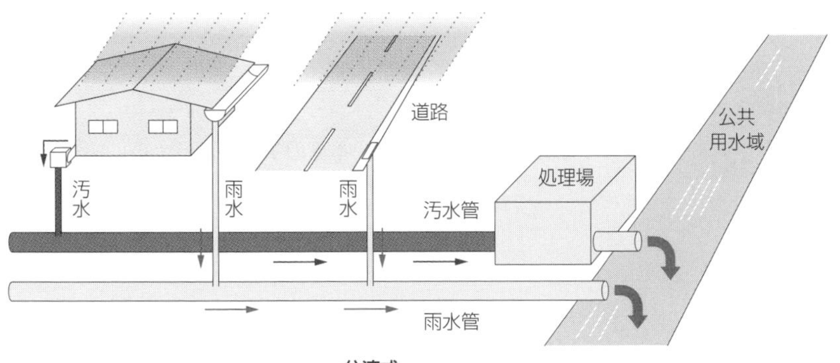

分流式

□ **合流**式は、大雨時には越流水を公共用水域に放流するので、雨水で希釈された汚水が直接、公共用水域に放流される。したがって、**分流**式に比べ**水質汚濁のおそれが高い**。

※**越流水**とは、施設で処理しきれずにそのまま放流される排水をいう。

□ **分流**式では、降雨初期の汚濁された路面排水が、直接、**公共用水域へ放流**される。

□ **合流**式では、降雨初期の汚濁された路面排水を、**収集・処理**することが可能である。

□ 合流式の管きょは、分流式の汚水管きょに比べて、**沈殿物の比重**が**大きい**ため、**最小流速**を**大きく**する。

※**管きょ**とは、管を用いた円筒形の地下水路をいう。

□ 合流式の管きょは、分流式の汚水管きょに比べて、**大**口径のため、**勾配**(こう)を**緩やか**にする。

□ 流域下水道：2以上の**市町村**の区域における下水を排除するもの。設置・管理は、原則として**都道府県**が行う。

□ 都市下水路は、主として市街地(**公共下水道**の排水区域外)において、専ら雨水排除を目的とするもの。

□ 計画下水量は、**時間**最大汚水量、**計画**雨水量を用いて計画する。

□ 下水道の流速は下流に行くに従い**漸増**させ、下水道の勾配は下流に行くに従い**緩やか**にする。

□ 建物からの排水が排除基準に適合していない場合には、**除害**施設等を設けなければならない。

□ 敷地内排水系統では**汚水**系統と**雑排水**系統を分けることを分流式、合わせることを合流式といい、公共下水道と合流式と分流式の定義が**異なる**。

❷ 管きょ

□ 管きょの断面形は、**小規模下水道**では**円**形又は**卵**形を標準とする。

□ 敷地内において、分流式の雨水管と汚水管が並行する場合、原則として、**汚水**管を**建物側**とする。

□ 建物の敷地内では、埋設排水管の土被り（埋設深さ）は原則として**20**cm以上とする。

□ 下水道本管に取付け管を接続する場合は、本管の**中心線から上方**に接続する。

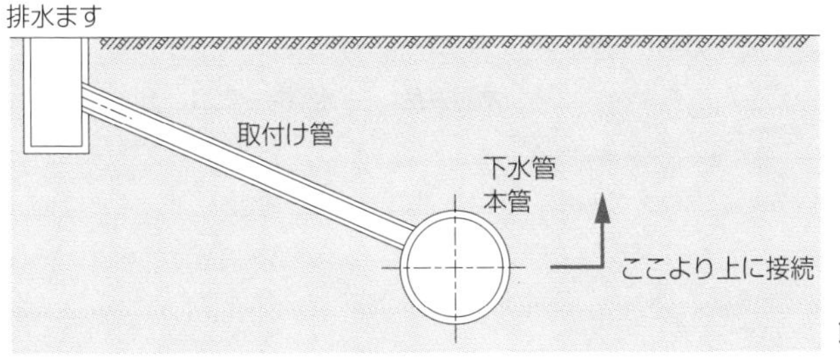

取付け管の接続位置

☐ 取付け管の勾配は**1/100**以上とする。

☐ 硬質ポリ塩化ビニル管などの管きょの基礎は、原則として、自由支承の**砂**又は**砕石**基礎とする。

※**支承**とは、橋や管きょなどのように長尺物の支えをいう。**自由支承**とは、垂直方向の荷重のみ支え、水平方向を拘束しない支承をいう。**砂**とは、粒径1/16～2mmの岩石片や鉱物片の総称をいう。**砕石**とは、岩石、玉石、廃鉱石などの原石を砕いて小石状にしたものをいう。

☐ 地表面の勾配が急な敷地において、下水道管きょの勾配を適切に保持するための接合を**段差**接合という。次図のように管きょに段差を設けて、排水ますに接合する。

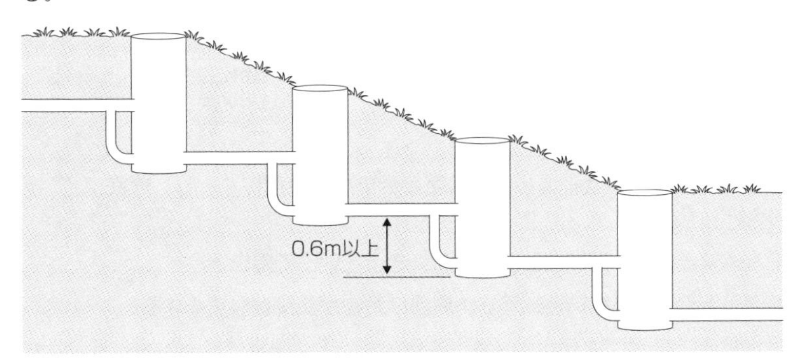

☐ 段差が**0.6**m以上の場合は段差接合による接合とする。

☐ 下水管きょの接合には、段差結合のほかに、**水面**接合、**管頂**接合、**管底**接合、**管中心**接合などがある。

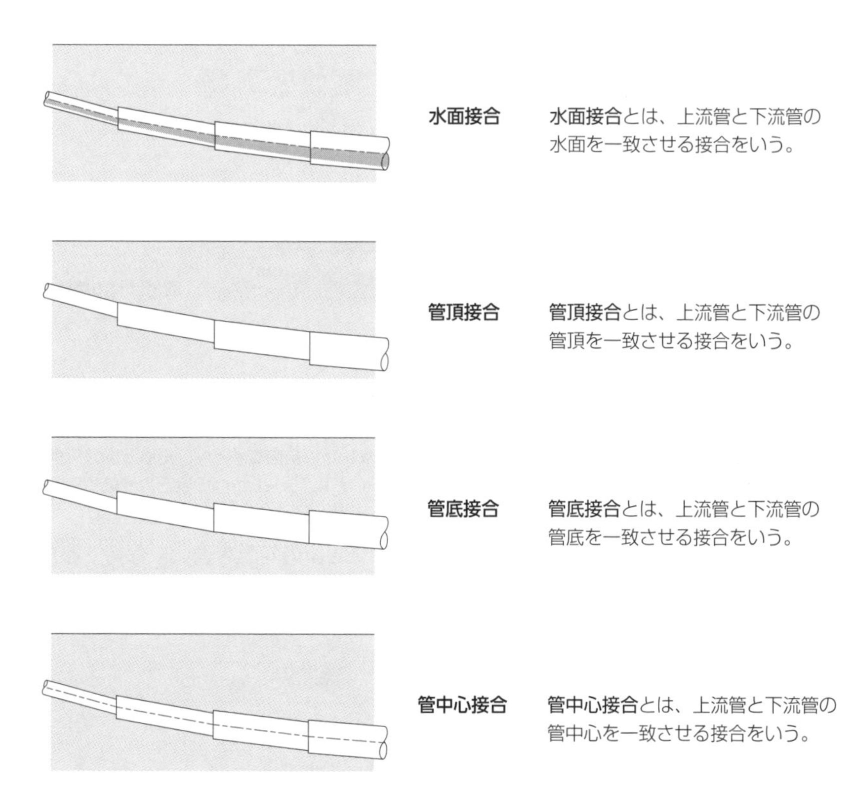

- □ 管きょ径を変化させる場合は、**水面**接合または**管頂**接合とし、**管底**接合、**管中心**接合としない。
- □ 下水道管きょは、原則として、放流管きょを除いて**暗きょ**とする。
- □ 管きょの流速が**小さい**と、管きょ底部に汚物が沈殿しやすくなる。
- □ 汚水管きょの流速は**0.6**m/s以上**3.0**m/s以下、雨水管きょ・合流管きょの流速は**0.8**m/s以上**3.0**m/s以下とする。

過去問にチャレンジ！

令和５年度 前期 No.16

下水道に関する記述のうち、**適当でないもの**はどれか。

1　都市下水路は、地方公共団体が管理するもので、公共下水道を含んでいる。

2　汚水管きょの流速は、0.6 ～ 3.0m/sとする。

3　合流管きょの計画下水量は、計画時間最大汚水量に計画雨水量を加えたものする。

4　下水道本管に接続する取付管の最小管径は、150mmを標準とする。

解答　1

解説　都市下水路は、主として市街地(**公共下水道の排水区域外**)において、専ら雨水排除を目的とするものである。

③ 排水ます

- □ **排水ます**とは、管きょの**清掃**や**点検**などのために、管きょの起点、終点、合流点、勾配変更点、方向変更点などに設けられる**メンテナンス用の施設**をいう。なお、人が入るものは一般的に**マンホール（人孔）**という。
- □ 排水ますは、排水管の長さが**内径**の**120**倍を超えない範囲内に設ける。
- □ 雨水ますの底には、深さ**15**cm以上の**どろため**を設ける。

  ※**雨水ます**とは、雨水管きょに設けられる排水ますをいう。
- □ 雨水ます以外のますの**底部**には、**インバート**（半円状の溝）を設ける（➡P.254）。
- □ 雨水排水管を合流式の排水管に接続する場合、雨水系統への臭気の侵入を防止するため、雨水ますは**トラップ**ますとする（➡P.256）。

  ※**トラップます**とは、常時内部に水をため（**封水**という）、管きょを伝わって下流から臭気が侵入するのを防止する排水ますをいう。

過去問にチャレンジ！

令和4年度 前期 No.16

下水道に関する記述のうち、**適当でないもの**はどれか。

1. 建物からの排水が排除基準に適合していない場合には、除害施設等を設けなければならない。
2. 生活に起因する廃水（汚水）や雨水は、下水である。
3. 排水管の土被りは、建物の敷地内では、原則として20cm以上とする。
4. 排水設備の雨水ますの底には、深さ10cm以上の泥だまりを設ける。

解答　4

解説　排水設備の雨水ますの底には、深さ**15**cm以上の泥だまり（どろため）を設ける。

4-3 給水設備

給水設備の分野からは、クロスコネクション、逆サイホン作用、吐水口空間、バキュームブレーカー、飲料用給水タンク、ウォーターハンマーの防止、給水方式の特徴などが出題される。給水方式からは、水道直結式、高置タンク方式などについて、出題される。

① クロスコネクション

- □ **クロスコネクション**とは、**飲料水**系統とその他の系統が、配管・装置により直接**接続**されることをいう。

  ※**系統**とは、互いに接続されている一連の機器、用具、配管などをいう。

- □ **飲料水**系統とその他の配管は、止水弁と逆止め弁を設けたとしても、**接続**してはならない。

  ※**止水弁**とは、水を止めるための弁をいう。**逆止め弁**とは、水の逆流を防止するための弁のことで、**逆止弁**ともいう。

② 逆サイホン作用

- □ **逆サイホン作用**とは、水受け容器中に吐き出された水が、給水管内に生じた**負圧**による吸引作用のため、給水管内に逆流することをいう。
- □ 逆サイホン作用の防止には、**吐水口空間**の確保が有効。吐水口空間が確保できない場合は、**バキュームブレーカー**を設置する。

③ 吐水口空間

- □ **吐水口空間**とは、吐水口端と**あふれ縁**との垂直距離のこと。

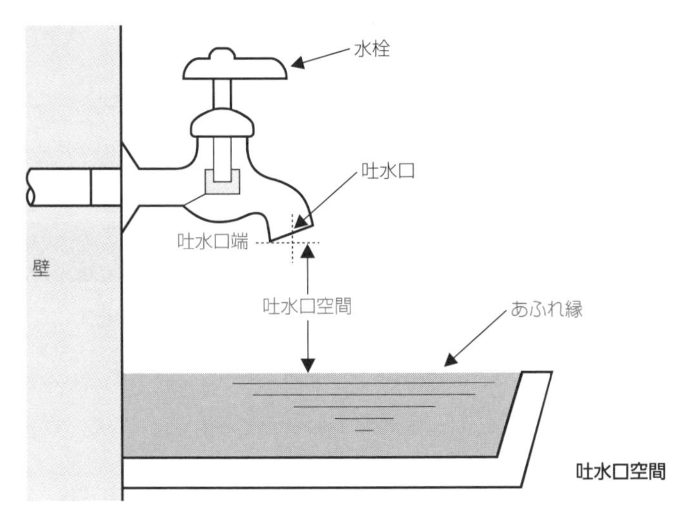

吐水口空間

- ☐ **あふれ縁**とは、洗面器の場合は**上縁**、水槽類の場合は**オーバーフロー口**(ぐち)をいう。
- ☐ **床付き散水栓**は、土砂の堆(たい)積により箱内の水はけが悪いので、**飲料水**系統には使用しない。

④ バキュームブレーカー

- ☐ **バキュームブレーカー**とは、吐水口空間が確保できない場合の、**逆サイホン作用**防止に設けられるもの。

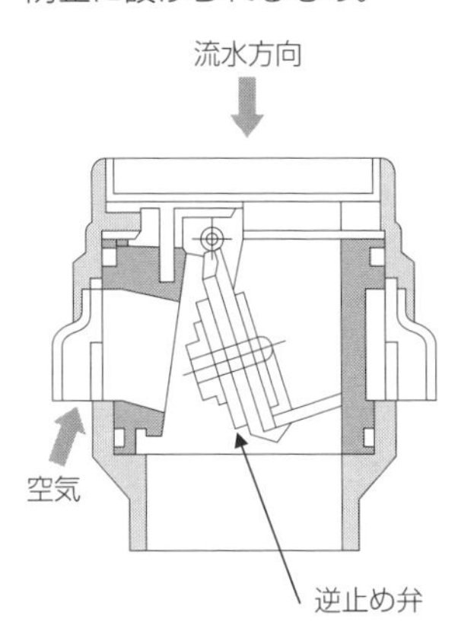

バキュームブレーカー

- ☐ 給水管に負圧が生じると、吸気口より**空気**を吸入して負圧を解消し、**逆サイホン作用**を防止する。
- ☐ バキュームブレーカーには、**常時水圧がかかる場所**に設けられる**圧力式**と、**常時水圧のかからない場所**に設けられる**大気圧式**がある。

□ **大便器洗浄弁**には、洗浄弁の二次側の常時水圧がかからない場所に、**大気圧式**が使用される（➔P.251）。

□ 逆流汚染を防止するため、**ホース接続**水栓はバキュームブレーカー付きとする。

□ **大気圧**式バキュームブレーカーは大便器洗浄弁等と組み合わせて使用される。

❺ 飲料用給水タンク

□ **飲料用給水タンク**の周囲及び下部には**60**cm以上の、上部には**100**cm以上の**保守点検スペース**を設ける。

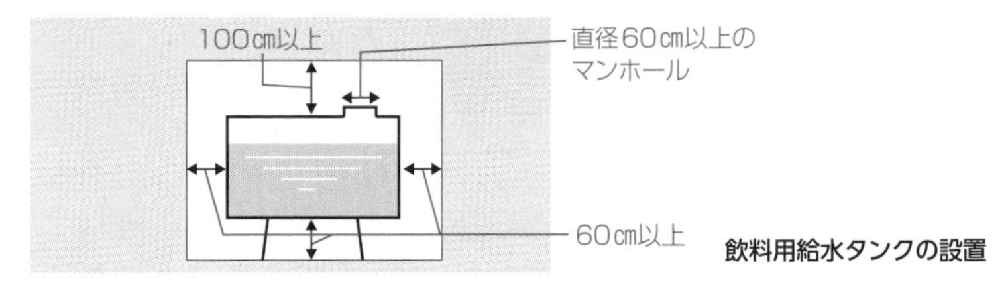

飲料用給水タンクの設置

□ 飲料用給水タンクには、直径**60**cmの円が内接する**マンホール**を設ける。

□ 飲料用給水タンクの上部には、原則として、空気調和用などの用途の配管を**設けない**。

□ 飲料用タンクの**オーバーフロー管**は、トラップを設けず**排水口**空間による**間接排水**とし、末端に**防虫網**を設ける（➔P.95）。

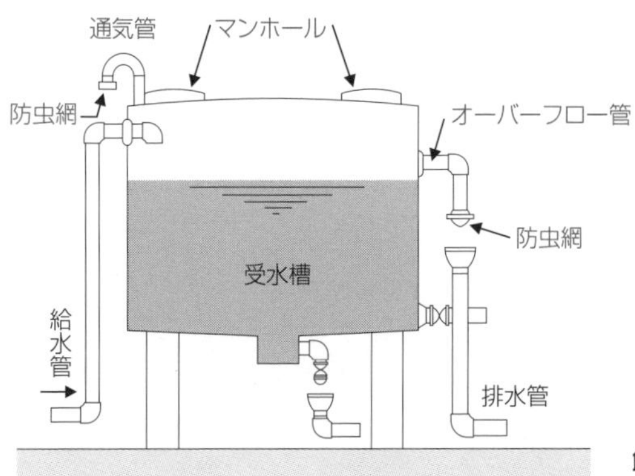

飲料用給水タンクの名称

□ 高置タンクの高さは、最**上**階器具などの必要給水**圧力**が確保できるよう決定する。

□ 吐水口空間を確保するため、オーバーフロー管の取り出しは吐水口端よりも**低い**位置に設ける。

□ 緊急遮断弁は、**地震**発生時に給水を遮断する目的で設置される。

- □ 「建築物における衛生的環境の確保に関する法律」の特定建築物において、飲料用タンク、雑用水タンクともに**点検**が義務づけられている。
- □ 保守点検、清掃を考慮して、容量に応じて2槽に**分ける**。

⑥ ウォーターハンマーの防止

- □ **ウォーターハンマー**（**水撃作用**ともいう）は、流水を弁や栓などで急閉止した際に生じる圧力変動に伴う**衝撃作用**をいう。**騒音**や**振動**の原因となり、顕著な場合には、器具や配管を**損傷**させることもある。
- □ ウォーターハンマーを防止するには、**管内流速**を**小さく**するか**エアチャンバー**を設置する。
- □ 受水タンクへの給水には、ウォーターハンマー防止のため**定水位**弁が用いられる。
- □ 揚程（ようてい）**30**mを超える給水ポンプの吐出し側の逆止め弁は、ウォーターハンマー防止のため**衝撃**吸収式とする。

過去問にチャレンジ！　令和5年度 前期 No.17

給水設備に関する記述のうち、**適当でないもの**はどれか。

1　給水量の算定に用いられる器具給水負荷単位による方法では、給水管が受け持つ器具給水負荷単位の総和から、瞬時最大給水流量を求める。

2　受水タンクの吐水側配管に取り付ける緊急遮断弁は、受水タンク内の残留塩素が規定値以下となる場合に給水を遮断する目的で設置される。

3　大気圧式バキュームブレーカーは、大便器洗浄弁等と組み合わせて使用される。

4　飲料用給水タンクには、直径60㎝以上の円が内接するマンホールを設ける。

解答　**2**

解説　飲料用給水タンクの緊急遮断弁は、**地震発生時**に給水を遮断する目的で設置される。

❼ 給水方式の特徴

□ 給水方式には、次の方式がある。

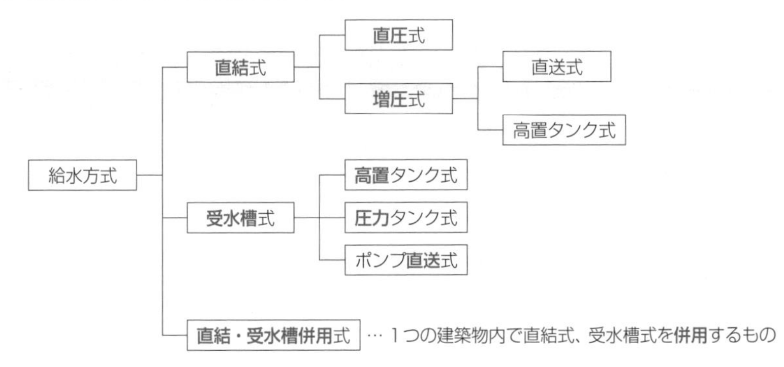

- **直結直圧式**とは、配水管に直結され、配水管の圧力にて給水する方式をいう。
- **直結増圧式**とは、配水管に直結され、配水管の圧力をポンプで増圧して給水する方式をいう。
- **高置タンク方式**とは、配水管からの給水を受水槽に受け、ポンプで高置タンクにくみ上げて給水する方式をいう。
- **圧力タンク方式**とは、配水管からの給水を受水槽に受け、ポンプと圧力タンクを用いて給水する方式をいう。
- **ポンプ直送方式**とは、配水管からの給水を受水槽に受け、ポンプを用いて給水する方式をいう。

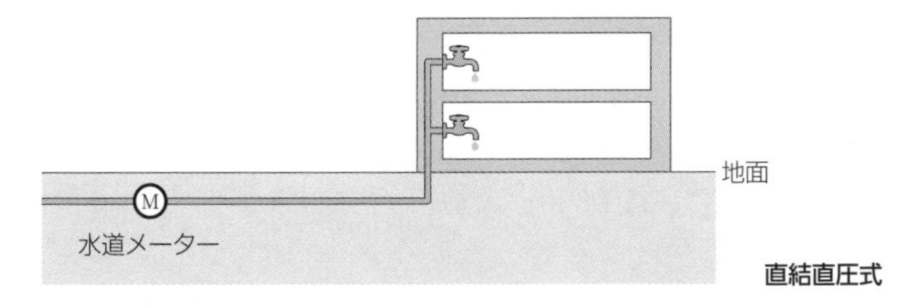

直結直圧式

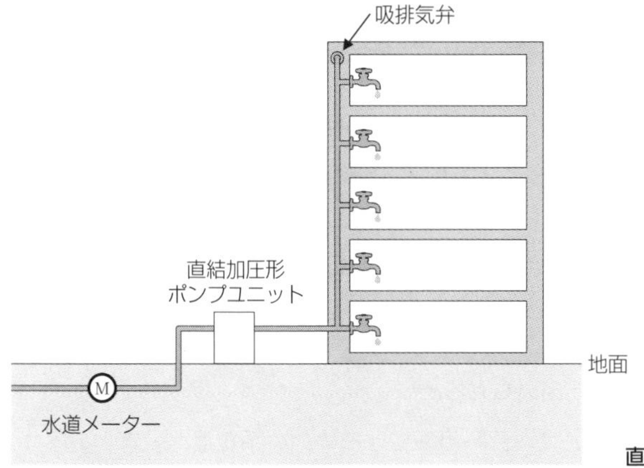

直結増圧・直送式

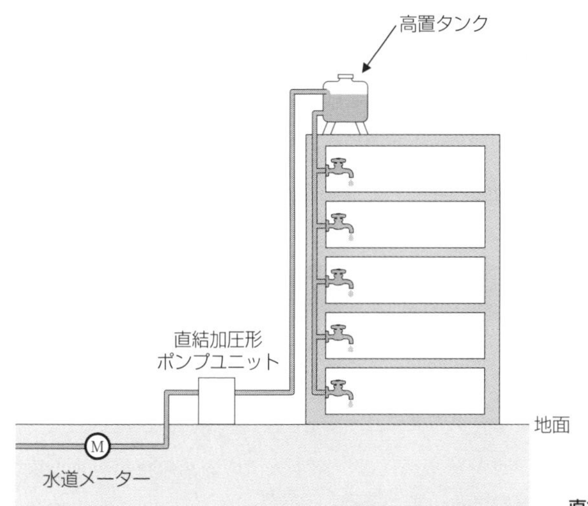

直結増圧・高置タンク式

- □ 水質汚染の可能性：水道直結方式**<**高置タンク方式
- □ ポンプの吐出量：水道直結増圧式**>**高置タンク方式
- □ 水道直結**直圧**方式は、水道本管の圧力に応じて、給水栓の圧力が変化する。
- □ 水道直結**増圧**方式は、水道本管の圧力に応じて、給水栓の圧力はほとんど変化しない。
- □ 水道直結増圧方式には、**逆流防止器**を設ける必要がある。
- □ 直結式は、受水槽式に比べて省エネルギー性能が**高い**。
- □ 直結式は、**夏**季等の水圧が**低く**なる時期の本管水圧で設計する。
- □ 高置タンク方式は、他の方式に比べて給水圧力の変動が**小さい**。
- □ 高置タンクの高さは、**最上**階の器具の必要給水圧力が確保できるように設置する。

過去問にチャレンジ！

令和4年度 後期 No.17

給水設備に関する記述のうち、**適当でないもの**はどれか。

1　揚程が30mを超える給水ポンプの吐出し側に取り付ける逆止め弁は、衝撃吸収式とする。

2　受水タンクのオーバーフローの取り出しは、給水吐水口端の高さより上方からとする。

3　受水タンクへの給水には、ウォーターハンマーを起こりにくくするため、一般的に、定水位弁が用いられる。

4　クロスコネクションとは、飲料用系統とその他の系統が、配管・装置により直接接続されることをいう。

解答　**2**

解説　吐水口空間を確保するため、オーバーフロー管の取り出しは吐水口端よりも**低い**位置に設ける。

過去問にチャレンジ！

令和4年度 前期 No.17

給水設備に関する記述のうち、**適当でないもの**はどれか。

1　水道直結方式は、高置タンク方式に比べ、水質汚染の可能性が低い。

2　省エネルギー性を向上させる項目には、節水式衛生器具の採用、水道直結方式の採用（低層建物の場合）等がある。

3　「建築物における衛生的環境の確保に関する法律」に基づく特定建築物において、雑用水用水槽は法令上の点検は義務付けられていない。

4　給水管への逆サイホン作用による汚染の防止には、吐水口空間の確保が基本となる。

解答　**3**

解説　「建築物における衛生的環境の確保に関する法律」の特定建築物において、飲料用タンク、雑用水タンクともに**点検が義務づけられている**。

4-4 給湯設備

給湯設備の分野からは、循環式給湯配管の勾配、循環ポンプ、膨張タンク、逃がし管、給湯温度、湯沸器などが出題される。循環式給湯配管の勾配は、上向き式と下向き式に関する内容が、湯沸器は、先止め式と元止め式に関する内容が出題される。

① 循環式給湯配管

□ **循環式給湯配管**とは、配管内の湯が冷えないように、加熱装置を介して循環する経路をもつ給湯配管をいい、**貯湯タンク、循環ポンプ、給湯配管、給湯栓、膨張タンク、逃がし管**などで構成される。循環式給湯配管は、**上向き式供給**と**下向き式供給**に大別される。

※**逃がし管**とは、貯湯タンクと膨張タンクをつなぐ配管をいう。

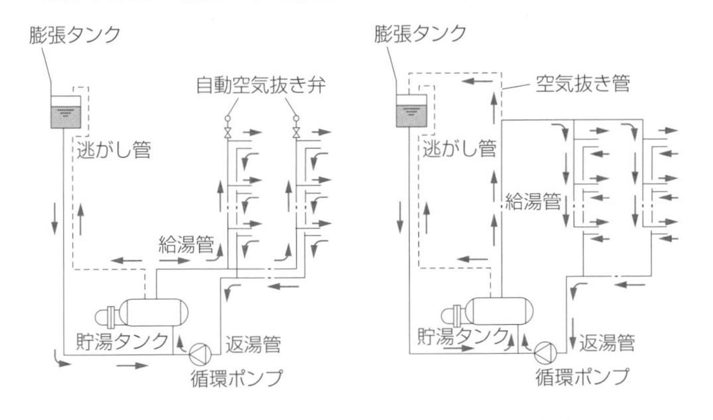

上向き式供給　**下向き式供給**

□ 上向き式供給の場合、給湯管は先**上**がり、返湯管は先**下**がりとする。

□ 下向き式供給の場合、給湯管は先**下**がり、返湯管は先**下**がりとする。

□ 給湯配管には、水道用**耐熱**性硬質塩化ビニルライニング鋼管等を使用する。

□ 給湯配管の線膨張係数（温度による長さの膨張度合い）：樹脂管**>**金属管

□ 給湯配管に銅管を用いる場合は、かい食（腐食現象の一種）を防止するため、管内流速を**1.5**m/s以下に抑える。

② 循環ポンプ

- □ **循環ポンプ**は、湯を循環させることにより配管内の湯の**温度低下**を防止するためのものである。
- □ 循環ポンプは、貯湯タンクの**入口**側の**返**湯管に設ける。

③ 膨張タンク、逃がし管

- □ **膨張タンク**は、水の**膨張**による装置内の**圧力**を、異常に上昇させないために設けるものである。
- □ **開放**式膨張タンクは、系統の最高位に設置する。
- □ **密閉**式膨張タンクは、設置位置及び高さの制限を受けない。
- □ **逃がし管**は、貯湯タンクなどから**単独**で立ち上げ、**弁**を設けてはならない。

④ 給湯温度

- □ **循環式の給湯温度**は、**レジオネラ属菌**の繁殖を抑制するため、**55**℃以上を確保する。
- □ 循環式の給湯方式において、**浴室などへの給湯温度**は、使用温度より高めの**55**～**60**℃程度とする。
- □ **シャワー用水栓**は、熱傷の危険を避けるため、**サーモスタット**付き**湯水混合水栓**などが使用される。

  ※**サーモスタット**とは、温度調整器のことをいう。
- □ 湯沸室の給茶用の給湯は、使用温度が**90**℃程度と高いため**局所**式とする。

  ※**局所式**とは、ここでは、限られた範囲に給湯する方式をいう。

⑤ 湯沸器

- □ **湯沸器**には、**元止め**式と**先止め**式がある（➔P.97）。
  - ▶ **元**止め式とは、湯沸器の**元**で出湯・停止するもの。ガス湯沸器と使用箇所が**近い**場合に用いられる。
  - ▶ **先**止め式とは、湯沸器の**先**で出湯・停止するもの。ガス湯沸器と使用箇所が**遠い**場合に用いられる。
- □ 屋内に給湯する屋外設置のガス湯沸器は、**先**止め式とする。
- □ シャワーに用いるガス湯沸器は、**先**止め式とする。

□ 湯沸器の**出湯能力**を、流量**1**L/分の水の温度を**25**℃上昇させる能力として表したものを**号数**という。

□ 給湯の加熱方式により、次のように分類できる。

▶ **燃焼加熱方式**

- 燃料の燃焼熱の**顕熱**のみ利用するもの。
- 排ガス中の**潜熱**を回収して利用するもの（**潜熱回収型給湯器**）。
  …燃焼排気ガス中の水蒸気の凝縮**潜熱**を回収し、熱効率を向上させている。

▶ **電気加熱方式**

▶ **ヒートポンプ加熱方式**（**ヒートポンプ給湯器**）…**大気**中の熱エネルギーを給湯の加熱に利用する。

□ FF式：外気導入と排ガス排出を**送風**機で**強制**的に行う。

□ Q機能式：Q（クイック）機能とは、**短**時間で設定温度に達する機能。

過去問にチャレンジ！

令和5年度 前期 No.18

給湯設備に関する記述のうち、**適当でないもの**はどれか。

1　給湯配管には、水道用硬質塩化ビニルライニング鋼管を使用する。

2　給湯配管をコンクリート内に敷設する場合は、熱による伸縮で配管が破断しないように保温材等をクッション材として機能させる。

3　ヒートポンプ給湯器は、大気中の熱エネルギーを給湯の加熱に利用するものである。

4　ガス瞬間湯沸器の先止め式とは、給湯先の湯栓の開閉により、バーナーが着火・消化する方式をいう。

解答　**1**

解説　給湯配管には、**水道用耐熱性硬質塩化ビニルライニング鋼管**等を使用する。

令和4年度 後期 No.18

給湯設備に関する記述のうち、**適当でないもの**はどれか。

1　FF方式のガス給湯器とは、燃焼用の外気導入と燃焼排ガスの屋外への排出を送風機を用いて強制的に行う方式である。

2　60℃の湯60リットルと、10℃の水40リットルを混合した時、混合時に熱損失がないと仮定すると、混合水100リットルの温度は40℃となる。

3　逃し管は、加熱による水の膨張で装置内の圧力が異常に上昇しないように設ける。

4　湯の使用温度は、一般的に、給茶用、洗面用ともに50℃程度である。

解答　**4**

解説　4. 給茶用は**90**℃程度とする。

2. 次式のとおり。

$$\text{混合湯の温度} = \frac{60 \times 60 + 10 \times 40}{60 + 40} = \frac{4000}{100} = 40\ [℃]$$

4-5 排水通気設備

排水通気設備の分野からは、排水系統、排水管の管径、排水ポンプの口径、掃除口の設置箇所、トラップ、通気管、伸頂通気方式、ループ通気方式、各個通気方式などが出題される。掃除口とは排水管を掃除するための開口部をいう。

❶ 排水系統

- □ 排水は、**汚**水、**雑排**水、雨水などに分類される。
- □ **大小便器**及び**これと類似の用途をもつ器具**から排出される排水を、**汚**水という。
- □ **厨房排水**は、建物内の排水管を**閉塞**させやすい。
  ※**厨房排水**とは、厨房から調理に伴い排出される排水をいう。
- □ 雨水は、建物内で雑排水系統と**合流**させてはならない。
  ※**雑排水系統**は、汚水及び雨水以外の排水をいう。
- □ 間接排水を受ける水受け容器として、**手洗い**器、**洗面**器を利用してはならない。
  ※**間接排水**とは、器具に排水が逆流するのを防止するために、器具と排水管を直接接続しない排水方式をいう。**飲用器具の排水**は、間接排水としなければならない。
- □ 排水ます：屋外排水管の管径の**120**倍を超えない範囲で設ける。

❷ 排水管の管径

- □ 排水管の管径決定法には、排水負荷単位による**器具排水負荷単位**法と、負荷流量による**定常流量**法がある。
- □ 排水管の管径は、**30**mm以上とする。
- □ 大便器を接続する排水管の管径は、**75**mm以上とする。
- □ 埋設または床下の排水管の管径は、**50**mm以上が望ましい。
- □ 排水横主管の管径は、接続する排水立て管の**管径**以上とする。
- □ 排水管の管径はトラップ（⑤参照）より**小さく**してはならない。
- □ 排水立て管の管径は、**すべての**階において最下部の排水負荷の管径以上とし、上階に行くほど小さくして**はならない**。
- □ 器具排水管の管径
  - ▶ 掃除用流し：**65**、**75**mm以上、汚物流し：**75**mm以上、小便器：**40**、**50**mm以上

③ 排水ポンプの口径

☐ 排水ポンプの口径は次のように決められている。

- 汚物用：**80**mm以上
- 雑排水用：**50**mm以上
- 汚水用：**40**mm以上

④ 掃除口の設置箇所

☐ 掃除口は次の箇所に設置される。

- 排水横主管、排水横枝管の**起点**。
- 延長の長い横走り管の**途中**。
- 45度を超える角度で**方向**を変える箇所。
- 排水立て管の**最下**部又はその付近。
- 排水立て管の**最上**部及び**途中**。
- 排水横主管と**敷地排水管**の接続箇所の近傍。

⑤ トラップ

☐ **トラップ**とは、**下水ガス**、**臭気**、害虫などが排水管から室内に逆流入するのを防止するために、内部に水を貯める機能をもつ排水器具をいう。

☐ **ウェア**：あふれ面、**ディップ**：水底面頂部

☐ トラップには、**サイホン式トラップ**、**非サイホン式トラップ**（**ドラムトラップ**、**わんトラップ**）がある。

- **サイホン**式トラップとは、配管を屈曲させた形状のトラップで、**管トラップ**ともいう。**Pトラップ**、**Sトラップ**などがある。
- **非サイホン**式トラップには**ドラムトラップ**、**わんトラップ**などがある。

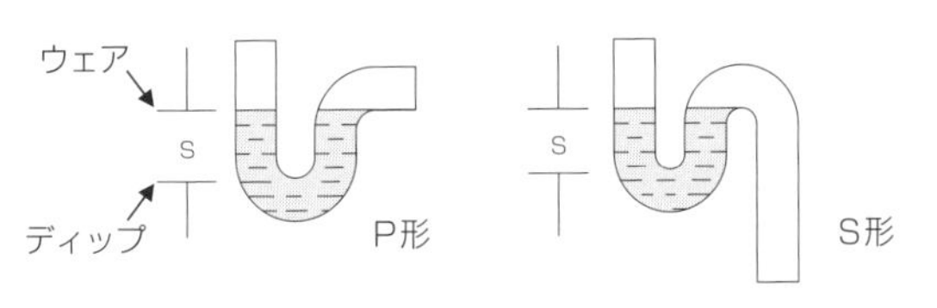

サイホン式トラップ

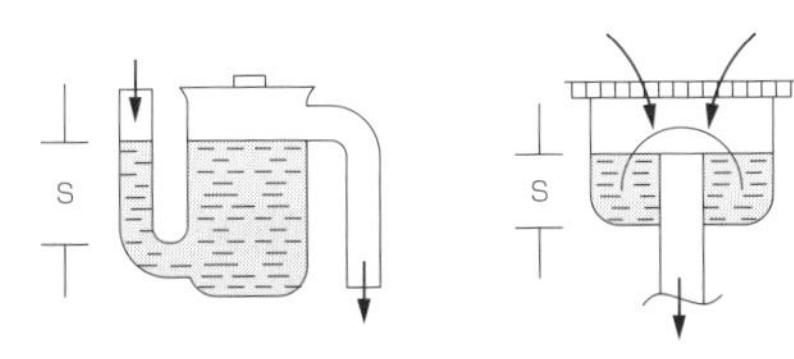

ドラムトラップ　　**わんトラップ**

- ☐ **封水の量**：サイホン式トラップ<非サイホン式トラップ
  ※**封水**とは、臭気や害虫の侵入を防止するために、トラップにたまっている水をいう。
- ☐ **封水強度**（封水の破られにくさ）：サイホン式トラップ<非サイホン式トラップ
- ☐ **封水強度**（封水の破られにくさ）：Pトラップ>Sトラップ
- ☐ **わん**トラップは、**わん**を取り外すとトラップ機能を失う。
- ☐ **空調ドレン**管は、**間接**排水とし、**間接**排水の水受け容器には**トラップ**を備える。
  ※空調ドレン管とは、空調のため生じた結露水などを排水する管をいう。
- ☐ 阻集器にはトラップ機能をあわせもつものが多いので、器具トラップを設けると、**二重トラップ**になるおそれがある。
  ※**阻集器**とは、排水中に含まれる油、毛髪、石こうなど、排水管を閉塞させる可能性があるものを捕集する器具をいう。**二重トラップ**とは、複数のトラップが直列に接続されることをいう。
- ☐ 封水は、**サイホン**作用（⑨参照）、蒸発、毛髪等による**毛管**現象により消失することがある。
- ☐ グリース阻集器：排水中に含まれる**油脂**分を除去する。

❻ 通気管

- ☐ **通気管**の主な目的は、**トラップの封水**保護である。
  ※**通気管**とは、排水管と大気をつなぐ配管をいう。
- ☐ 通気管の管径は、**30**mm以上とする。
- ☐ 通気管は、横走りする排水管の垂直中心線**上部**から**45**度以内の角度で取り出す。
- ☐ 通気管同士を**床下**で接続してはならない。
- ☐ 通気管は、管内の水滴が自然流下によって**排水管**に流れるように勾配をとる。

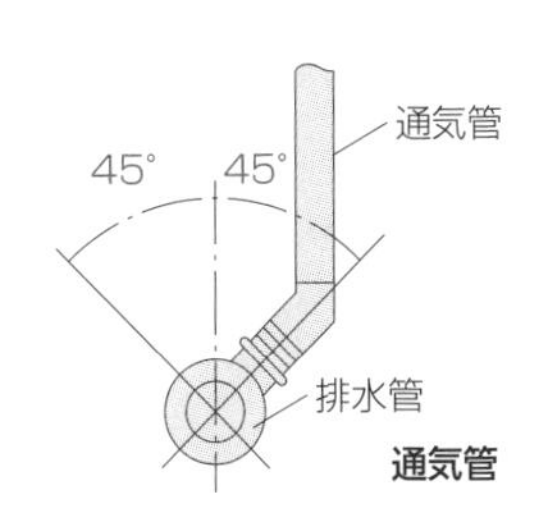

通気管

- ☐ 通気立て管の下部は、最低位の排水横枝管より**下部**で排水立て管に接続するか、排水横主管に接続する。

※**通気立て管**とは、鉛直方向に敷設した通気管をいう。**排水立て管**とは、鉛直方向に敷設した排水管をいう。**排水横主管**とは、最下流の主管が水平方向に横引きされている部分の排水管をいう。

- ☐ **大便**器の器具排水管は、湿り通気管（排水の流れる通気管）として利用してはならない。
- ☐ 排水槽に設ける通気管の管径は、**50**mm以上とする。

⑦ 伸頂通気方式

- ☐ 通気方式には、**伸頂通気**方式、**ループ通気**方式、**各個通気**方式がある。
- ☐ **伸頂通気方式**は、**通気立て管**を設けず、排水立て管上部を延長し通気管として使用する方式で、排水立て管を**湿り通気管**（排水の流れる通気管）として利用する。
- ☐ **排水立て管内**では、下部は**正**圧、上部は**負**圧となるので、**伸頂**通気管が必要である。

※**伸頂通気管**とは、排水立て管の上部を延長した通気管をいう。

- ☐ **ホテル**、**集合住宅**などでは、**特殊継手排水システム**による伸頂通気方式が多用されている。

※**特殊継手排水システム**とは、伸頂通気方式のために製造された特殊な形状の排水管用継手を用いた排水システムをいう。

- ☐ 伸頂通気方式の伸頂通気管の管径は、接続される排水立て管の**管径**以上とする。

⑧ ループ通気方式

- ☐ **ループ通気方式**とは、ループ通気管を、**最上流**の器具排水管のすぐ**下流**から立ち上げ、通気立て管又は伸頂通気管に接続するか、あるいは大気に開放する方式である。

※**ループ通気管**とは、排水横枝管と通気管をループ状に接続する配管をいう。

- ☐ ループ通気方式は、**事務所ビル**で一般に採用されている。
- ☐ ループ通気管は、最高位の器具のあふれ縁より**150**mm以上**上方**で通気立て管などに接続する。
- ☐ **大便器8個以上**を受けもつ**排水横枝管**には、ループ通気管の他に、**最下流**の器具排水管のすぐ**下流**に**逃がし**通気管を設ける。
- ☐ ループ通気管の管径は、接続される**排水横枝管**と**通気立て管**の管径のうち、**いずれか小さい方の** $\frac{1}{2}$ 以上とする。
- ☐ ループ通気方式は、**自己**サイホン作用（⑨参照）の防止には有効ではない。

⑨ 各個通気方式

□ 各個通気方式は、各器具排水管に通気管を接続する方式で、通気方式のうちで**最も完全**な機能が期待できる。

□ 排水通気機能の優劣：優　**各個**通気方式＞**ループ**通気方式＞**伸頂**通気方式　劣

□ 各個通気管は、器具のトラップの**下流**側より取り出す。

※**各個通気管**とは、器具排水管に接続する通気管をいう。

□ 各個通気方式は、**誘導サイホン**作用及び**自己サイホン**作用の防止に有効で、ループ通気方式に比べて機能上優れている。

※**誘導サイホン作用**とは、他の器具の排水によりトラップに生じるサイホン作用をいう。誘導サイホン作用には、**吸出し作用**と**はね出し作用**がある。**自己サイホン作用**とは、自器具の排水によりトラップに生じるサイホン作用をいう。

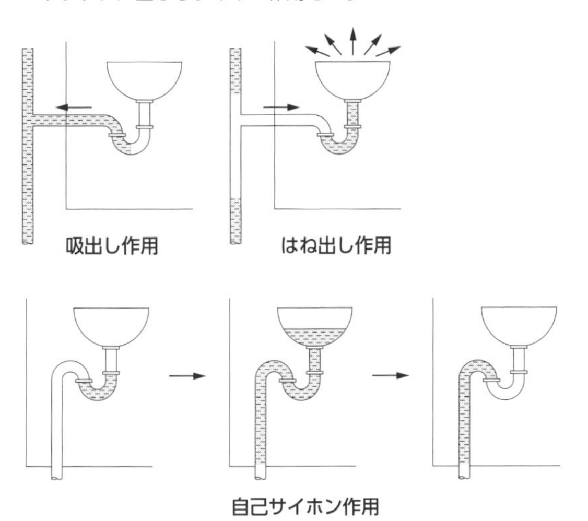

過去問にチャレンジ！　令和5年度 前期 No.19

排水・通気設備に関する記述のうち、**適当でないもの**はどれか。

1　排水横枝管からのループ通期管は、通気立て管又は伸頂通気管に接続するか大気に開放する。

2　グリース阻集器は、排水中に含まれている油脂分を除去する。

3　排水トラップのディップとは、封水のあふれ面のことをいう。

4　通気弁をパイプシャフトや屋根裏等に設置する場合は、点検口を設ける。

解答　**3**

解説　排水トラップの封水のあふれ面は**ウェア**である。

過去問にチャレンジ！　令和5年度 前期 No.20

排水・通気設備に関する記述のうち、**適当でないもの**はどれか。

1　各個通気方式は、誘導サイホン作用及び自己サイホン作用の防止に有効である。

2　通気立て管の下部は、最低位の排水横枝管より高い位置で排水立て管に接続する。

3　排水ますは、屋外排水管の直進距離が管径の120倍を超えない範囲で設ける。

4　排水管に設ける通気管の最小管径は、30mmとする。

解答　**2**

解説　通気立て管の下部は、最低位の排水横枝管より**低い**位置で排水立て管に接続する。

4-6 屋内消火栓設備

屋内消火栓設備の分野からは、消火栓、加圧送水装置などが出題される。消火栓は、1号消火栓と2号消火栓の水平距離や構造について、加圧送水装置は、ポンプの揚程、流量などの性能について出題される。

① 消火栓

- □ **屋内消火栓**には、消防法によって分けられた**1号**と**2号**がある（➔P.172）。
  - ▶ **1号消火栓**は、防火対象物の階ごとに、その階の各部からの水平距離が**25**m以下となるように設置する。
  - ▶ **2号消火栓**は、防火対象物の階ごとに、その階の各部からの水平距離が**15**m以下となるように設置する。
- □ 放水圧力と放水量
  - ▶ 1号消火栓：放水圧力**0.17**MPa以上、放水量**130**L/min以上
  - ▶ 2号消火栓：放水圧力**0.25**MPa以上、放水量**60**L/min以上
- □ 屋内消火栓の**開閉弁**は、床面からの高さが**1.5**m以下の位置に設置する。
- □ 屋内消火栓箱には、ポンプによる加圧送水装置の**起動**用押しボタンを設置する。
- □ 屋内消火栓箱の上部には、設置の標示のために**赤**色の灯火を設ける。
- □ 屋内消火栓設備には、**非常電源**を設ける。

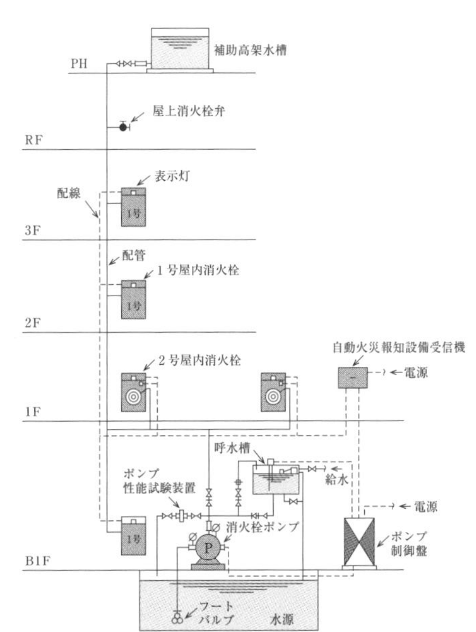

屋内消火栓設備の構成例

（出典：一般社団法人東京防災設備保守協会Webページ）

② 加圧送水装置

- [ ] **加圧送水装置**の種類には、**高架**水槽方式、**圧力**水槽方式、**ポンプ**方式がある。

※**加圧送水装置**とは、水源の用水を消火栓に加圧して、送水する装置をいう。

- [ ] 加圧送水装置は、**直接操作**によってのみ停止されるものでなければならない。
- [ ] **屋内消火栓ポンプ**には、吐出側に**圧力**計、吸込側に**連成**計を設ける。

※**屋内消火栓ポンプ**とは、水源の用水を屋内消火栓まで加圧して、送水するためのポンプをいう。

※**連成計**とは、正圧（大気圧よりも高い圧力）、負圧（大気圧よりも低い圧力）ともに計測できる圧力計をいう。

- [ ] 屋内消火栓ポンプの仕様は、次の要素で決定される。

揚程：**配管**、**ホース**の摩擦損失水頭、**ノズル**の放水圧力換算水頭

流量：**屋内消火栓**の設置個数（**水源**の容量は関係しない）

※**揚程**とは、ポンプが揚水できる垂直高さをいう。**摩擦損失水頭**とは、配管や器具の摩擦により損失する圧力をいう。**水頭**とは、圧力を水の高さで表したものをいう。**放水圧力換算水頭**とは、ノズルからの放水圧力を水頭に換算したものをいう。

- [ ] 消火栓の吸水管は、ポンプごとに**専用**とし、機能の低下を防止するために**ろ過**装置を設ける。
- [ ] **水源の水位**がポンプより**低い**位置にあるものにあっては、吸水管に**フート**弁を設ける。

※**フート弁**とは、異物の吸込みと逆流による落水を防止する弁をいう（➡P.215）。

- [ ] **ポンプ吐出側直近部分**の配管には、**逆止め**弁及び**止水**弁を設ける。
- [ ] 締切運転時における**水温**上昇防止のため、**逃がし**配管を設ける。

過去問にチャレンジ！　令和5年 前期 No.21

屋内消火栓設備に関する記述のうち、**適当でないもの**はどれか。

1　2号消火栓（広範囲型を除く。）は、防火対象物も階ごとに、その階の各部分からホース接続口までの水平距離が20m以下となるようにする。

2　屋内消火栓の加圧送水装置は、直接操作によってのみ停止できるものとする。

3　1号消火栓は、防火対象物の階ごとに、その階の各部分からホース接続口までの水平距離が25m以下となるようにする。

4　屋内消火栓の開閉弁の位置は、自動式のものでない場合、床面からの高さを1.5m以下とする。

解答　**1**

解説　2号消火栓は水平距離が**15**m以下となるように設置する。

4-7 ガス設備

ガス設備の分野からは、ガスの種類、供給方式、供給圧力、ガス漏れ警報器、充てん容器、ガス使用機器などが出題される。建築設備に燃料として用いられるガスは、液化天然ガスと液化石油ガスがあり、両者の違いを問う問題がよく出題されている。

① ガスの種類

- □ ガスには、**液化天然**ガス（LNG）と**液化石油**ガス（LPG）がある。
  - ▶ **液化天然ガス（LNG）** は、**メタン**を主成分とした天然ガスを液化したものである。
  - ▶ **液化石油ガス（LPG）** は、**プロパン**を主成分とした石油ガスを液化したものである。
- □ 比重：LNG＜空気＜LPG
- □ LNG、LPGは本来、**無臭・無色**のガスであるが、漏れたガスを感知できるように**臭い**をつけている。
- □ LNGは、**燃焼速度**により、**A、B、C**に分類される。
  ※燃焼速度が速い順に、C、B、Aである。
- □ LPGは**プロパンの含有率**により、**い号、ろ号、は号**に分類される。
  ※プロパンの含有率が多い順に、い号、ろ号、は号である。
- □ LNGにもLPGにも**一酸化**炭素は含まれていない。**一酸化**炭素は不完全燃焼によって生じる。
- □ 燃焼時の二酸化炭素の発生量：LNG＜LPG

② 供給方式

- □ ガスの供給方式には、バルク供給方式と容器交換方式の2つがある。
  - ▶ **バルク供給**方式：**バルク貯槽**と呼ばれる充てん容器よりも**大型の圧力容器**により、ガスを供給する方式をいう。**工場や集合住宅**などに用いられる。
  - ▶ **容器交換**方式：**一般家庭**などに用いられる。戸別供給方式と集団供給方式がある。

③ 供給圧力

□ ガスの供給圧力は次のように決められている。

▶ 低圧：**0.1**MPa未満

▶ 中圧：**0.1**MPa以上**1.0**MPa未満

▶ 高圧：**1.0**MPa以上

□ LPGは、調整器により2.3～3.3kPaに**減圧**されて供給される。

□ 中圧供給方式は、供給量が**多**い場合や供給先までの距離が**長**い場合等に採用される。

④ ガス漏れ警報器

□ **ガス漏れ警報器**とは、ガス漏れを検知し、警報を発報する機器をいう。

□ LNGは**天井**面から**30**cm以内、LPGは**床**面から**30**cm以内の高さに取り付ける。

□ 有効期間は**5**年である。

□ 検知器の位置

▶ 比重が1未満：燃焼器から水平距離**8**m以内

▶ 比重が1以上：燃焼器から水平距離**4**m以内

⑤ 充てん容器

□ LPG用の充てん容器には、**10**kg、**20**kg、**50**kg容器がある。

□ 内容積が**20**L以上のLPG用の充てん容器は、原則として**屋外**に設置する。

□ LPGの充てん容器は、**40**℃以下に保たれる場所に設置する。

⑥ ガス使用機器、ガスメーター、内管

□ ガス使用機器は、**燃焼用空気の取入れ方法**と**燃焼ガスの排出方法**により、**開放式**、**密閉式**、**半密閉式**に大別される。

▶ 密閉式ガス機器：空気を**屋外**から取り入れ、排ガスを**屋外**に排出。

▶ 半密閉式ガス機器：空気を**屋内**から取り入れ、排ガスを**屋外**に排出。

▶ 開放式ガス機器：空気を**屋内**から取り入れ、排ガスを**屋内**に排出。

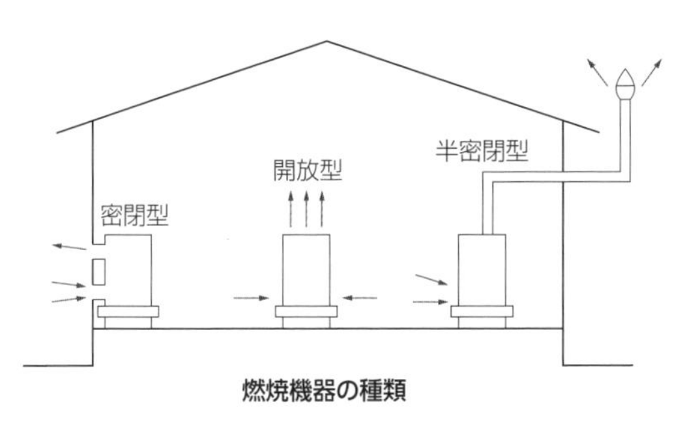

燃焼機器の種類

- □ **マイコンメーター**は、**地震動**を検知した場合に、ガスを**遮断**する機能を有するガスメーターである。ガス配管に設けられる。
- □ ガス事業法による特定ガス用品の基準に適合している器具には、**PS**マークが表示される。
- □ 都市ガス設備において、**敷地境界線からガス栓まで**の導管を**内管**という。

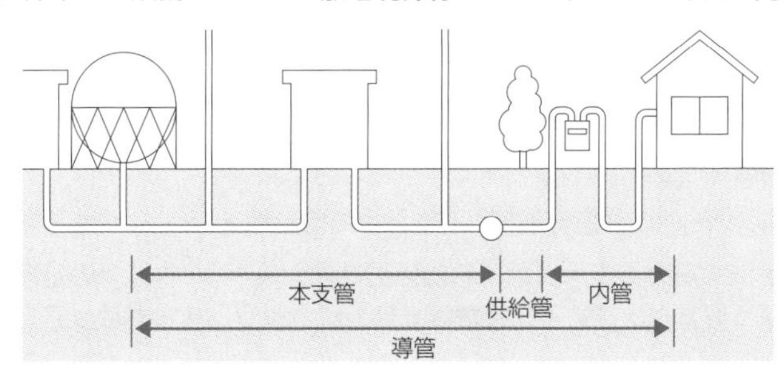

過去問にチャレンジ！　令和5年度 前期 No.22

ガス設備に関する記述のうち、**適当でないもの**はどれか。

1　内容積が20L以上の液化石油ガス（LPG）容器は、原則として、通風の良い屋外に置く。

2　開放式ガス機器とは、燃焼用の空気を屋内から取り、燃焼排ガスを排気筒により屋外に排気する方式をいう。

3　液化石油ガス（LPG）は、常温・常圧では気体であるものに加圧等を行い液化させたものである。

4　マイコンガスメーターは、供給圧力が0.2kPaを下回っていることを継続して検知した場合等に、供給を遮断する機能をもつ。

解答　2

解説　2の記述は**半密閉式**である。

4-8 浄化槽設備

浄化槽設備の分野からは、処理方法、浄化槽の基本フロー、浄化槽の処理対象人員の算定方法、工場生産浄化槽の施工などが出題される。浄化槽の処理対象人員の算定方法は、算定の根拠、考え方が問われる問題が出題されている。

❶ 処理方法

- □ 浄化槽設備の処理方法は、酸素のある条件下での**好気性処理**と、酸素のほとんどない条件下での**嫌気性処理**に大別される。
  - ▶ **好気性処理**：有機物は、**水**と二酸化炭素に分解
  - ▶ **嫌気性処理**：有機物は、**メタン**と二酸化炭素に分解
- □ 放流前に**塩素**消毒を行う。
- □ 油脂類濃度が高い場合は、**油脂分離槽**などを設けて**前**処理を行う。
- □ 浄化槽の構造方法を定める告示に示された処理対象人員が50人以下の処理方式は、分離**接触ばっ気**方式、嫌気ろ床**接触ばっ気**方式、脱窒ろ床**接触ばっ気**方式である。
  - ▶ **分離接触ばっ気方式**：汚水を**沈殿分離槽**で沈殿分離した後、**接触ばっ気槽**に送って好気性処理にて浄化する方式をいう。**ばっ気**とは空気に曝すことをいう。

    流入→**沈殿分離**槽→**接触ばっ気**槽→**沈殿**槽→**消毒**槽→放流

    ※接触**ばっ気槽**とは、汚水に空気を送って空気と接触させることにより好気性処理をする槽をいう。**沈殿槽**とは、汚水中に含まれる比重の高い固形物を、沈殿させて除去する槽をいう。**消毒槽**とは、塩素を注入し、放流水を消毒する槽をいう。なお、後工程の「接触ばっ気槽」「沈殿槽」「消毒槽」は各方式とも同じである。
  - ▶ 嫌気ろ床**接触ばっ気方式**：汚水を**ろ床**で嫌気性処理した後、**接触ばっ気槽**に送って好気性処理にて浄化する方式をいう。

    流入→**嫌気ろ床**槽→**接触ばっ気**槽→**沈殿**槽→**消毒**槽→放流
  - ▶ 脱窒ろ床**接触ばっ気方式**：汚水をろ床で嫌気性処理した後、接触ばっ気槽に送って好気性処理しつつ、脱窒（窒素を除去）するために、ばっ気槽の汚水の一部をろ床に戻す**再循環処理**をして、浄化する方式をいう。

    流入→**脱窒ろ床**槽→**接触ばっ気**槽→**沈殿**槽→**消毒**槽→放流
- □ 処理対象人員50人以下の小規模合併浄化槽は、窒素やりんをほとんど除去**できない**。

② 浄化槽の処理対象人員の算定方法

- □ 浄化槽で処理すべき人数を算定するために、浄化槽の処理対象人員は、**建物の用途**により、下記の方法で算定される。
  - **延べ面積**によるもの：事務所、旅館、ホテル、映画館など
  - **定員**によるもの：寄宿舎、学校、保育所など
  - その他：病院（**ベッド**数）、公衆便所（**便器**数）など

③ 工場生産浄化槽の施工

- □ **工場生産浄化槽**とは、あらかじめ工場で生産される浄化槽をいい、主にFRP（強化プラスチック）製のものが用いられている。
- □ **掘削深さ**は、本体底部までの寸法に、**基礎**工事に要する寸法を加えて決定する。
- □ 本体が2槽に分かれている場合でも、**基礎コンクリート**は**一体**として打設する必要がある。
- □ **底版コンクリート**は、打設後、所要の強度が確認できるまで**養生**する。
  ※**底版コンクリート**とは、浄化槽の下に設ける板状のコンクリートをいう。
- □ **地下水位**が**高い**場所では、**浮上**防止金具で槽を底版コンクリートに固定するなどの対策を行う。
- □ 槽本体の開口部分を立ち上げる**かさ上げ工事**は、かさ上げの高さが**30**cm以内のときに採用する。
- □ 槽の水平は、**水準**器、**内壁**に示されている水準目安線と**水位**などで確認する。
- □ 本体の水平調整は**ライナー**などで行い、隙間が大きいときは**モルタル**を充てんする。
- □ 漏水検査は、槽を満水にして、**24**時間以上漏水しないことを確認する。
- □ 埋戻しは、土圧による変形を防止するため、槽に**水張り**した状態で行う。
  ※**埋戻し**とは、掘削部分を砂などで埋めて戻すことをいう。
- □ 埋戻しは、良質土を用いて**数回に分け**て行う。
- □ ブロワー（ばっ気用の送風機）は隣家等から**離す**。
- □ 通気管は、管内の水滴が**浄化槽**に流れるよう、先**上り**勾配とする。
- □ 腐食が激しい箇所のマンホールは、プラスチック製等として**よい**。

令和5年度 前期 No.23

FRP製浄化槽の施工に関する記述のうち、**適当でないもの**はどれか。

1　槽が複数に分かれている場合、基礎は一体の共通基礎とする。

2　槽本体のマンホールのかさ上げ高さは、最大300mmまでとする。

3　槽は、満水状態にして24時間放置し、漏水のないことを確認する。

4　埋戻しは、槽内に水を張る前に、良質土を用い均等に突き固める。

解答　**4**

解説　埋戻しは、槽内に水を**張った後**に、良質土を用い均等に突き固める。

第1部

第一次検定

第5章

機器・材料

機器・材料の分野からは、機器、材料・制御、配管材料及び配管付属品、ダクト及びダクト付属品などから出題される。機器からは、冷凍機、ボイラー、ポンプ、送風機、水槽など、空調設備、衛生設備に用いられる機器についてが出題される。

5-1 機器

機器の分野からは、空調設備機器、ポンプ、飲料用給水タンク、ガス湯沸器などが出題される。空調設備機器は、吸収冷凍機、冷却塔、送風機、エアフィルターなどについて、主な機器の概要を問う問題が出題される。

❶ 空調設備機器

☐ **空調設備機器**とは、**空気調和**の目的を果たすために構成された機器をいい、**冷凍機**、**冷却塔**などの熱源機器、**空気調和機**、**送風機**などがあげられる。

☐ **吸収冷凍機（吸収冷温水機を含む）**は、**冷媒**として**水**、**吸収液**として**臭化リチウム**を使用している。

※**冷凍機**は、**蒸気圧縮式**と**吸収式**に大別される。吸収式の冷凍機である**吸収冷凍機**とは、冷媒である水を蒸発させて冷水を製造する装置である。水の蒸発を促すために、装置内を**真空**状態にし、**臭化リチウム**などの**吸収液**に水を吸収させている。また、吸収冷凍機のうち温水も取り出せるようにしたものを**吸収冷温水機**という。

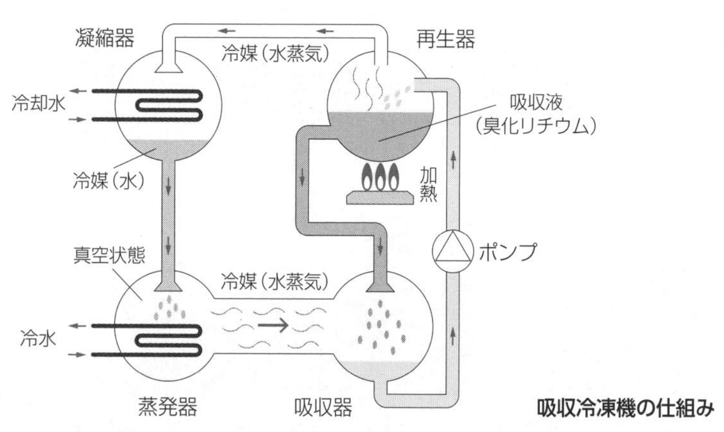

吸収冷凍機の仕組み

☐ 吸収冷凍機の容量制御は**再生器**で行う。

☐ 吸収冷凍機の立上がり時間は、圧縮式冷凍機に比べて**長**い。

☐ 吸収冷凍機の電力消費量は、圧縮式冷凍機に比べて**少な**い。

☐ 吸収冷凍機の冷却塔の容量は、圧縮式冷凍機に比べて**大き**い。

☐ 吸収冷凍機の運転時の振動は、圧縮式冷凍機に比べて**小さ**い。

☐ **冷却塔**は、**蒸発潜**熱により冷却水の水温を下げる装置であり、空気の**湿**球温度までしか下げられない。

□ 冷却塔は、**大気**に放熱することで冷却水の水温を下げる装置である。

□ **後向き羽根**送風機は、構造上**高速回転に適している**ため、高い**圧力**を出すことができる。

※**後向き羽根送風機**とは、次図のとおり、羽根の凹部が回転方向に対して後向きについている送風機をいい、**排煙機**など高圧力を必要とする用途などに用いられる。羽根の凹部が回転方向に対して前向きについているものは、**多翼送風機**という。

□ **軸流送風機**は、構造的に小型で**低**圧力、**大**風量に適している。

※**軸流送風機**とは、下図のとおり、風の流れる方向が、回転軸の方向である送風機をいい、換気扇や冷却塔、パッケージ形空気調和機の屋外機の送風機などに用いられている。

□ **ろ過式粗じん用エアフィルター**の構造は、**パネル**型が多用されている。

※**粗じん用エアフィルター**とは、比較的大きな粒子の粉じんを捕集するために設けられるエアフィルターをいう。

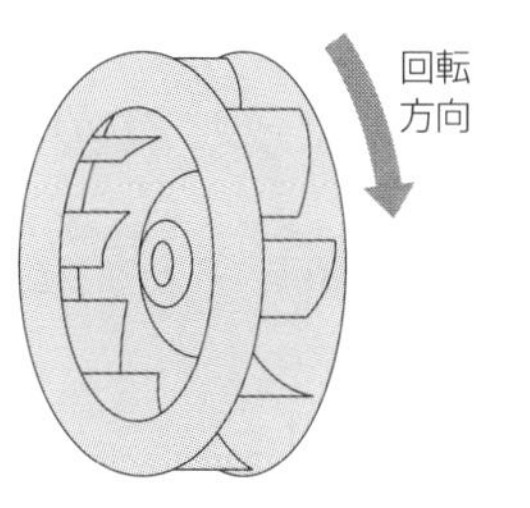

後向き羽根送風機

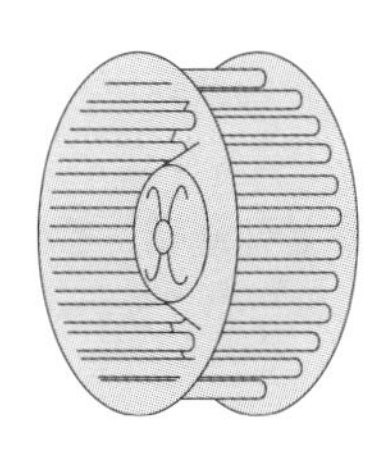
多翼送風機

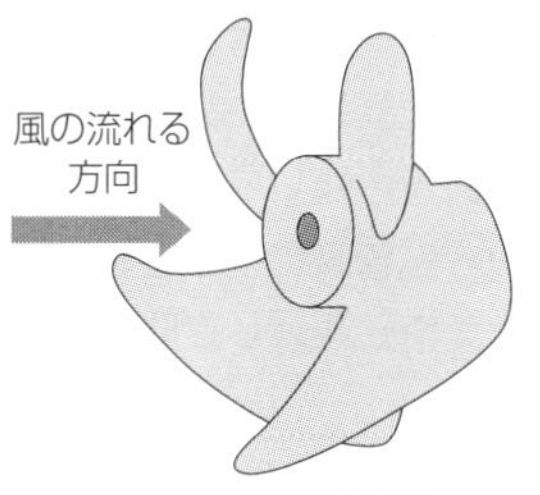

軸流送風機

□ ガスエンジンヒートポンプ式空気調和機は、エンジンの排ガスや冷却水の排熱の有効利用により高い**暖房**能力が得られる。

□ **気化**式加湿器：加湿材に水を供給し、通過空気に**気化**させて加湿する。

□ **噴霧**式加湿器：通過空気に水を**噴霧**して加湿する。

過去問にチャレンジ！　令和4年度 前期 No.12

吸収冷凍機に関する記述のうち、**適当でないもの**はどれか。

1　吸収冷凍機は、遠心冷凍機に比べて冷却塔の容量が大きくなる。

2　吸収冷凍機の容量制御は、蒸発器にて行う。

3　吸収冷凍機より遠心冷凍機の方が、低い温度の冷水を取り出すことができる。

4　吸収冷凍機の冷媒は水である。

解答　**2**

解説　吸収冷凍機の容量制御は**再生器**で行う。

② 遠心ポンプ

- □ **遠心ポンプ**とは、遠心力により液体（主に水）を**加圧**して送水する機器をいい、冷水、温水、冷温水、冷却水などの**空調設備**や給水、排水などの**衛生設備**に使用されている。
- □ ポンプの**吐出量**は、羽根車の**回転数**に**比例**する。
- □ **実用範囲における揚程**は、吐出量の増加とともに**低**くなる。

  ※**揚程**とは、ポンプが水をくみ上げることができる高さ［m］をいう。**実用範囲の揚程**とは、実際に用いられる範囲の揚程をいう。
- □ **軸動力**は、吐出量の増加とともに**増加**する。

  ※**軸動力**とは、ポンプ運転時にポンプの回転軸にかかる動力［kW］をいう。
- □ **吐出量の調整弁**は、ポンプの**吐出**側に設ける。
- □ 同一配管系において、ポンプを**直列運転**して得られる揚程は、それぞれのポンプを単独運転した揚程の和よりも**小さく**なる。
- □ 同一配管系において、ポンプを**並列運転**して得られる吐出量は、それぞれのポンプを単独運転した吐出量の和よりも**小さく**なる。

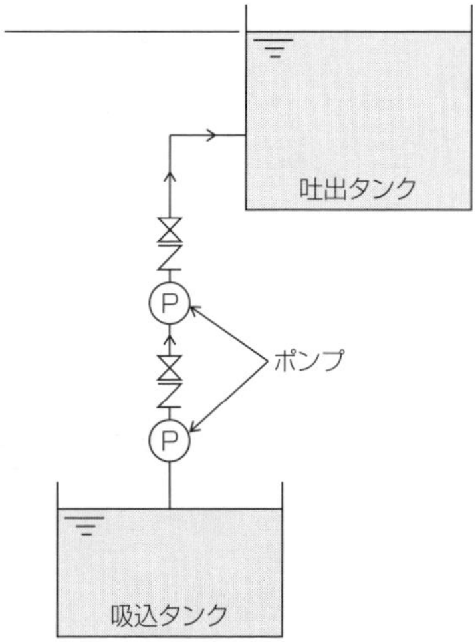

ポンプの直列運転 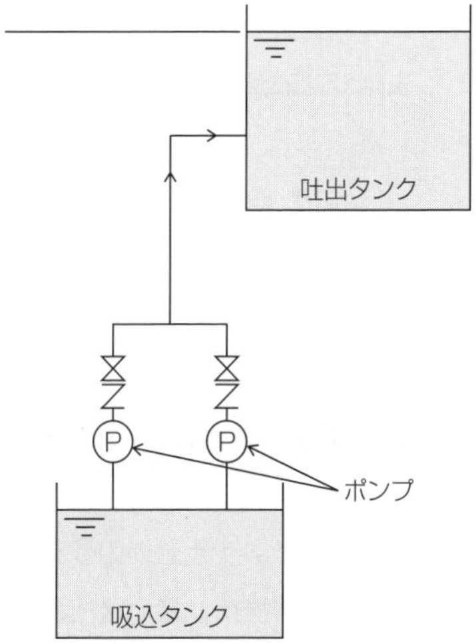　　**ポンプの並列運転**

- □ 給水ポンプユニットの**末端**圧力一定方式：配管系統の**末端**部分の圧力が一定になるようポンプの回転速度を制御
- □ **汚水**用水中モーターポンプ：固形物を含まない排水用
- □ **汚物**用水中モーターポンプ：固形物を含む排水用

過去問にチャレンジ！ 令和5年度 前期 No.24

設備機器に関する記述のうち、**適当でないもの**はどれか。

1 大便器、小便器、洗面器等の衛生器具には、陶器以外にも、ほうろう、ステンレス、プラスチック等のものがある。

2 インバータ方式のパッケージ形空気調和機は、電源の周波数を変えることで電動機の回転数を変化させ、冷暖房能力を制御する。

3 温水ボイラーの容量は、定格出力〔W〕で表す。

4 遠心ポンプの特性曲線では、吐出し量の増加に伴い全揚程も増加する。

解答 **4**

解説 遠心ポンプの特性曲線では、吐出し量の増加に伴い全揚程は**減少**する。

③ 飲料用給水タンク

- □ **飲料用給水タンク**とは、飲料水を貯水するタンクをいい、**受水タンク**、**高置**（こうち）**タンク**などがある。
- □ タンクの**上部**には**100**cm以上、**底部と床面**には**60**cm以上の点検スペースを設ける。
- □ タンク内部の点検清掃を行うために、直径**60**cm以上の**マンホール**を設ける。
- □ タンクの底部には、**水抜き**のための勾（こう）配をつけ、**ピット**を設ける。
- □ 天井面には**汚染防止**のため、$\frac{1}{100}$ 程度の勾（こう）配を設けることが望ましい。
- □ 衛生上有害なものが入らない構造の**通気装置**を設ける。通気管に**防虫網**を設ける。
- □ オーバーフロー管の排水口空間は、**150**mm以上とする。
- □ 屋外に設置するFRP製タンクは、藻（も）の発生を防止できる**遮光**性を有するものとする。
- □ FRP製タンクは、**紫外**線により劣化する。

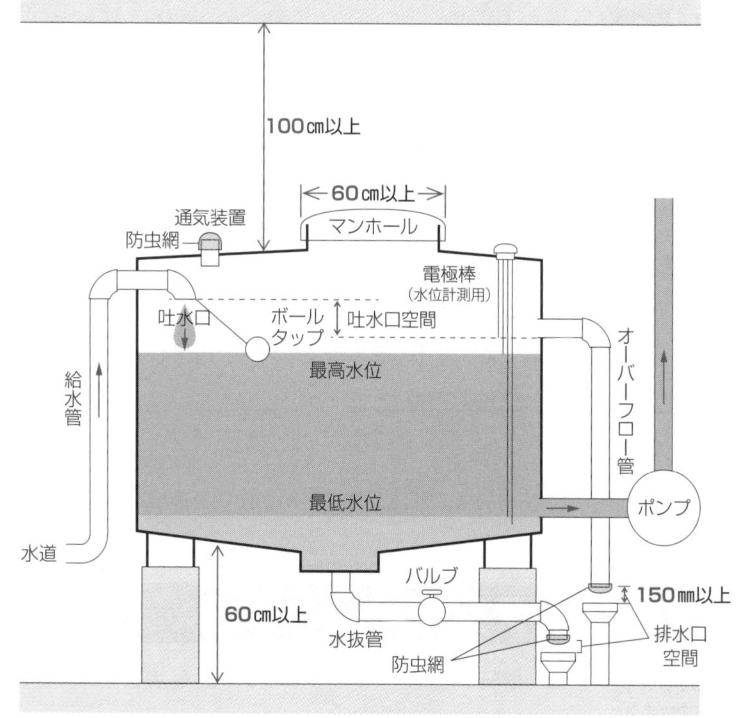

貯水タンクの構造

過去問にチャレンジ！

令和2年度 後期 No.25

飲料用給水タンクの構造に関する記述のうち、適当でないものはどれか。

1　2槽式タンクの中仕切り板は、一方のタンクを空にした場合にあっても、地震等により損傷しない構造のものとする。

2　屋外に設置するFRP製タンクは、藻類の増殖防止に有効な遮光性を有するものとする。

3　タンク底部には、水の滞留防止のため、吸込みピットを設けてはならない。

4　通気口は、衛生上有害なものが入らない構造とし、防虫網を設ける。

解答　**3**

解説　タンク底部には、水の滞留防止のため、吸込みピットを**設ける**。

④ ガス湯沸器

- □ **ガス湯沸器**とは、燃焼ガスの燃焼熱を利用して、水を加熱して湯を製造する機器をいう。換気方式から**開放式と密閉式**に、止水栓の位置により**元止め式**と**先止め式**に分類される。
- □ **開放式湯沸器**：燃焼空気を**屋内**からとり、燃焼ガスを**屋内**に排出する。
- □ **密閉式湯沸器**：燃焼空気を**屋外**からとり、燃焼ガスを**屋外**に排出する。
- □ **元止め式湯沸器**：湯沸器本体の操作ボタン等を操作して給湯する。
- □ **先止め式湯沸器**：湯沸器からの給湯配管に設けた湯栓を開くことで主バーナーを点火する。

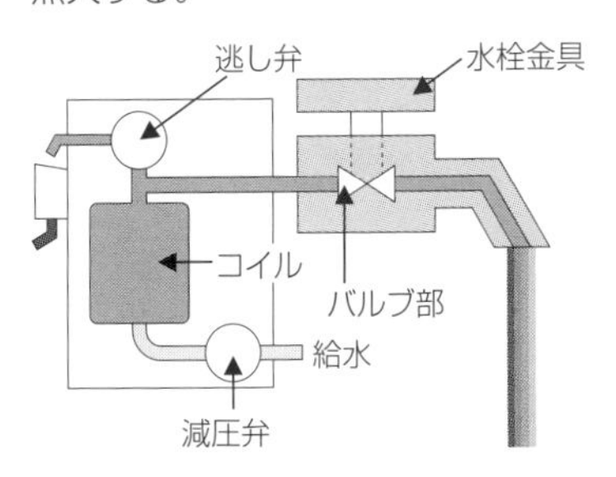

先止め式湯沸器

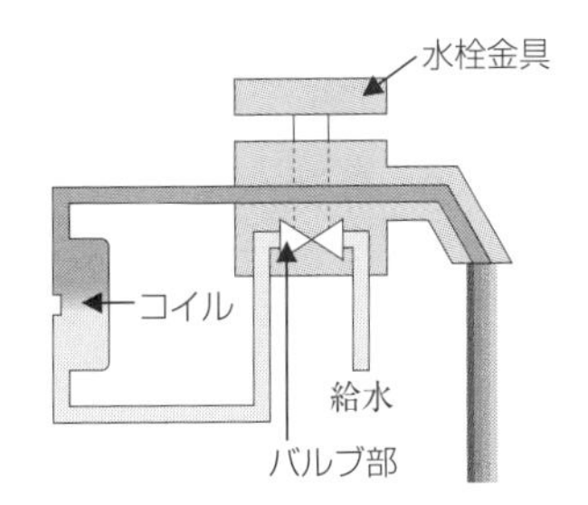

元止め式湯沸器

5-2 材料・制御

材料・制御の分野からは、保温材、自動制御などが出題される。保温材は、ロックウール、グラスウール、ポリスチレンフォームなどが、自動制御は、サーモスタット、ヒューミディスタット、フロートスイッチなどが出題される。

① 保温材

□ 日本産業規格（JIS）では、保温、保温材は次のように定義されている。

- **保温**とは、**常温以上**、約1000 ℃**以下**の物体を**被覆し熱放散を少なくする**こと又は被覆後の**表面温度を低下**させること。
- **保温材**とは、**保温の目的**を果たすために使用される材料。一般に常温において**熱伝導率が** 0.065 W/（m·K） 以下の材料。

□ 保温材の材質には、**ロック**ウール、**グラス**ウール、**ポリスチレン**フォームなどがある。

□ 保温材の種類には、保温**板**、保温**帯**、保温**筒**などがある。

□ ロックウール保温材、グラスウール保温材の種類は、保温材の**密度**によって区分されている。

□ **ロックウール**保温材は、**耐火性**に優れ、防火区画貫通部などにも使用される。

□ グラスウール保温材は、ポリスチレンフォーム保温材に比べて吸水性や透湿性が**大きい**。

□ **ポリスチレンフォーム**保温材は、許容温度が低く、保冷用として使用され、蒸気管などには使用できない。

② 自動制御

□ 日本産業規格（JIS）では、自動制御に関連する語について、次のように定義されている。

- **自動制御**とは、制御系を構成して自動的に行われる制御のこと。
- **制御**とは、ある目的に適合するように、制御対象に所要の操作を加えること。
- **系**とは、所定の目的を達成するために要素又は系を結合した全体のこと。

□ 次表に、制御対象とそれに用いられる主な機器を示す。

制御対象	機器
室内の**温度**	サーモスタット（温度調節器）
室内の**湿度**	ヒューミディスタット（湿度調節器）
冷温水の**流量**	電動二方弁、電動三方弁
貯水タンクの水位	**電極**棒、**ボール**タップ
汚水タンクの水位	**フロート**スイッチ、レベルスイッチ

※**電動**とは電気エネルギーにより動作することをいう。**二方弁**とは弁に接続する配管が2方向のもの、**三方弁**とは3方向のものをいう。**ボールタップ**は、P.96の図を参照。**レベルスイッチ**とは、水位を検知して動作するスイッチをいい、**フロートスイッチ**とは、フロート（浮き）によるレベルスイッチをいう。

過去問にチャレンジ！　令和5年度 前期 No.25

水中モーターポンプに関する記述のうち、**適当でないもの**はどれか。

1　水中モーターポンプの乾式は、水が内部に侵入しないよう空気又はその他の気体を充満密封したものである。

2　汚水や厨房排水のような浮遊物質を含む排水層では、電極棒により自動運転する。

3　羽根車の種類は、一般的に、オープン形とクローズ形に分類される。

4　汚物用水中モーターポンプは、浄化槽への流入水等、固形物も含んだ水を排出するためのポンプである。

解答　**2**

解説　汚水や厨房排水のような浮遊物質を含む排水槽では、**電極棒**では浮遊物質が付着して作動不良のおそれがあるので、**フロートスイッチ**により自動運転する。

5-3 配管材料及び配管付属品

配管材料及び配管付属品の分野からは、配管、継手・弁類などが出題される。配管は、鋼管、銅管などの金属管、ポリ塩化ビニル管、ポリエチレン管などの樹脂管などが、継手・弁類は、伸縮管継手や仕切弁などが出題される。

① 配管

□ **配管**とは、水を通すための管(くだ)をいう。建築設備では、冷水、温水、冷温水、冷却水、蒸気などの**空調用配管**、給水、排水などの**衛生用配管**、屋内消火栓、スプリンクラー消火設備などの**消防用配管**などに分類される。

□ **配管用炭素鋼鋼管**(こうかん)：**白**管は亜鉛めっき有り。**黒**管は亜鉛めっき無し。

※**配管用炭素鋼鋼管**とは、日本産業規格（JIS）に定められた配管の名称で、次のように規定されている。「使用圧力の比較的低い蒸気、水（上水道用を除く。）、油、ガス、空気などの配管に用いる炭素鋼鋼管」。**炭素鋼**とは、鉄と炭素の合金である鋼の一種で、**炭素鋼鋼管**とは、炭素鋼で製造した鋼管のことをいう。

□ **水道用硬質塩化ビニルライニング鋼管**は、外面処理によりSGP-VA、SGP-VB、SGP-VDに分類される。

- SGP-**VA**：外面は防錆塗装
- SGP-**VB**：外面は亜鉛めっき
- SGP-**VD**：内外面とも塩ビライニング（**地中埋設**用）

※**水道用硬質塩化ビニルライニング鋼管**とは、鋼管の内部に硬質塩化ビニル管を内装したもの（硬質塩化ビニルライニング鋼管）で、水道の用途に用いられる。

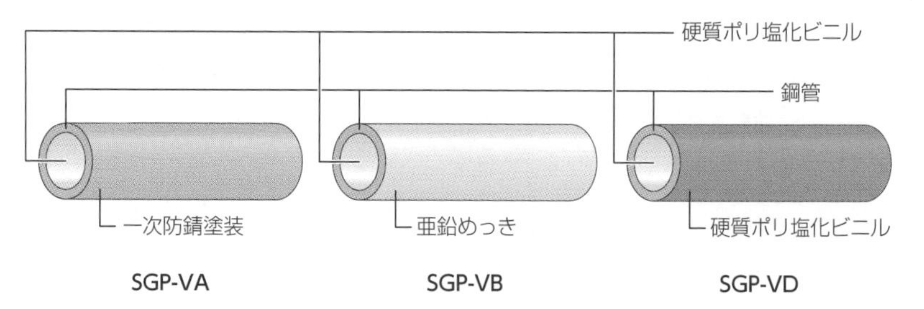

□ **排水用硬質塩化ビニルライニング鋼管**は、原管が薄肉鋼管のため、**ねじ**加工せず、接続にはメカニカル継手（**MD**継手）などが使用される。

※**排水用硬質塩化ビニルライニング鋼管**とは、排水の用途に用いられる硬質塩化ビニルライニング鋼管をいう。

- □ **銅管**は、肉厚により、Kタイプ、Lタイプ、Mタイプに分類される。肉厚の大きさは、K＞L＞M

  ※**銅管**とは、銅を材料として製造された配管をいう。

- □ **硬質ポリ塩化ビニル管**は、設計圧力によりVP管、VU管などに分類できる。耐圧性の大きさは、**VP**管＞**VU**管

  ※**硬質ポリ塩化ビニル管**とは、比較的硬い性質をもつポリ塩化ビニルを材料として製造された配管をいう。

- □ **水道用ポリエチレン二層管**は、外層及び内層ともポリエチレンの**二層**構造になっている。

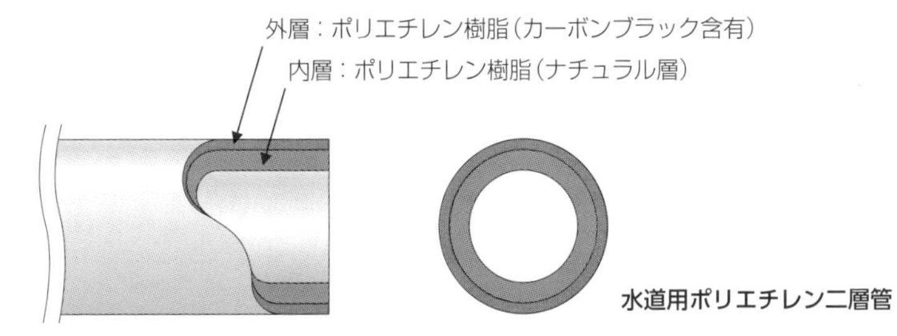

水道用ポリエチレン二層管

- □ 排水用リサイクル硬質ポリ塩化ビニル管（REP-VU）：屋**外**排水用

② 継手・弁類

- □ **継手**（つぎて）とは、配管を曲げたり、延伸したり、振動や伸縮を吸収したりするためなどに用いられる配管を継ぐ部材をいう。
- □ **伸縮管**継手は、流体の温度変化に伴う配管の伸縮を吸収するために設ける。
- □ 伸縮管継手の伸縮吸収量：ベローズ形**＜**スリーブ形
- □ **弁**（べん）とは、配管内の流体（主に水）を止めたり、出したり、制御したりするために、配管経路に設けられる部材をいう。弁類には、**仕切弁**、**玉形**（たまがた）**弁**、**バタフライ弁**などの**止水弁**、逆流を防止するための**逆止め弁**、受水タンクへの給水に使用される**定水位弁**などがある。

  - **仕切弁**：玉形弁に比べ、全開時の圧力損失が**小さい**。
  - **玉形弁**：**流れ方向**が決められている。仕切弁に比べ、**流量**を調整するのに適している。
  - **バタフライ弁**：仕切弁、玉形弁に比べ、取付けスペースが**小さい**。
  - **逆止め弁**：チャッキ弁とも呼ばれ、**スイング**式や**リフト**式がある。

    ※**スイング式**とは、弁体が支点を中心にしてスイングする方式のものをいう。**リフト式**とは、弁体が上下に動作するものをいう。

  - **定水位調整弁**：**受水タンク**への給水に使用される。

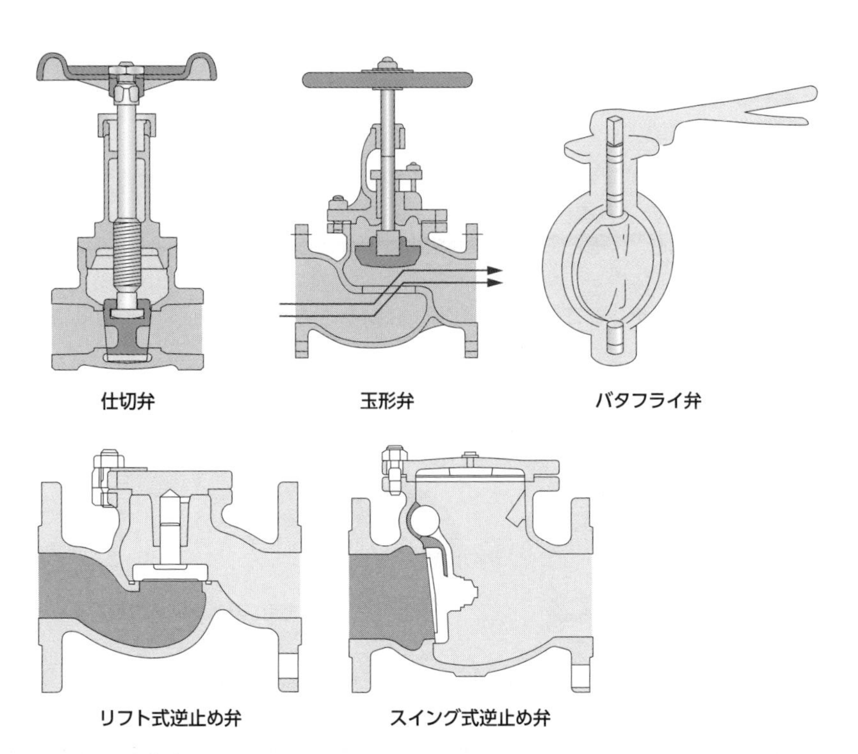

- □ **ストレーナー**は、配管内の不要物をろ過して、下流側の弁類や機器類を保護するもので、**Y形**、**U形**などがある。
- □ Y形ストレーナーは、**下**部にスクリーンを引き抜く構造になっている。
- □ ボール弁は、弁体が球体の**止水**弁である。
- □ スイング式逆止め弁を垂直配管に取り付ける場合は、**上**向きの流れとする。

過去問にチャレンジ！ 令和5年度 前期 No.26

配管材料及び配管附属品に関する記述のうち、**適当でないもの**はどれか。

1 水道用硬質塩化ビニルライニング鋼管のうちSGP-VDは、配管用炭素鋼鋼管（黒）の内面と外面に硬質ポリ塩化ビニルをライニングしたものである。

2 ストレーナーは、配管中のゴミ等を取り除き、弁類や機器類の損傷を防ぐ目的で使用される。

3 一般配管用ステンレス鋼鋼管は、給水、給湯、冷温水、冷却水等に使用される。

4 ボール弁は逆流を防止する弁であり、流体の流れ方向を一定に保つことができる。

解答 **4**

解説 ボール弁は、弁体が球体の**止水弁**である。逆流を防止する機能はない。

過去問にチャレンジ！ 平成29年度 学科 No.26

配管材料及び配管付属品に関する記述のうち、**適当でないもの**はどれか。

1 逆止め弁は、チャッキ弁とも呼ばれ、スイング、リフト式などがある。

2 水道用ポリエチレン二層管は、外層及び内層ともポリエチレンで構成されている管である。

3 ストレーナーは、配管内の不要物をろ過して、下流側の弁類や機器類を保護するものである。

4 玉形弁は、仕切弁に比べて全開時の流体抵抗が小さい。

解答 **4**

解説 玉形弁は、仕切弁に比べて全開時の流体抵抗が大きい。

5-4 ダクト及びダクト付属品

ダクト及びダクト付属品の分野からは、ダクトの設計・圧力損失、ダクトの拡大・縮小、ダクトの施工、ダクトの付属品などが出題される。ダクトの施工は、アングルフランジ工法、コーナーボルト工法などが、ダクトの付属品は、風量調整ダンパー、シーリングディフューザーなどが出題される。

① ダクトの設計・圧力損失

□ **長方形ダクトの板厚**は、**長辺**の寸法で決め、長辺と短辺を**同じ**板厚とする。

□ ダクト断面の**短辺に対する長辺の比**（**アスペクト**比）は、なるべく**小さく**する。

※アスペクト比が大きくなると、ダクトが偏平になって圧力損失が大きくなるので、アスペクト比はなるべく小さくする。

□ **エルボ**の圧力損失は、曲率半径が小さいほど**大きく**なる。

※**エルボ**とは、曲がりのことをいう。**圧力損失**とは、空気など気体や水などの液体の流体が管やダクトを通過する際の管やダクトとの摩擦などにより、流体の有している圧力が失われることをいう。**曲率半径**とは、曲げ半径ともいい、物体が円弧上に曲がるときのその円弧の円に相当する半径をいう。これが小さいほど、曲がりが急なので、エルボの圧力損失が大きくなる。

□ エルボに**案内羽根**（**ガイドベーン**）を入れると、**圧力損失**及び**騒音**を**低減**できる。

※**案内羽根**（**ガイドベーン**）とは、流体を流れやすくするために用いられる羽根状の部材をいう。

□ 同一条件での摩擦損失は、**長方**形ダクト＞**円**形ダクトとなる。

※同一断面積の場合、正方形の全周のほうが、円の円周よりも大きくなるので、同一条件（同一材質、同一断面積、同一長さ）での摩擦損失は正方形ダクトの方が大きくなる。長方形ダクトは、正方形ダクトよりもさらに摩擦損失が大きくなる。

□ ステンレス鋼板製ダクト：厨房等の**湿度**の高い室の排気ダクト等に使用される。

② ダクトの拡大・縮小

□ 同一角度でのうず流による摩擦損失は、ダクトを**拡大**した場合＞ダクトを**縮小**した場合となる。

※**うず流**とは、うずを巻くような流れをいう。摩擦損失の原因となる。

□ コイル、フィルターなどを通過させるためにダクトを拡大縮小するときには、ダクトの拡大は**15**度以内、ダクトの縮小は**30**度以内とする。

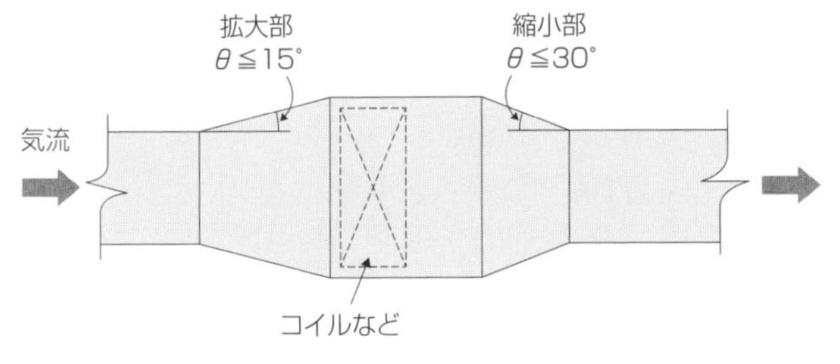

ダクトの拡大・縮小

③ ダクトの施工

□ 長方形ダクトの空気の漏えい量を少なくするために、**フランジ部**、**はぜ部**などに**シール**を施す。

※**フランジ**とは、帽子などにあるつばをいう。**はぜ**とは、板を折り曲げて接合することをいう。

□ **スパイラルダクト**は、亜鉛鉄板などをら旋状に**甲はぜ**掛けしたもので、接続は**差込み**継手又は**フランジ**継手を用いる。

※**甲はぜ**とは、はぜの一種をいう。**差込み継手**とは、ダクトを差し込んで接合する継手をいう。**フランジ継手**とは、フランジ（つば状の縁）を用いて接合する継手をいう。

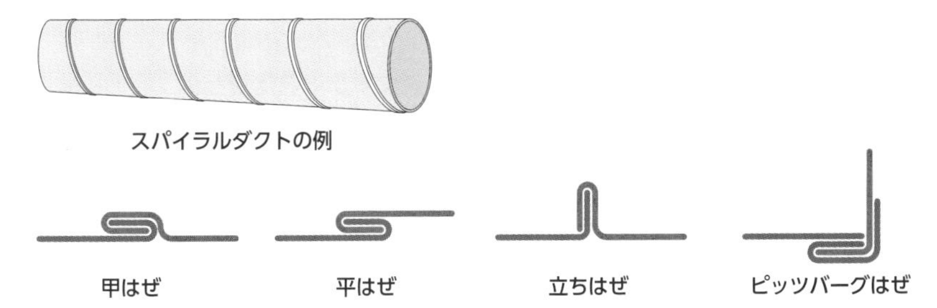
スパイラルダクトの例

甲はぜ　平はぜ　立ちはぜ　ピッツバーグはぜ

□ ダクトの工法には、次のようなものがある。

▶ **アングルフランジ**工法：アングル鋼（形鋼）で作られたフランジ（つば）を用いてダクトを接合する工法で、ダクト全周をボルトナットで締め付けて接合する。

▶ **コーナーボルト**工法（共板フランジ工法、スライドオンフランジ工法）：ダクトを折り曲げてフランジを形成し、ダクトの四隅（コーナー）をボルトナットで締め付け、ダクトの４辺は金具で固定して接合する工法をいう。

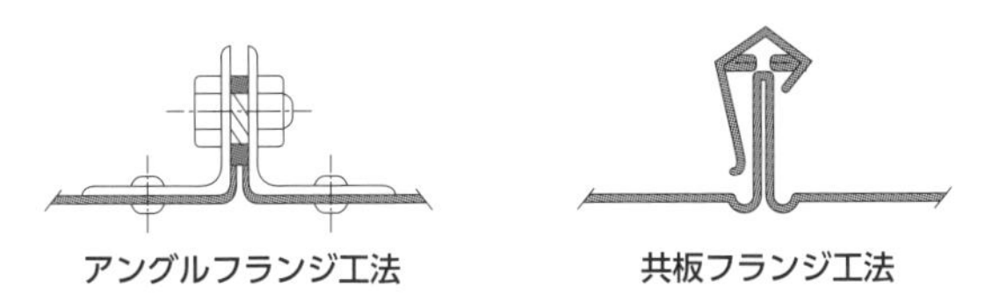
アングルフランジ工法　共板フランジ工法

④ ダクトの付属品

- □ ダクトの付属品には、送風機の振動の伝搬防止に用いられる**たわみ継手**、風量のバランスをとるために用いられる**風量調整ダンパー**、火災時にダクトにより火災拡大を防止するために閉止する**防火ダンパー**、一定の風量を保持する**定風量ユニット**、風量を変化させて制御する**変風量ユニット**、**各種吹出し口**などがある。
- □ **たわみ**継手は、送風機等からの**振動**がダクトに伝わることを防止するために用いられる。
- □ ダクト系の**風量**バランスをとるため、一般に、主要な分岐ダクトには**風量調整**ダンパーを取り付ける。
- □ 防火ダンパーの板厚：**1.5**mm以上
- □ 防火ダンパーの温度ヒューズの作動温度：一般用**72**℃、厨房用**120**℃、排煙用**280**℃以上
- □ 温度**ヒューズ**形防火ダンパーは、火災時に**ヒューズ**が**溶融**してダンパーが閉じる。
- □ **定**風量（CAV）ユニット：あらかじめ設定された風量を保持する。
- □ **変**風量（VAV）ユニット：負荷に応じて風量を変化させて制御する。
- □ **シーリングディフューザー**形吹出口は、誘引作用が**大きく**、気流分布に優れる。
- □ **ノズル**形吹出口は、騒音が**小さい**ので、吹出風速を**大きく**して、到達距離を**長く**することができる。
- □ 吹出口とダクトの接続には**フレキシブル**ダクトが、送風機とダクトの接続には**たわみ**継手が用いられる。

過去問にチャレンジ！　令和5年度 前期 No.27

ダクト及びダクト附属品に関する記述のうち、**適当でないもの**はどれか。

1　シーリングディフューザーは、誘引作用が大きく、気流拡散に優れている。

2　ユニバーサル形吹出口は、羽根が垂直のV形、水平のH形、垂直・水平のVH形等がある。

3　ノズル形吹出口は気流の到達距離が長く、大空間の壁面吹出口や天井面吹出口として使用される。

4　吹出口とダクトの接続には、たわみ継手を使用する。

解答　**4**

解説　吹出口とダクトの接続には**フレキシブルダクト**が用いられる。たわみ継手は**送風機**とダクトの接続に用いられる。

第1部

第一次検定

第6章

施工管理

施工管理の分野からは、設計図書、施工計画、工程表、ネットワーク工程表、品質管理、安全管理に関する事項が出題される。ネットワーク工程表からは、ネットワーク手法による所要日数の算出などが出題される。

6-1 設計図書

設計図書の分野からは、公共工事標準請負契約約款における設計図書、主な機器の設計図書の記載事項などが出題される。主な機器の設計図書の記載事項は、吸収冷温水機、ボイラー、冷却塔、ユニット形空気調和機、ポンプ、送風機などが出題される。

① 公共工事標準請負契約約款における設計図書

- □ **公共工事標準請負契約約款**とは、中央建設業審議会（国土交通省が所管する建設業法などの事項について審議する組織）が、公共工事における請負契約の標準となるよう作成した契約書をいう。
- □ **公共工事標準請負契約約款**における設計図書には、次のことが記載されている。
  - ▶ **設計**図面
  - ▶ **仕様**書
  - ▶ 現場**説明**書
  - ▶ 現場**説明**に対する**質問**回答書

※**現場説明**とは、設計図面や仕様書だけでは説明しきれないことを、現場で説明することをいう。**現場説明書**とは、現場説明時に示される説明書をいう。**現場説明に対する質問回答書**とは、現場説明時に生じた不明点などに対する質問への回答書をいう。

過去問にチャレンジ！　令和４年度 前期 No.28

次の書類のうち「公共工事標準請負契約約款」上、設計図書に**含まれないもの**はどれか。

1　現場説明に対する質問回答書

2　実施工程表

3　仕様書

4　設計図面

解答　**2**

解説　**実施工程表**は公共工事標準請負契約約款における設計図書に含まれない。

② 主な機器の設計図書の記載事項

□ 主な機器の**設計図書**に記載されている事項のうち、覚えておくべき事項は下記のとおり。

- **吸収冷温水機**：形式、冷凍能力、冷水出入口温度、温水出入口温度、**冷却水**出入口温度
- **ボイラー**：定格出力、**伝熱**面積
- **冷却塔**：冷却能力、冷却水出入口温度、外気**湿**球温度、電動機出力、**騒音**値
- **ユニット形空気調和機**：**冷却**能力、**加熱**能力、有効**加湿**量、風量、静圧、電動機出力
- **ファンコイルユニット**：形式、**形**番
- **エアフィルター**：**初期**抵抗
- **ポンプ**：吸込**口径**、水量、揚程、電動機出力
- **送風機**：**呼び**番号、風量、静圧、電動機出力
- **ガス瞬間湯沸器**：**号**数

※**設計図書**とは、設計の内容を示す書類で、**設計図面、仕様書、現場説明書及び現場説明に対する質問回答書**をいう。

過去問にチャレンジ！

令和5年度 前期 No.28

「設備機器」と「設計図書に記載する項目」の組合せのうち、**適当でないもの**はどれか。

	（設備機器）	（設計図書に記載する項目）
1	ボイラー	最高使用圧力
2	吸収冷温水機	冷却水量
3	空気清浄装置	騒音値
4	換気扇	羽根径

解答　**3**

解説　騒音値は**冷却塔**等の仕様として設計図書に記載される。空気清浄装置においては、エアフィルターの**初期抵抗**等が記載される。

施工計画の分野からは、着工前の総合計画、施工計画、施工図、製作図などが出題される。着工前の総合計画は、契約内容の確認、諸官庁届の確認、敷地・近隣・道路状況の調査などが、施工計画は、施工計画書、仮設計画などが出題される。

① 着工前の総合計画

着工前の総合計画に関する事項は、次のとおりである。

- □ **工事請負契約書**により、契約の内容を確認する。
- □ **設計図**により、工事内容を把握して必要な**諸官庁届**を確認する。
- □ **特記仕様書**により、配管の材質を確認する。

  ※**特記仕様書**とは、共通仕様書（標準仕様書）を補足し、工事の施工に関する明細または工事に固有の技術的要求を定める書類のことをいう。

- □ 工事**区分表**により、関連工事との工事**区分**を確認する。

  ※**工事区分**とは、発注者ごと、施工者ごと、工事エリアごとなどによる工事の区分けをいう。

- □ 設計図書に食い違いがある場合は、**設計**者・**監理**者に確認し、その**結果**の記録を残す。
- □ 敷地の状況、**近隣**関係、**道路**関係を調査し、設計図書で示されない概況を把握する。
- □ 材料及び機器について、メーカーリストを作成し、発注、納期、製品検査の**日程**などを計画する。

なお、下記の事項は**施工中の計画**であり、着工前の計画ではない。

- □ 性能**試験成績**書により、機器の**能力**を確認する。

  ※**性能試験成績書**とは、製造された機器、設備を工場で稼働させて、設計どおりの性能が出ることを確認し、報告書にまとめたものをいう。

- □ **試運転**調整計画を作成して、日程と人員を確認する。

  ※**試運転調整**とは、設置された機器、設備を現場で稼働させて、設計どおりの機能が出ることを確認、調整することをいい、**試運転調整計画**とは、試運転調整を計画することをいう。

❷ 施工計画

施工計画に関する事項は、次のとおりである。

- □ 施工計画書として、**総合**施工計画書と**工種別**の施工計画書を作成する。
  ※**施工計画**書とは、工事を施工し、完成させるための計画を示した書類をいう。
- □ 着工**前**業務として、**工事組織の編成、実行予算書の作成**、**工程・労務計画などの作成**を行う。
- □ 施工計画書は、作業員に工事の詳細を徹底させるためのものであり、**監督員の承諾**が必要**である**。
- □ 仮設計画は、設計図書に特別の定めがない場合、原則として、**請負者**の責任において定める。
  ※**仮設計画**とは、足場やクレーン、現場事務所などの仮設物の配置や工事を計画することをいう。
- □ 仮設は新品である必要**はない**。
- □ 現場の工事組織として、**主任技術者**は**現場代理人**が**兼任**することが**できる**。
  ※**主任技術者**とは、建設業法の規定により、建設業法の許可を受けている建設業者が工事をする際に置かなければならない者をいう。**現場代理人**とは、建設工事の請負契約において、請負者に代わって、契約の定めに基づく行為を行使する権限を授与された者をいう。
- □ 設計図書の優先順位は次のとおり。
  ① **質問**回答書
  ② **現場**説明書
  ③ **特記**仕様書
  ④ 設計**図面**
  ⑤ **標準**仕様書

❸ 施工図、製作図

- □ **施工図**とは、設計図を元に、実際に現地で施工するために作成される詳細な図面をいう。
  - ▶ 設計図書に基づいて作成し、機能や他工事との**調整**についても検討する。
  - ▶ 納まりの検討を必要とし、表現の正確さや**作業**の効率についても検討する。
- □ **製作図**とは、設計図を元に、機器などを工場で製作するために作成される詳細な図面をいう。
  - ▶ 仕様や性能について確認し、搬入･据付けや保守点検の**容易**性も確認する。
  - ▶ 機器類の他、吹出口や**ダンパー**についても製作図を作成する必要がある。

過去問にチャレンジ！

令和５年度 前期 No.29

工事着工前に確認すべき事項として、**適当でないもの**はどれか。

1　契約図書により、工事の内容や工事範囲、工事区分を確認する。

2　試験成績表により、すべての機器の能力や仕様を確認する。

3　工事の施工に伴って必要となる官公庁への届出や許可申請を確認する。

4　工事敷地周辺の道路関係、交通事情、近隣との関係等について現地の状況を確認する。

解答　**2**

解説　**試験成績表**によりすべての機器の能力や仕様を確認することは、着工前にすべき事項としては不適当である。

過去問にチャレンジ！

令和２年度 後期 No.29

公共工事において、工事完成時に監督員への提出が必要な図書等に**該当しないもの**はどれか。

1　空気調和機等の機器の取扱説明書

2　官公署に提出した届出書類の控え

3　工事安全衛生日誌等の安全関係書類の控え

4　風量、温湿度等を測定した試運転調整の記録

解答　**3**

解説　工事安全衛生日誌等の**安全関係書類**の控えは、公共工事において、工事完成時に監督員への提出が必要な図書に該当しない。

6-3 工程表

工程表の分野からは、ガントチャート工程表、ネットワーク工程表、バーチャート工程表の各工程表の概要、使用目的、特徴、比較などが出題される。ネットワーク工程表の見方や算定方法については、次項で解説する。

① ガントチャート工程表

- □ **ガントチャート工程表**とは、横軸に**達成度**、縦軸に**作業名**を示した工程表で、各作業の達成度を把握するために使用される。
- □ 各作業の現時点における**進行**状態が**達成**度により把握でき、**作成**も容易である。
- □ 各作業の前後関係がわかり**にくい**。
- □ バーチャート工程表よりも必要な作業日数がわかり**にくい**。

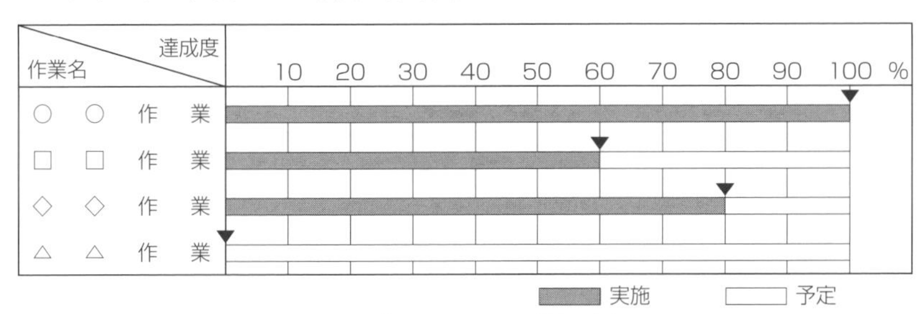

ガントチャート工程表の例

② ネットワーク工程表

- □ **ネットワーク工程表**とは、工程の流れを○と→で示し、→の上下に作業名と作業時間を示した工程表で、**作業の関連性が複雑化する工事**などに使用される。
- □ 作業間の関連が明確で**ある**ため、工事途中での変更に対応し**やすく**、遅れに対する対策が立て**やすい**。
- □ **クリティカルパス**（最長経路）、**フロート**（余裕時間）がわかるため、労務計画及び材料計画を立て**やすい**。

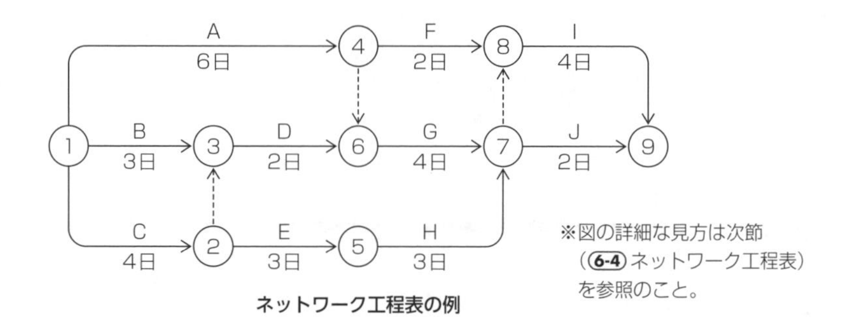

ネットワーク工程表の例

❸ バーチャート工程表

- □ **バーチャート工程表**とは、横軸に暦日、縦軸に**作業名**を示し、**作業期間**の部分を横棒で示した工程表である。**作成が容易**で、各作業の開始、終了、工期が**把握しやすい**ので、多用されている。
- □ 縦軸に**各作業名**を列記し、横軸に**暦日**と合わせた工期をとって作成される。
- □ 各作業の**施工時期**や**所要日数**が**わかりやすい**。
- □ 工事の**進捗状況**を把握しやすいので、**詳細**工程表に用いられることが多い。
- □ 各工事細目の予定出来高から、**S字**カーブと呼ばれる**予定進度曲線**が得られる。
- □ **予定進度曲線**と**実施進度**を比較することにより、**進行**度のチェックができる。
- □ 作業間の関連が明確で**はない**。
- □ ガントチャート工程表との比較
  - ▶ 必要な**作業日数**がわかり**やすい**。
  - ▶ 各作業の**所要日数と施工日程**がわかり**やすい**。
- □ ネットワーク工程表との比較
  - ▶ 作成が**容易**なため、比較的**小さな工事**に適して**いる**。
  - ▶ **作業順序関係**が**あいまい**で、作業間の関連が明確で**はない**。
  - ▶ 各作業の工期に対する影響の度合いを把握し**にくい**ので、重点管理作業が把握し**にくい**。
  - ▶ 遅れに対する対策が立て**にくい**。

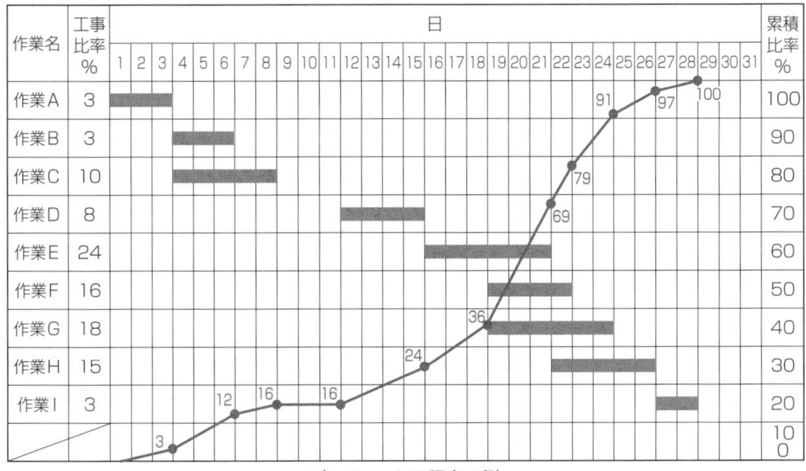

バーチャート工程表の例

過去問にチャレンジ！

令和元年度 後期 No.31

工程表に関する記述のうち、**適当でないもの**はどれか。

1　横線式工程表には、ガントチャートとバーチャートがある。

2　曲線式工程表は、上方許容限界曲線と下方許容限界曲線とで囲まれた形からS字曲線とも呼ばれる。

3　作業内容を矢線で表示するネットワーク工程表は、アロー型ネットワーク工程表と呼ばれる。

4　タクト工程表は、同一作業が繰り返される工事を効率的に行うために用いられる。

解答　**2**

解説　**2.** 曲線式工程表の**進度曲線**は、描く形からS字曲線と呼ばれる。曲線式工程表の上方許容曲線と下方許容限界曲線で囲まれた形は**バナナ曲線**という。(➔P.298)

4. P.302参照。

6-4 ネットワーク工程表

ネットワーク工程表の分野からは、ネットワーク工程表の用語、見方、最早開始時刻・所要日数の算定などが出題される。ネットワーク工程表の特徴などについては前項でも触れたが、この項では、算定方法などを解説する。

① ネットワーク工程表の用語

□ **ネットワーク工程表**とは、前節（6-3）にもあったように、工程の流れを○と→で示し、→の上下に作業名と作業時間を示した工程表で、**作業の関連性が複雑化する工事**などに使用される。

- **アクティビティ**：作業を表す矢線(→)。作業名は矢線の上に、作業日数は矢線の下に表記する。
- **イベント**：作業の始点、終点を示す○印。イベント番号を表記する。
- **ダミー**：作業の前後関係を示す破線の矢線(⇢)。実際の作業はない。
- **所要日数**：始点から終点までに要する日数。
- **最早開始時刻**：作業を最も早く開始できる時刻（日）。
- **フロート**：作業が有している余裕時間。
- **クリティカルパス**：最も時間の要する経路。

② ネットワーク工程表の見方

□ ネットワーク上の後続する作業は、**先行**する作業が**完了**しないと開始できない。

□ 作業の開始点のイベントに、**すべて**の矢線（ダミーを含む）が合流しないと、作業を開始できない。

③ ネットワーク工程表の問題の解き方

次のネットワーク工程表を例に、ネットワーク工程表の問題の解き方を説明する。

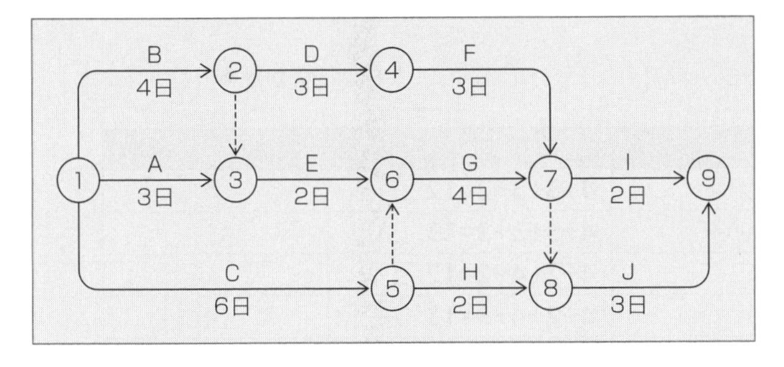

□ 作業の関連性

- 作業A、作業**B**、作業**C**は同時に開始できる。
- 作業Dは、作業**B**が完了すれば開始できる。
  作業Eは、作業**A**と作業**B**が完了すれば開始できる。
  作業Fは、作業**D**が完了すれば開始できる。
- 作業Gは、作業**C**と作業**E**が完了すれば開始できる。
- 作業Hは、作業**C**が完了すれば開始できる。
- 作業Iは、作業**F**と作業**G**が完了すれば開始できる。
- 作業Jは、作業**F**、作業**G**、作業**H**が完了すれば開始できる。

□ 所要日数

- 各イベントの**最早開始時刻**を算出し、最終イベントの**最早開始時刻**を求める。
- 各イベントの**最早開始時刻**は、開始イベントから順次、作業日数を加算して求める。
- イベントに合流する矢線が複数ある場合は、加算した日数のうち**大きい**ほうが**最早開始時刻**となる。

イベント	最早開始時刻
①	**0**［日］
②	作業B：**0+4=4**［日］
③	作業A：**0+3=3**［日］、ダミー：**4+0=4**［日］　**3＜4**なので**4**［日］
④	作業D：**4+3=7**［日］
⑤	作業C：**0+6=6**［日］
⑥	作業E：**4+2=6**［日］、ダミー：**6+0=6**［日］　**6=6**なので**6**［日］
⑦	作業F：**7+3=10**［日］、作業G：**6+4=10**［日］　**10=10**なので**10**［日］
⑧	作業H：**6+2=8**［日］、ダミー：**10+0=10**［日］　**8＜10**なので**10**［日］
⑨	作業I：**10+2=12**［日］、作業J：**10+3=13**［日］　**12＜13**なので**13**［日］　所要日数は**13**日

□ クリティカルパス

▶ すべての経路の作業日数の合計を算定し、最も時間の**かかる**経路を求める。

経路	経路上の作業	作業日数の合計	クリティカルパス
ルート1	B-D-F-I	**4+3+3+2=12**［日］	
ルート2	B-D-F-J	**4+3+3+3=13**［日］	○
ルート3	B-E-G-I	**4+2+4+2=12**［日］	
ルート4	B-E-G-J	**4+2+4+3=13**［日］	○
ルート5	A-E-G-I	**3+2+4+2=11**［日］	
ルート6	A-E-G-J	**3+2+4+3=12**［日］	
ルート7	C-G-I	**6+4+2=12**［日］	
ルート8	C-G-J	**6+4+3=13**［日］	○
ルート9	C-H-J	**6+2+3=11**［日］	

過去問にチャレンジ！ 令和5年度 前期 No.30

下図に示すネットワーク工程表において、クリティカルパスの所要日数として、**適当なもの**はどれか。
ただし、図中のイベント間のＡ～Ｈは作業内容、日数は作業日数を表す。

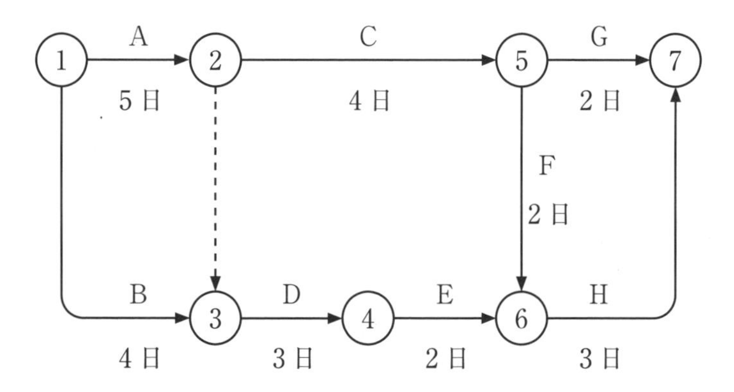

1　11日

2　12日

3　13日

4　14日

解答 **4**

解説 クリティカルパスは**A→C→F→H**を通るルートで、所要日数は5+4+2+3＝**14**[日]である。

過去問にチャレンジ！

平成29年度 学科 No.30

下図に示すネットワーク工程表に関する記述のうち、**適当でないもの**はどれか。
ただし、図中のイベント間のA～Kは作業内容、日数は作業日数を表す。

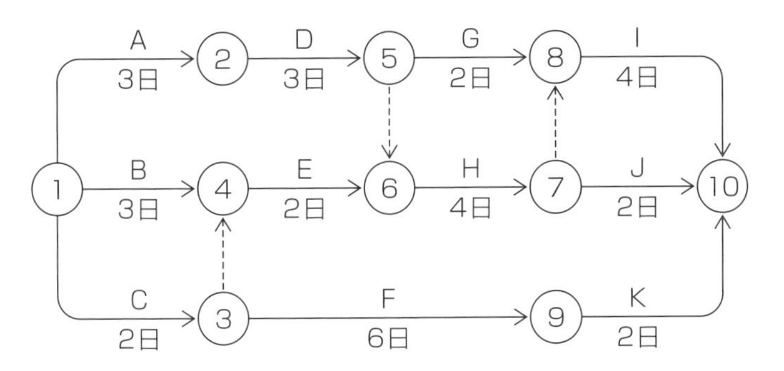

1　クリティカルパスは、2本ある。

2　作業Hの所要日数を3日に短縮すれば、全体の所要日数も短縮できる。

3　作業Gの着手が2日遅れても、全体の所要日数は変わらない。

4　作業Eは、作業Dよりも1日遅く着手することができる。

解答 **1**

解説 クリティカルパスは、A-D-H-Iを通るルートの1本のみで、所要日数は14日である。

6-5 品質管理

品質管理とは、顧客に提供する商品及びサービスの品質を向上するための、企業の一連の活動体系をいう。品質管理の分野からは、管工事における各検査が、全数検査が適当なものなのか、抜取検査が適当なものなのかを問う問題などが出題される。

① 全数検査が適当なもの

□ **全数検査**とは、検査対象の全数あるいは全域を対象に行う検査をいう。次のものには、全数検査を行うのが適当とされている。

- 給水管、消火管の**水圧**試験
- 排水管の**通水**試験、**勾配**確認
- 防火区画貫通箇所の**穴埋め**検査、本全数検査が適当なもの
- 防火区画貫通箇所の**穴埋め**検査（**不燃**化処理）
- ボイラーの**安全弁**の作動試験
- 冷凍機と関連機器との**連動**試験
- 送風機の**回転**方向の確認

② 抜取検査が適当なもの

□ **抜取検査**とは、検査対象の一部を抽出（サンプリング）して行う検査をいい、**サンプリング検査**ともいう。次のものには、抜取検査を行うのが適当とされている。

- 配管の**ねじ**加工の検査
- 配管の**吊り**間隔、**振止め**の取付け状況の確認
- 給水栓における**残留塩素濃度**試験
- ダクトの板厚や**寸法**などの確認
- ダクトの**吊**（つ）**り**間隔の確認
- 防火ダンパー用温度**ヒューズ**の作動試験
- **コンクリート**強度試験

□ 抜取検査は、**破壊**しなければ検査の目的を達し得ない場合に行う。

□ 抜取検査は、不良品の混入が許**される**場合に行う。

過去問にチャレンジ！ 令和5年度 前期 No.31

次の確認項目のうち、抜取検査を行うものとして、**適当でないもの**はどれか。

1　ダクトの吊り間隔

2　防火ダンパー用温度ヒューズの作動試験

3　埋設排水管の勾配

4　コンクリートの強度試験

解答　**3**

解説　**埋設排水管の勾配**は、全数検査で確認をする必要がある。

過去問にチャレンジ！ 令和4年度 後期 No.31

品質を確認するための検査に関する記述のうち、**適当でないもの**はどれか。

1　抜取検査には、計数抜取検査と計量抜取検査がある。

2　品物を破壊しなければ検査の目的を達し得ない場合は、全数検査を行う。

3　不良品を見逃すと人身事故のおそれがある場合は、全数検査を行う。

4　抜取検査では、ロットとして、合格、不合格が判定される。

解答　**2**

解説　破壊しなければ検査の目的を達し得ない場合には、**抜取検査**を行う。

6-6 安全管理

安全管理の分野からは、労働安全衛生法による就業制限、工事現場の安全管理などが出題される。労働安全衛生法による就業制限は、移動式クレーンの運転の業務、玉掛けの業務などの事項が、工事現場の安全管理は、高所作業、感電、酸欠などの事項が出題される。

❶ 労働安全衛生法による就業制限

□ **労働安全衛生法**では、事業者に対して、**危険又は有害な作業**に労働者を就業させるときには、**免許**を受けた者に就かせること、**技能講習**を修了した者に就かせること、**特別の教育**を行うことなどが、規定されている。

※**免許**とは、労働安全衛生法の規定により、就業制限のある業務に従事する者などに対して、都道府県**労働基準局長**が交付する免許をいう。**技能講習**とは、労働安全衛生法の規定により、就業制限のある業務に従事する者などに対して、都道府県**労働基準局長**若しくは都道府県労働基準局長が**指定する者**が行う講習をいう。**特別の教育**とは、労働安全衛生法の規定により、事業者が、危険又は有害な業務に従事する労働者に対して行う教育をいう。

労働安全衛生法に規定された主な就業制限は、次のとおりである。

□ 移動式クレーンの運転の業務

つり上げ荷重	免許	技能講習	特別の教育
1トン未満	○	○	○
1トン以上5トン未満	○	○	×
5トン以上	○	×	×

凡例：○：就業可、×：就業不可

□ 玉掛けの業務

つり上げ荷重	技能講習	特別の教育
1トン未満	○	○
1トン以上	○	×

※**玉掛け**とは、クレーンなどでつり上げる荷を、かけたり外したりする作業をいう。

□ 高所作業車

作業床の高さ	技能講習	特別の教育
2m以上10m未満	○	○
10m以上	○	×

- □ 溶接作業
  - ▶ **アーク**溶接などの業務：特別の教育
  - ▶ 可燃性**ガス**及び**酸素**を用いて行う金属の溶接、溶断の業務：技能講習
- □ 建設リフト・ゴンドラ
  - ▶ 建設用リフトの運転の業務：**特別の教育**
  - ▶ ゴンドラ操作の業務：**特別の教育**

❷ 工事現場の安全管理

労働安全衛生法上の規定のほか、工事現場の安全管理に関する事項は、次のとおりである。

- □ 高さが**2m以上**の箇所には、**作業床**を設ける。
- □ 作業床を設けることが困難なときは、**防網**を張り、**墜落制止用器具**を使用させる。
- □ 高さが**2m以上**の作業床は、幅**40**cm以上、すき間**3**cm以下とする。
- □ 高さ又は深さが**1.5**mを超える箇所には、**安全に昇降するための設備**などを設ける。
- □ **移動はしご**の幅は**30**cm以上とし、**すべり止め装置**などの転位防止の措置を講じる。
- □ **脚立**は、脚と水平面との角度を**75**度以下とし、角度を保つための金具を備えたものを使用する。
- □ **回転する刃物**を使用する作業は、手を巻き込むおそれがあるので、**手袋**の使用を禁止する。
- □ **感電のおそれのある電気機械器具**には、感電防止の絶縁覆いなどを設け、**毎月1回**以上点検する。
- □ **酸欠**のおそれがある箇所には、**酸素濃度**が**18**%以上になるように**換気**する。
- □ 事業者は、作業開始前の酸素濃度の測定を**作業主任**者に行わせなければならない。
- □ **アーク溶接機の自動電撃防止装置**は、**使用を開始する前**に点検する。
- □ **作業主任者**を選任した場合は、氏名及び行わせる事項を作業場の**見やすい**箇所に**掲示**する。

  ※**作業主任者**とは、労働安全衛生法の規定により、労働災害を防止するための管理を必要とする一定の作業について、選任が義務付けられている者をいう（➡P.153、310）。

- □ **安全朝礼⇒安全ミーティング⇒安全巡回⇒工程打合せ⇒片付け**の**安全施工**サイクルを行う。
- □ 玉掛け用のワイヤロープの安全係数は**6**以上とする。
- □ 建設業の死亡災害は、例年、全産業の約**3**割を占め、**墜落・転落**による事故が多い。
- □ 住居と就業場所間の移動および就業場所間の移動での災害は、**通勤**災害に該当する。

過去問にチャレンジ！

令和5年度 前期 No.32

建設工事における安全管理に関する記述のうち、**適当でないもの**はどれか。

1　脚立の脚と水平面との角度は、75度以下とする。

2　天板高さ70 c m以上の可搬式作業台には、手掛かり棒を設置することが望ましい。

3　建設工事の死亡災害は、全産業の約1割を占め、墜落・転落による事故が多い。

4　折りたたみ式の脚立は、脚と水平面との角度を確実に保つための金具等を備えたものとする。

解答　3

解説　建設業の死亡災害は、例年、全産業の**約3割**を占め、墜落・転落による事故が多い。

過去問にチャレンジ！

令和4年度 後期 No.32

建設工事における安全管理に関する記述のうち、**適当でないもの**はどれか。

1　熱中症予防のための指標として、気温、湿度及び輻射熱に関する値を組み合わせて計算する暑さ指数（WBGT）がある。

2　回転する刃物を使用する作業では、手が巻き込まれるおそれがあるので、手袋の使用を禁止する。

3　労働者が、就業場所から他の就業場所へ移動する途中で被った災害は、通勤災害に該当しない。

4　ツールボックスミーティングとは、関係する作業者が作業開始前に集まり、その日の作業、安全等について話合いを行うことである。

解答　3

解説　就業場所間の移動での災害は、**通勤災害**に該当する。

第1部

第一次検定

第7章

工事施工

工事施工の分野からは、冷凍機、ボイラー、ポンプ、送風機、空気調和機、水槽などの機器の据付、配管の施工、ダクトの施工、保温・塗装、試運転調整、腐食・防食に関する事項が出題される。

機器の据付

機器の据付の分野からは、架台、冷凍機・冷却塔、空気調和機、送風機、ポンプ、貯水タンク・貯湯タンク、衛生陶器、汚物タンクなどが出題される。第一次検定は、図では出題されない。文章で出題されるので、問題文を読んで解答できるようにしておく必要がある。

① 架台（かだい）

- □ **架台**とは、機器などを据え付けるための台をいう。
- □ 大型機器は、**床スラブ**上に打設した**鉄筋**コンクリート基礎上に固定する。

※**大型機器**とは、冷凍機、冷却塔、ボイラー、貯水タンクなど、比較的重量のある機器を指す。**床スラブ**とは、床を形成している鉄筋コンクリート製の板状の部材をいう。

- □ **耐震基礎**の場合、地震による転倒を防止するため、**アンカーボルト**をスラブの**鉄筋**に緊結する。

※**アンカーボルト**とは、機器などを取り付けるために、床、壁、天井などに埋め込み、または、打ち込まれたボルトをいう。**スラブの鉄筋に緊結する**とは、床スラブの内部に配筋されている鉄筋に固く結びつけることをいう。

- □ 大型機器は、基礎のコンクリート打込み後、**10**日以上経過した後に据え付ける。
- □ 埋込式アンケーボルトとコンクリート基礎の端部は**100**mm程度離す。
- □ アンカーボルトのナットは、ボルトのねじ山が**3**山以上出るように締め付ける。
- □ アンカーボルトの許容引抜き荷重：J型**>**L型
- □ 防振装置（振動の伝搬を防止する装置）付きの機器や地震力が大きくなる重量機器は、可能な限り**低**層階に設置する。
- □ 耐震ストッパー（地震時に機器が移動するのを防止する部材）は**2**本以上のアンカーボルトで基礎に固定する。

② 冷凍機・冷却塔

- □ **冷凍機**は、保守点検のため、周囲に**1**m以上のスペースを確保する。

※**冷凍機**とは、冷水を作る装置のことをいう（➡P.92）。

- □ **冷凍機**は、凝縮器の**チューブ**引出し用として、有効な空間を確保する。
- □ **吸収冷凍機**及び**吸収冷温水機**は、据付け後に工場出荷時の**気密**が保持されているか確認する。

※吸収冷凍機及び吸収冷温水機については、「5-1 機器」参照。

- [ ] **吸収冷凍機**及び**吸収冷温水機**は、振動が**小さい**ため、防振基礎の上に据え付ける必要**はない**。
- [ ] **冷却塔**の補給水口の高さは、高置タンクの低水位からの落差を**3**m程度確保する。

※**冷却塔**とは、冷凍機やパッケージ形空気調和機の凝縮器を冷やす冷却水を放熱させるための機器をいう（➔P.92）。

③ 空気調和機

- [ ] 空気調和機は、コンクリート基礎上に**防振ゴムパッド**を敷いて水平に据え付ける。

※**防振ゴムパッド**とは、振動の伝搬を防止するために機器の下に敷くゴム製の板のことである。

- [ ] 空気調和機の基礎の高さは、**ドレン管の排水トラップの深さ**（**封水深**（ふうすいしん））が確保できるように**150**mm程度とする。
- [ ] **パッケージ形空気調和機**の屋外機は、排出された高温空気が**ショートサーキット**しないように、周囲に十分な空間を確保する。

※**パッケージ形空気調和機**については、「(3-5)パッケージ形空気調和機」を参照。**ショートサーキット**とは、ここでは、屋外機から排気された空気が、直接、屋外機に吸い込まれることをいう。

- [ ] パッケージ形空気調和機の屋外機の**騒音**が問題となる場合は、**防音**壁を設置する。
- [ ] 壁掛け形ルームエアコンは、内装材や下地材に応じて**補強**を施して取り付ける。
- [ ] パッケージ形空気調和機には、**冷媒**名・記号、**冷媒**封入量等を表示する。

④ 送風機

- [ ] 呼び番号**2**以上の**天井吊り送風機**は、**形鋼製**の**かご型架台上**に据え付け、架台は**アンカーボルト**で**上部スラブ**に固定する（**吊り**ボルトにより**吊り**下げてはならない）。

※ここでの**呼び番号**とは、送風機の羽根径を表している。直径150mmを呼び番号1で表す。

- [ ] **Vベルト**の引張り側が**下**側になるように電動機を配置する。

※**Vベルト**とは、電動機の駆動力を送風機に伝達するための断面形状がV字状のゴム製のベルトをいう。

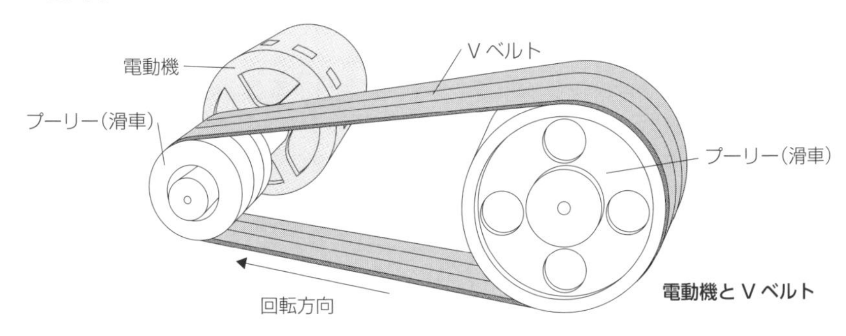

電動機とVベルト

☐ Vベルトの**張り**は、電動機の位置をずらして行うことができるようになっているので、電動機のスライドベース上の配置で調整する。

☐ レベルを**水準器**で検査し、水平となるように基礎と共通架台の間に**ライナー**を入れて調整する。

☐ 据付け後に**再芯出し**を行う。

※**再芯出し**とは、再び芯出しをすること。**芯出し**とは、ここでは、Vベルトが曲がったり、よれたりしないように、電動機と送風機の位置、プーリー（滑車）の角度を調整することをいう。

過去問にチャレンジ！ 令和５年度 前期 No.33

機器の据付けに関する記述のうち、**適当でないもの**はどれか。

1　防振装置付きの機器や地震力が大きくなる重量機器は、可能な限り高層階に設置する。

2　送風機は、レベルを水準器で確認し、水平が出ていない場合には基礎と共通架台の間にライナーを入れて調整する。

3　冷凍機を据え付ける場合は、凝縮器のチューブ引出しのための有効な空間を確保する。

4　パッケージ形空気調和機を据え付けた場合、冷媒名又はその記号及び冷媒封入量を表示する。

解答　1

解説　防振装置付きの機器や地震力が大きくなる重量機器は、可能な限り**低層階**に設置する。

⑤ ポンプ

☐ ポンプの**吸込み管**は、空気だまりが生じないように、ポンプに向かって**上り**勾配とする。

☐ **揚水ポンプ**を**受水タンク**より低い位置に据え付ける場合の吸込み管は、受水タンクから取り出し立ち下げた後は、ポンプに向かって**上り**勾配で接続する。

※**揚水ポンプ**とは、低い位置のタンクから高い位置のタンクに水をくみ上げるポンプをいい、遠心力を利用した**遠心ポンプ**などが用いられている。

□ ポンプは、現場にて**軸心**の狂いのないことを確認し、**カップリング外周の段違い**や**面間の誤差**がないようにする。

※**軸心**とは、回転軸の中心をいい、ポンプと電動機の軸心を狂いのないように合わせることを、**芯出し**という。**カップリング**とは、電動機とポンプのシャフト（軸）を接続する部材をいい、**段違い**とは段差を生じることをいう。**面間の誤差**とは、電動機のカップリング面とポンプのカップリング面の段差、角度などの規定値と実測値の差をいう。

□ 揚水ポンプの吐出し側に、ポンプに近い順に、**防振**継手、**逆止め**弁、**仕切**弁を取り付ける。

※**防振継手**とは、ポンプなどの機器の振動が、配管に伝搬するのを防止するための継手をいう（➡ P.132、214）。

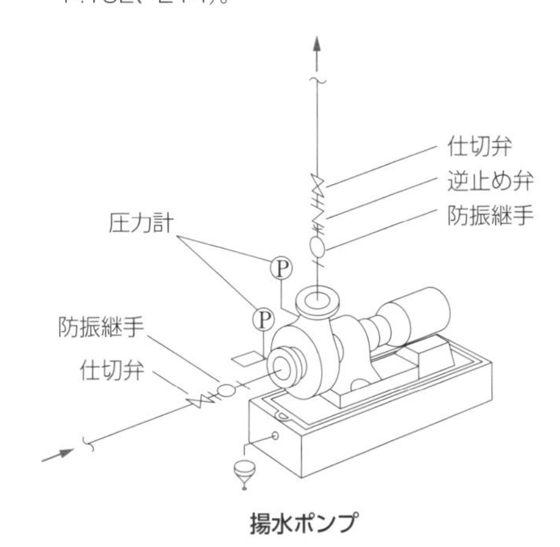

揚水ポンプ

❻ 貯水タンク・貯湯タンク

□ 建物内に設置する**飲料用タンク上部と天井との距離**は、**100**cm以上確保する。

□ 飲料用タンクは、底部の**点検スペースを確保**するため、高さ**60**cm以上の**梁形**(はりがた)**コンクリート基礎上**に据え付ける。

※**梁形コンクリート基礎**とは、梁状の形状をしたコンクリートでできた基礎をいう。

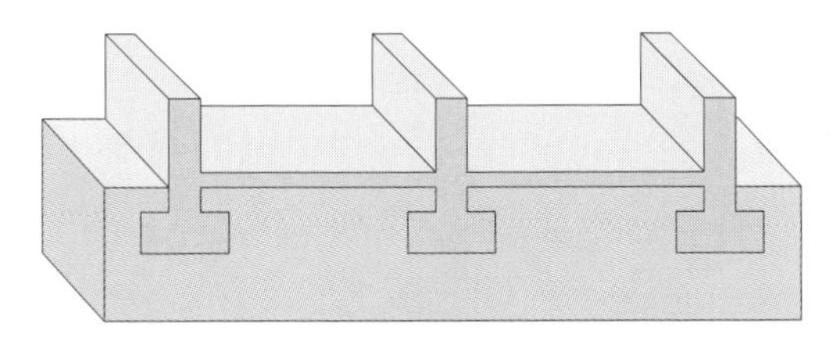
梁形コンクリート基礎

□ 架台高さが**2**mを超える高置タンクの昇降タラップには、**転落防止防護柵**を設ける。

□ 飲料用タンクの**上**部には、空調配管、排水管などを設けないようにする。

□ 貯湯タンクの**断熱被覆外面から周囲壁面までの距離**は、保守点検スペースの確保のため、**45**cm以上確保する。

⑦ 衛生陶器

□ 洗面器を軽量鉄骨ボード壁に取り付ける場合、**鉄**板又は**アングル**加工材を壁にあらかじめ取り付けた後、**バックハンガー**を所定の位置に固定する（➡P.250）。

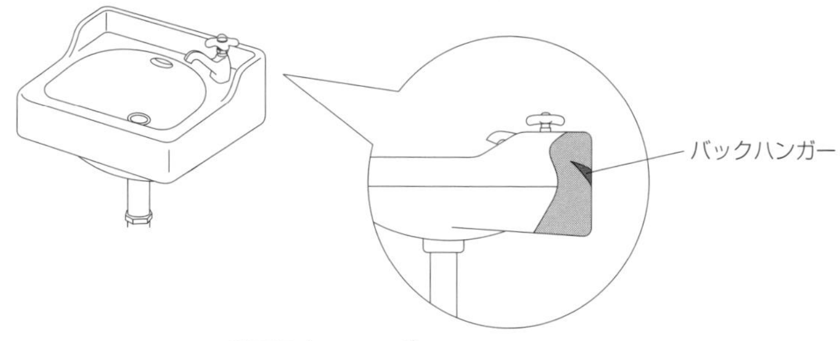

洗面器バックハンガー

⑧ 汚物タンク

□ 排水用水中ポンプは、点検、引上げに支障がないように、点検用マンホールの**真下**に設置する。

□ 排水用水中ポンプは、排水流入口から**離して**据え付ける。

□ 排水用水中モーターポンプは、排水流入口**から離れた**位置に設置する。

□ 排水用水中モーターポンプの周囲には**200**mm以上の空間を設ける。

過去問にチャレンジ！　令和4年度 後期 No.33

機器の据付けに関する記述のうち、**適当でないもの**はどれか。

1　飲料用受水タンクの上部には、排水設備や空気調和設備の配管等、飲料水以外の配管は通さないようにする。

2　送風機及びモーターのプーリーの芯出しは、プーリーの外側面に定規、水糸等を当て出入りを調整する。

3　汚物排水槽に設ける排水用水中モーターポンプは、点検、引上げに支障がないように、点検用マンホールの真下近くに設置する。

4　壁付洗面器を軽量鉄骨ボード壁に取り付ける場合は、ボードに直接バックハンガーを取り付ける。

解答　**4**

解説　バックハンガーはボードに直接取り付けず、鉄材やアングル加工材等の**補強材**に取り付ける。

過去問にチャレンジ！　平成28年度 学科 No.35

機器の据付けに関する記述のうち、**適当でないもの**はどれか。

1　揚水ポンプの吐出し側に、ポンプに近い順に、防振継手、仕切弁、逆止め弁を取り付けた。

2　飲料用受水タンクの上部に、空調配管、排水管等を設けないようにした。

3　パッケージ形空気調和機の屋外機の騒音対策として、防音壁を設置した。

4　飲料用受水タンクを高さ60 cmの梁形コンクリート基礎上に据え付けた。

解答　**1**

解説　ポンプに近い順に、防振継手、逆止め弁、仕切弁の順で取り付ける。

7-2 配管の施工

配管の施工の分野からは、継手・弁、配管の支持・固定、鋼管・樹脂ライニング鋼管・塩化ビニル管・ステンレス鋼鋼管・銅管の加工・接合、JIS（日本産業規格）の配管識別表示などが出題される。第一次検定は、図では出題されない。文章で出題されるので、問題文を読んで解答できるようにしておく必要がある。

① 継手・弁

□ **継手**とは、配管を曲げたり、延伸したり、振動や伸縮を吸収したりするためなどに用いられる配管を継ぐ部材をいう（➔P.101）。**ジョイント**も同じ意味。施工において覚えておきたい点は次のとおり。

- **防振**継手：配管へのポンプ振動の伝播を防止する。
- **伸縮管**継手：配管の熱収縮による**管軸**方向の変位を吸収する。
- **フレキシブル**ジョイント：機器の振動や地震力による管軸と**直角**方向の変位を吸収する（➔P.213）。

□ **弁**とは、配管内の流体（主に水）を止めたり、出したり、制御したりするために、配管経路に設けられる部材をいう（➔P.101）。施工において覚えておきたい点は次のとおり。

- **仕切**弁：流路を遮断するための止め弁などに用いられる。
- **玉形**弁：流量調整弁などに用いられる。
- **衝撃吸収式**逆止め弁：水撃を防止する必要のある箇所の逆流防止のために用いられる。
- 自動**空気抜き**弁：配管に混入した空気を排出するために用いられる。
- **絶縁**フランジ：電位差の大きい異種の金属の接触腐食を防止するために用いられる。

過去問にチャレンジ！ 令和5年度 前期 No.34

配管及び配管附属品の施工に関する記述のうち、**適当でないもの**はどれか。

1 地中埋設配管で給水管と排水管が交差する場合には、給水管を排水管より上方に埋設する。

2 絶縁フランジ接合は、鋼管とステンレス鋼管を接続する場合等に用いられる。

3 給水管を地中埋設配管にて建物内へ引き込む部分には、防振継手を設ける。

4 排水管の満水試験の保持時間は、最小30分とする。

解答 **3**

解説 給水管を地中埋設配管にて建物内へ引き込む部分には、**フレキシブルジョイント**を設ける。

② 配管の支持及び固定

- □ 機器まわりの配管は、機器に配管の**荷重**がかからないように、形鋼（**アングル**）などを用い支持する。
- □ **Uボルト**は、伸縮する配管の場合、強く締め付けて拘束**してはならない。**
  ※**Uボルト**とは、U字状の形状をしたボルトをいう。
- □ 銅管、ステンレス鋼管を**鋼製金物**で支持する場合は、ゴムなどの**絶縁**材を介す。
- □ **単式伸縮管継手**の支持は、配管を固定し、一方の配管にガイドを設ける。
  ※**伸縮管継手**とは、温度変化による配管の伸縮を吸収するために用いる継手で、継手の片側のみ伸縮するものを**単式**、継手の両側とも伸縮するものを**複式**という（➔P.209）。
- □ **複式伸縮管継手**の支持は、継手本体を固定し、両側にガイドを設ける（➔P.210）。
- □ 上の配管から下の配管を吊る**共吊**りを、行**ってはならない。**

③ 鋼管の加工、接合

- □ ねじ接合の場合、ねじ加工後、おねじ径を**テーパねじ用リングゲージ**で確認する。
  ※**テーパねじ**とは、傾斜を有しているねじをいう。**リングゲージ**とは、リング状の寸法、形状を測る器具をいう（➔P.206）。

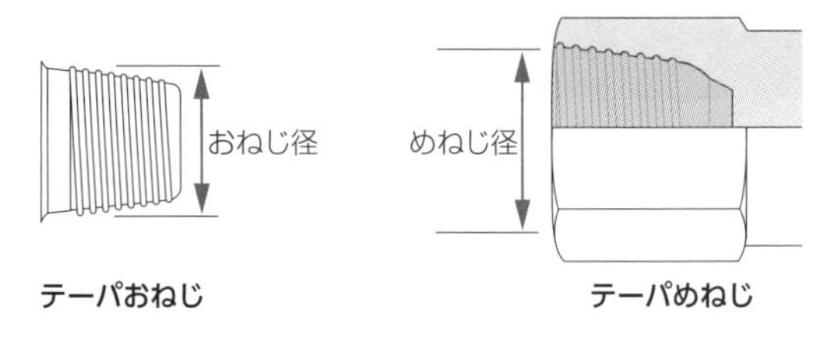

□ ねじ接合の場合、ねじ接合後、余ねじ部を油性塗料で**防錆**(せい)する際に、余ねじ部の**切削油**をふき取る。

※**余ねじ部**とは、ねじ込まれないではみ出たおねじをいう。**切削油**とは、金属などを切削加工する際に用いられる潤滑油をいう。

□ 溶接接合の場合、**開先**(かいさき)加工を行い、ルート間隔を保持して、**突合せ**溶接で施工する。

※**開先加工**とは、次図のように溶接しやすいように突合せ部の断面形状を加工することをいう。**突合せ溶接**とは、部材同士を突き合わせて溶接することをいう。

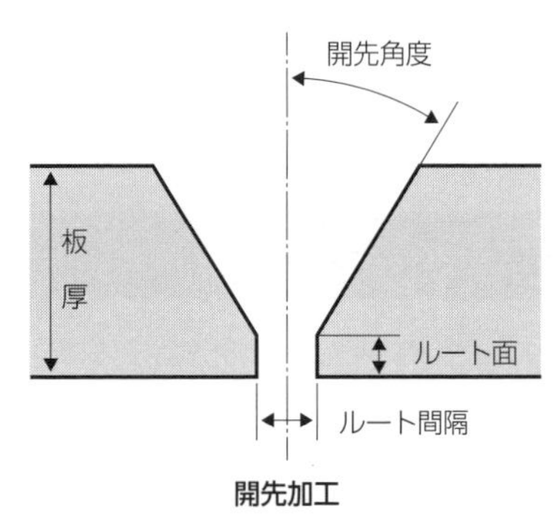

開先加工

❹ 樹脂ライニング鋼管の加工、接合

□ **樹脂ライニング鋼管**の切断は、**バンドソー**などを使用し、配管を絞るような**パイプカッター**などは使用してはならない。

※**バンドソー**とは、ループを形成する帯状のノコギリで、配管などを切断する工具をいう。

□ **樹脂ライニング鋼管**の切断後、鉄部が**露出**しないように**管端部の面取り**を行う。

※**管端部**とは、直管の末端部分をいう。**面取り**とは、角をとって丸くすることをいう。

□ **水道用硬質塩化ビニルライニング鋼管の接合には、管端防食管継手を用いる。**

□ **排水用硬質塩化ビニルライニング鋼管**の接合には、**排水鋼管用可とう**継手（**MD**継手）などが用いられる。

※**排水用硬質塩化ビニルライニング鋼管**とは、排水の用途に用いられる硬質塩化ビニルライニング鋼管をいう（➔P.100）。

⑤ 塩化ビニル管の加工、接合

□ **接着**（**TS**）接合は、塩化ビニル管の接合に用いられる。

※**接着（TS）接合**とは、接着剤を用いた接合の一種をいう。

□ **接着**（**TS**）接合する際には、受口及び差口に**接着**剤を均一に塗布する。

⑥ ステンレス鋼鋼管の加工、接合

□ 大口径のステンレス鋼鋼管の接続には、**溶接**接合などが用いられる。

※**ステンレス鋼鋼管**とは、ステンレス鋼（鉄、クロム、ニッケルの合金）で製造した配管をいう。**溶接接合**とは、溶接（高温にして溶融して接合すること）による接合をいう。

□ 小口径のステンレス鋼鋼管の接続には、**メカニカル**形管継手などが用いられる。

※**メカニカル形管継手**とは、工具で圧力を加えて変形させるなどして接合する継手をいう。

⑦ 銅管の加工、接合

□ 冷媒用銅管の接続には、**フレア**管継手が用いられる。

※**冷媒用銅管**とは、パッケージ形空気調和機などの冷媒用の配管に用いられる銅管をいう。**フレア管継手**とは、配管の端部につばを形成して接合する継手をいう（下図参照）。

□ **フレア**管継手の加工後には、**フレア**部の肉厚や大きさが適切か確認する。

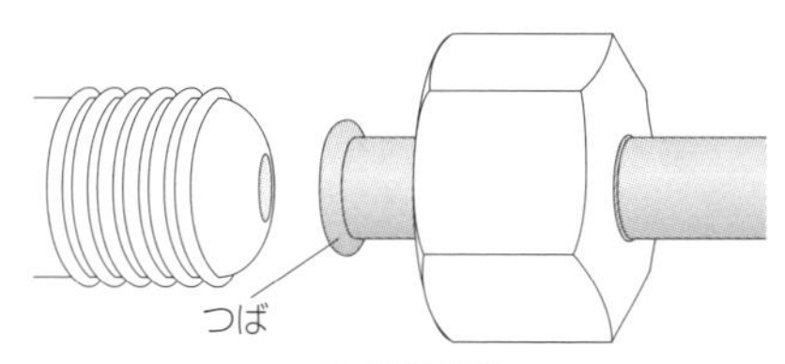

フレア管継手

⑧ 給水管

□ **横走り給水管**から**枝管**を取り出す場合は、原則として、横走り管の**上**部から取り出す。

※**横走り給水管**とは、水平部分の給水管をいう。

□ 横走り給水管の**管径を縮小**する際に、径違い**ソケット**を使用し、内部に段差が生じるような**ブッシング**は使用しない。

※**径違いソケット**とは、径の異なる配管同士を接続する継手で、接合部がめねじで形成されているものをいう。**ブッシング**とは、径の異なる配管同士を接続する継手で、接合部がおねじとめねじで形成されているものをいう。

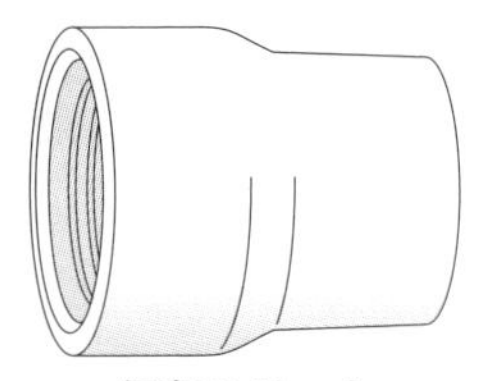
径違いソケット

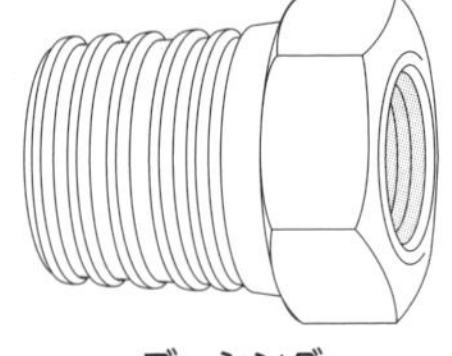
ブッシング

□ FRP 製**受水タンク**に接続する給水管には、**合成ゴム**製の**フレキシブルジョイント**を設ける。

※FRPとは、ガラス繊維で強化されたプラスチックをいう。**フレキシブルジョイント**とは、地震時などの変位を吸収するための継手をいう。

□ さや管ヘッダー配管方式は、さや管の施工後、実管を挿入し、**同時**に施工しない。

※**さや管ヘッダー方式**とは、さや管（外管）とヘッダー（分岐管）で構成された給水方式をいう。実管（給水管）はさや管の内部に実装されている。

□ 地中埋設配管で給水管と排水管が交差する場合には、給水管を排水管より**上**方に埋設する。

❾ 排水管・通気管

□ **排水横枝管**に**器具排水管**を合流させる場合、排水横枝管に**水平**に接続する。

□ **排水立て管**は、**上層**階から**下層**階まで、下層階の排水量に応じた管径とする。

□ **飲料用冷水器**の排水は、**間接**排水とする。

□ 飲料用タンクの**オーバーフロー排水**は、**間接**排水とする。

□ 便所の**床下排水管**は、勾配を考慮して、**排水**管を**給水**管より優先して施工する。

□ **ループ通気管**は、**最上**流の器具排水管を接続した排水横枝管の**下流直後**から立ち上げる（➔P.240、243）。

□ **汚水槽の通気管**は、**単独**で外気に開放する。

□ 排水管の勾配

管径（mm）	勾配（最小）
65以下	**1/50**
75、100	**1/100**
125	1/150
150	1/200
200	1/200

□ 排水立て管の管径：最下階の最大排水量に応じた最大管径のまま**最頂**部まで立ち上げる

- □ 3階以上の排水立て管には各階ごとの**満水**試験継手を取り付ける。
- □ 排水管の満水試験の保持時間は最小**30**分とする。
- □ 排水用に配管用炭素鋼鋼管を使用する場合は、ねじ込み式**排水管**継手等（**ドレネージ**継手）を使用する。（➔P.238）
- □ 排水トラップの封水深さは**50**mm以上**100**mm以下とする。

⑩ JISに規定されている配管の識別表示

- □ JIS（日本産業規格）には、配管の識別のための色が規定されている。

物質の種類	識別色
蒸気	**暗い赤**
水	**青**
ガス	**うすい黄**
油	**茶色**

過去問にチャレンジ！　令和4年度 後期 No.34

配管及び配管附属品の施工に関する記述のうち、**適当でないもの**はどれか。

1　呼び径100の屋内横走り排水管の最小勾配は、1／200とする。

2　排水トラップの封水深は、50mm以上100mm以下とする。

3　便所の床下排水管は、一般的に、勾配を考慮して排水管を給水管より先に施工する。

4　3階以上にわたる排水立て管には、各階ごとに満水試験継手を取り付ける。

解答　**1**

解説　呼び径100の屋内横走り排水管の最小勾配は**1／100**とする。

過去問にチャレンジ！

令和4年度 前期 No.38

JISで規定されている配管系の識別表示について、管内の「物質等の種類」とその「識別色」の組合せのうち、**適当でないもの**はどれか。

	（物質等の種類）	（識別色）
1	蒸気	青
2	油	茶色
3	ガス	うすい黄
4	電気	うすい黄赤

解答　**1**

解説　蒸気の識別色は**暗い赤**である。

7-3 ダクトの施工

ダクトの施工の分野からは、ダクトの加工・施工、ダクトの工法、ダクト付属品などが出題される。第一次検定は、図では出題されない。文章で出題されるので、問題文を読んで解答できるようにしておく必要がある。

① ダクトの加工・施工

- □ 長方形ダクトの**エルボの内側半径**は、ダクト幅の $\frac{1}{2}$ 以上とする。
  ※**長方形ダクト**とは、断面形状が長方形のダクトをいう。**エルボ**とは、曲がりのことをいう。
- □ 送風機の**吐出し直後**のダクトを曲げる場合は、羽根の回転方向と**同**方向とする。
- □ 長方形ダクトの**アスペクト比**（長辺／短辺）が大きくなると、圧力損失は**大きく**なる（➔5-4参照）。
- □ 長方形ダクトの**アスペクト比**は、**4**以下とする。
- □ 長方形ダクトの**板厚**は、ダクトの**長辺**の長さによって決定する。
- □ ダクトの割込み分岐の**割込み比率**は、**風量**の比率により決定する。
  ※**割込み分岐**とは、ダクトの一部を分岐させることをいう。**割込み比率**とは、割込み分岐した各ダクトの断面積の比率をいう。
- □ 2枚の鉄板を組み合せて製作されるダクトは、**はぜ**（鉄板の**継目**）の位置により**L**字型、**U**字型などがある。
- □ 長辺が**450**mmを超える**保温**を施さない長方形ダクトは、**リブ**で補強する。
  ※**リブ補強**とは、ダクトの板振動による騒音を防止するためにダクト板に設ける凹凸のこと。
- □ **厨房、浴室の排気ダクト**は、ダクトの継目が**下**面にならないように取り付ける。
- □ 浴室などの**多湿箇所の排気ダクト**は、継手及び継目に**シール**を施す。
- □ **厨房の排気ダクト**には、油や結露水が滞留するおそれがあるため、継手部に**耐熱**性の材料の**シール**を施す。
- □ 建物の外壁に設置する給気、排気ガラリの面**風速**は、騒音が発生しないよう許容**風速**以下とする。
  ※**ガラリ**とは、異物が侵入しないよう羽板のついている開口部をいう。
- □ ダクトの断面寸法が小さくなると、圧力損失が**増加**して送風動力が**増加**する。
- □ ダクトのはぜ（鉄板の継目）が多いほど長方形ダクトの剛性が**高く**なる。

ガラリ

② ダクトの工法

- □ ダクトの工法には、**コーナーボルト工法**と**アングルフランジ工法**がある（➡5-4参照）。
- □ コーナーボルト工法とは、フランジ押え金具で接続し、四隅を**ボルト・ナット**で締め付ける工法のことをいう。
- □ 保温を施すダクトには、補強**リブ**は不要であるが、**形鋼**による補強は必要な場合がある。
- □ 横走りダクトの許容最大吊り間隔：共板フランジ工法**<**アングルフランジ工法。
- □ **保温**を施すダクトには、補強リブは**不要**である。
- □ **共板**フランジ工法ダクトのフランジは、ダクトの端部を折り曲げて成形したものである。

※**共板フランジ工法ダクト**とは、ダクトを折り曲げて形成したフランジにより接合したダクトをいう（➡P.105）。

- □ 低圧ダクトに用いるコーナーボルト工法ダクトの**板厚**は、アングルフランジ工法ダクトと**同じでよい**。

※**アングルフランジ工法**とは、アングル鋼（形鋼）で作られたフランジ（つば）を用いてダクトを接合する工法（➡P.105）。

- □ アングルフランジ工法のダクトの**ガスケットの幅**は、フランジの幅と**同一**のものを用いる。

※**ガスケット**とは、接続部の気密性を確保するために挿入されるシール材をいう。

- □ アングルフランジ工法ダクトの長辺が大きくなるほど、**フランジ取付け間隔**を**小さく**する必要がある。
- □ スパイラルダクトの**差込み**接合には、継手、シール材、鋼製ビス、ダクト用テープを用いる。

※**スパイラルダクト**とは、亜鉛鉄板などをら旋状に甲はぜ掛けしたものである（➡P.105）。

- □ スパイラルダクトは、保温を施さない場合であっても、一般に、補強は**不要**。
- □ スパイラルダクトの差込み接合のダクト用テープは、**二**重巻きにする。

③ ダクト付属品

- □ **消音エルボ**や**消音チャンバー**の消音材には、**グラスウール**、**ロックウール**保温材を用いる。

※**グラスウール保温材、ロックウール保温材**については次節参照。

- □ **変風量ユニット（VAV）の上流**側に、**整流**になるようダクトの**直管**部分を設ける。
- □ 変風量ユニット（VAV）は制御を**点検**できるように施工する。

□ **風量測定口**は、風量調整ダンパー**下**流の気流が**整流**されたところに設ける。

□ 風量測定口は、気流が乱れる送風機の吐出し口の直後を**避ける**。

風量測定口の取付け個数 ダクト長辺	風量測定口の取付け個数
300mm以下	1
300mmを超え**700**mm以下	2
700mmを超えるもの	3

□ 送風機の接続ダクトに取り付ける風量測定口は、送風機の吐出し口の直後から**離れた直管部**に設ける。

□ 空調用の吹出口ボックスとダクトの接続部には、**フレキシブルダクト**を用いる。

※**フレキシブルダクト**とは、屈曲性を有するダクトをいう。

□ フレキシブルダクトは**つぶさ**ず、有効**断面**を確保して施工する。

□ **たわみ**継手（**キャンバス**継手）は、送風機の振動をダクトに伝えないために用いる。

※**たわみ継手**とは、送風機などの機器の振動をダクトに伝えないために用いる、たわむ性質を有する継手をいい、布製のものを**キャンバス継手**という。

□ **ユニバーサル**形吹出口は、天井の汚れを防ぐため、天井と吹出口上端との間隔を**150**mm以上離す。

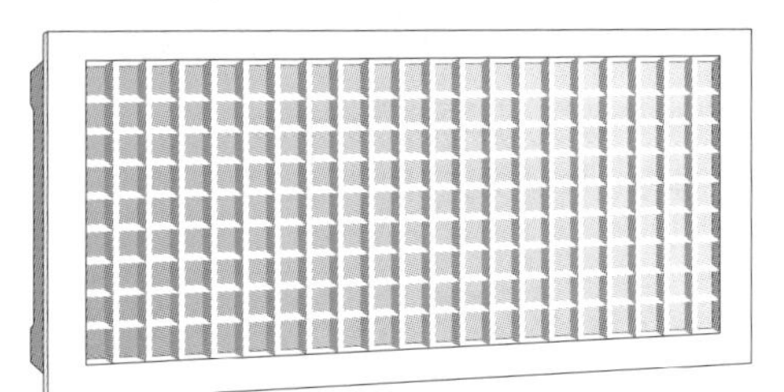

ユニバーサル形吹出口

令和5年度 前期 No.35

ダクト及びダクト附属品の施工に関する記述のうち、**適当でないもの**はどれか。

1　変風量（VAV）ユニットを天井内に設ける場合は、制御部を点検できるようにする。

2　フレキシブルダクトを使用する場合は、有効断面を損なわないよう施工する必要がある。

3　厨房の排気は、油等が含まれるため、ダクトの継目及び継手にシールを施す。

4　コーナーボルト工法は、フランジ押え金具で接合するので、ボルト・ナットを必要としない。

解答　**4**

解説　コーナーボルト工法は、四隅にボルト・ナットが**必要である。**

❹ 防火区画

- □ **防火区画**とは、火災の拡大を防ぐために建物を区画することをいう。
- □ 防火区画と防火ダンパーとの間の**被覆しないダクト**は、厚さ**1.5**mm以上の**鋼板製**とする。
- □ 防火壁を貫通する**ダクトと壁のすき間**は、**ロックウール**保温材などの不燃材で埋める。
- □ **防火ダンパー（FD）のヒューズの溶融温度**は、一般空調用**72**℃、厨房排気用**120**℃、排煙用**280**℃とする。
- □ 防火ダンパーを天井内に設ける場合は、保守点検が容易に行える天井**点検**口を設ける。
- □ 防火ダンパーは小型のものは**2**点吊り、その他のものは**4**点吊りとする。

過去問にチャレンジ！　令和４年度 後期 No.35

ダクト及びダクト附属品の施工に関する記述のうち、**適当でないもの**はどれか。

1　給排気ガラリの面風速は、騒音の発生等を考慮して決定する。

2　ダクトの断面を変形させるときの縮小部の傾斜角度は、30度以下とする。

3　送風機の接続ダクトに風量測定口を設ける場合は、送風機の吐出し口の直後に取り付ける。

4　浴室等の多湿箇所の排気ダクトは、一般的に、その継目及び継手にシールを施す。

解答　3

解説　風量測定口は、気流が乱れる送風機の吐出し口の直後を**避けて**設置する。

過去問にチャレンジ！　令和４年度 前期 No.35

ダクト及びダクト附属品の施工に関する記述のうち、**適当でないもの**はどれか。

1　低圧ダクトに用いるコーナーボルト工法ダクトの板厚は、アングルフランジ工法ダクトの板厚と同じとしてよい。

2　防火区画を貫通するダクトと当該防火区画の壁又は床との隙間には、グラスウール保温材を充てんする。

3　送風機吸込口がダクトの直角曲り部近くにあるときは、直角曲がり部にガイドベーンを設ける。

4　アングルフランジ工法ダクトの横走り主ダクトでは、ダクトの末端部にも振れ止め支持を行う。

解答　2

解説　防火区画を貫通するダクトと壁や床との隙間は、**ロックウール**保温材を充てんする。

7-4 保温・塗装

保温・塗装の分野からは、保温の施工、保温材料、塗装などが出題される。保温材料は、ロックウール保温材、グラスウール保温材、ポリスチレンフォーム保温材の各保温材の比較が、塗装は、下地処理や塗料の種類などが出題される。

① 保温の施工

- □ 保温の**厚さ**とは、保温材、外装材、補助材のうち、**保温**材のみの厚さである。
- □ 保温材相互の**間隙**はできるだけ**少なく**し、重ね部の継目は同一線上を**避ける**。
- □ 立て管の保温外装材の**テープ巻き**は、**下**部より**上**部に向かって行う。
- □ **屋外の外装金属板の継目**は、**シーリング**材により**シール**を施す。
- □ **機器・配管の保温・保冷工事**は、水圧試験の**後**に行う。
- □ **冷温水配管の支持部**には、支持材の**結露**を防止するため、断熱性のある**合成樹脂**製の支持受けを用いる。

② 保温材料

- □ **ロックウール保温材**は、**グラスウール保温材**に比べ、使用できる最高温度が**高い**。
  ※**ロックウール保温材**とは、人工鉱物繊維製の保温材をいう。**グラスウール保温材**とは、ガラス繊維製の保温材をいう。
- □ **ポリスチレンフォーム保温材**は、**グラスウール保温材**に比べ、防湿性が**よい**。
  ※**ポリスチレンフォーム保温材**とは、発泡プラスチックの一種であるポリスチレンフォーム製の保温材をいう。
- □ **ポリエチレンフィルム**は、保温材の**透湿**防止のために用いられる。

③ 塗装

- □ 塗装の主な目的は、材料面の保護としての**防錆**・**防水**・**耐薬品**並びに**耐久性を高める**こと。
- □ 鋼管のねじ接合後の**余ねじ部**には、**切削油**を拭き取ったうえで、**防錆**塗料を塗布する。
- □ **アルミニウム面**や**ステンレス面**は、一般に、塗装**しない**。

- □ ゴム製フレキシブルジョイントや**防振ゴム**などのゴム部分は塗装**しない**。
- □ 塗装は、乾燥しやすい場所で行い、溶剤による中毒を起こさないように十分な**換気**を行う。
- □ ダクトや配管の一般的な**仕上げ**には、**合成樹脂**調合ペイントを用いる。
- □ 配管用炭素鋼鋼管（白）は、**下塗り**塗料として変成エポキシ樹脂プライマーを使用する。
- □ **亜鉛めっき**が施されている鋼管に塗装を行う場合は、下地処理として**エッチングプライマー**を用いる。

  ※**エッチングプライマー**とは、塗装対象の金属を化学変化（エッチング）させて行う下地塗装（プライマー）をいう。
- □ アルミニウムペイントは、耐水性、耐候性及び耐食性がよく、**蒸気**管や**放熱**器の塗装に用いられる。
- □ 塗料の調合は、原則として**製造所**で行う。**現場**では行わない。

過去問にチャレンジ！　令和5年度 前期 No.36

保温及び塗装に関する記述のうち、**適当でないもの**はどれか。

1　露出配管の上塗り塗料は、一般的に、合成樹脂調合ペイント等を使用する。

2　シートタイプの合成樹脂製カバーの固定は、専用のピンを使用する。

3　配管用炭素鋼鋼管（白）は、下塗り塗料として変成エポキシ樹脂プライマーを使用する。

4　グラスウール保温材は、ポリスチレンフォーム保温材に比べて、防湿性が優れている。

解答　4

解説　グラスウール保温材より、**ポリスチレンフォーム保温材**のほうが**防湿性に優れている**。

7-5 試運転調整

試運転調整の分野からは、多翼送風機の試運転調整、渦巻きポンプの試運転調整、配管の試験方法、測定などが出題される。配管の試験方法は、水圧試験、煙試験、通水試験、満水試験、空気圧試験、気密試験などが出題される。

① 多翼送風機の試運転調整

- □ **多翼送風機**とは、円筒形の多数の回転翼で構成された羽根車を有する送風機をいう（➔P.93）。
- □ **風量調整ダンパー**が、全**閉**となっていることを確認してから調整を開始する。
  ※**風量調整ダンパー**とは、風量のバランスをとるために用いられるダクトの付属品のことである（➔P.106）。
- □ **Vベルト**の張り具合が、適当にたわんだ状態で運転していることを確認する。
- □ 軸受の注油状況や、**手**で回して、羽根と内部に異常がないことを確認する。
- □ 手元スイッチで**瞬時**運転し、**回転方向**が正しいことを確認する。
- □ **吐出し**側の風量調節ダンパーを徐々に**開い**て、規定風量になるように調整する。
- □ **軸受け温度**を測定する。
- □ インバータ制御の場合は、回転数を徐々に**上**げながら規定風量となるように調整する。

過去問にチャレンジ！　令和5年度 前期 No.37

多翼送風機の個別試運転調整に関する記述のうち、**適当でないもの**はどれか。

1　軸受け部の温度と周囲の空気との温度差が、基準値以内であることを確認する。

2　インバータ制御の場合は、回転数を徐々に上げながら規定風量となるように調整する。

3　Vベルトがたわみなく強く張られた状態であることを確認する。

4　送風機を手で回し、異常のないことを確認する。

解答 3

解説 Vベルトが適度にたわんだ状態であることを確認する。

② 渦巻きポンプの試運転調整

- □ **渦巻きポンプ**とは、うず室、羽根車などで構成されるポンプで、遠心力を利用して、水を加圧送水する遠心ポンプの一種をいう。

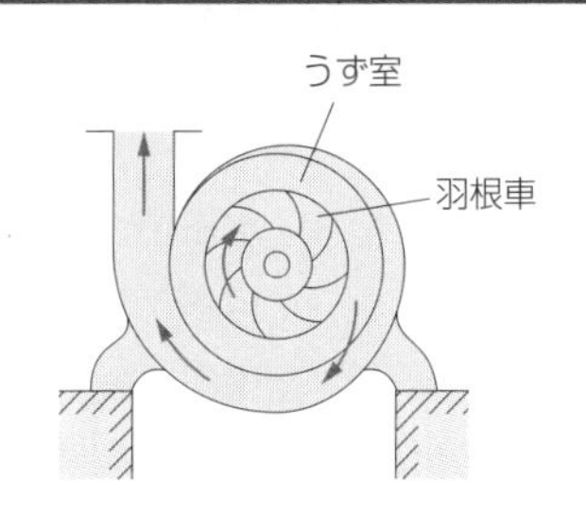

渦巻きポンプ

- □ 呼水栓等から注水してポンプ内を**満水**にすることにより、ポンプ内の**エア**抜きを行う。
- □ 定規などを用いて、**カップリング**の水平度を確認する。
- □ **瞬時**運転を行い、ポンプの**回転方向**と異常音や異常振動がないことを確認する。
- □ **吸込み**側の弁を全**開**にして、**吐出し**側の弁を**閉じ**た状態でポンプを運転する。
- □ 電流計を確認しながら徐々に**吐出し**側の弁を**開い**て水量を調整する。
- □ 軸封装置を確認する。
  - ▶ **グランドパッキン**の場合は、一定量の漏れ量があることを確認する。
  - ▶ **メカニカルシール**の場合は、漏水がないことを確認する。

※**グランドパッキン**とは、シャフト（軸）の貫通部（グランド部）からの漏水を封じるためにする詰め物（パッキン）をいう。**メカニカルシール**とは、シャフト（軸）の貫通部（グランド部）からの漏水を、機械的に封じる機構をいう。

過去問にチャレンジ！　令和3年度 前期 No.38

渦巻きポンプの試運転調整に関する記述のうち、**適当でないもの**はどれか。

1　膨張タンク等から注水して、機器及び配管系の空気抜きを行う。

2　吸込み側の弁を全閉から徐々に開いて吐水量を調整する。

3　グランドパッキン部から一定量の水滴の滴下があることを確認する。

4　軸受温度が周囲空気温度より過度に高くなっていないことを確認する。

解答 2

解説 **吸込み側**の弁を**全開**にしてポンプを運転し、**吐出し側**の弁を全閉から徐々に開いて吐水量を調整する。

③ 配管の試験方法

□ 配管とその試験方法は次のとおり。

- 給水配管：**水圧**試験
- 排水配管（自然流下方式）：煙試験、**通水**試験、**満水**試験
- 油配管：**空気圧**試験
- 冷媒配管：**気密**試験
- ガス配管：**気密**試験
- 排水ポンプ吐出し管：**水圧**試験

④ 測定

□ 残留塩素の測定：高置タンクから最も**遠い**水栓で行う。

□ 冷却塔の騒音測定：冷却塔から最も**近い**敷地境界で行う。

□ 測定対象と測定機器は次のとおり。

- **風量**：熱線風速計
- 流量（石油類）：**容積**流量計
- 騒音：**騒音**計
- **気体の濃度**：検知管
- **圧力**：マノメーター

※**マノメーター**とは、U字管により圧力差を測定する機器である。

⑤ 試運転調整に必要な主な図書等

□ **設計**図書、**施工**計画書、**施工**図等

7-6 腐食・防食

腐食・防食の分野からは、亜鉛めっき、コンクリート-土壌マクロセル腐食、異種金属の接合などが出題される。コンクリート-土壌マクロセル腐食とは、地中に埋設された鋼管が建物に貫入する場合、コンクリート壁内の鉄筋と接触して、土壌中の鋼管が腐食する現象をいう。

① 亜鉛めっき

- □ 建築物に使用される鋼材は、鉄よりも**イオン化傾向**が**大きい**亜鉛で表面を被覆することにより**腐食を防止**している。

② コンクリート-土壌マクロセル腐食

- □ 地中に埋設された外面被覆されていない鋼管が建物に貫入する場合、コンクリート壁内の鉄筋と接触すると電**位差**を生じ、**鋼管**から**地中**に腐食電流が流れ、土壌中の**鋼管**が腐食する。

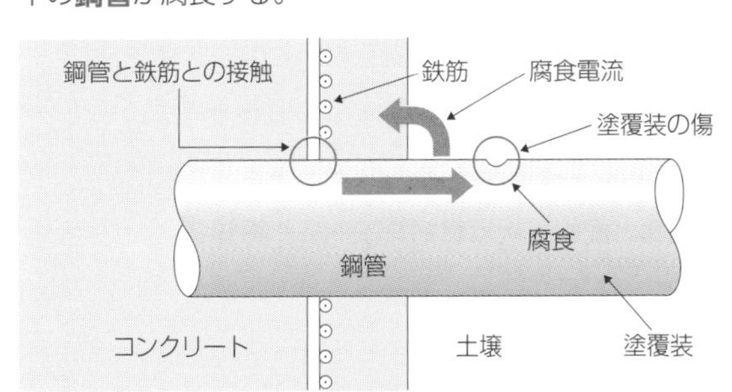

コンクリート-土壌マクロセル腐食

③ 異種金属の接合

- □ **ステンレス鋼**鋼管と鋼管、**銅**管と鋼管の異種管の接合には、**異種金属接触腐食**を防止するため、**絶縁**フランジなどの**絶縁継手**が必要である（➲P.132）。
- □ ステンレス鋼鋼管と銅管の接合には、電位差が**あまりない**ので、絶縁継手は**不要**である。
- □ 金属管ではない樹脂管との接合には、絶縁継手は**不要**である。

令和4年度 後期 No.37

異種管の接合に関する記述のうち、**適当でないもの**はどれか。

1 金属異種管の接合でイオン化傾向が大きく異なるものは、絶縁継手を介して接合する。

2 配管用炭素鋼鋼管と銅管の接合は、絶縁フランジ接合とする。

3 配管用炭素鋼鋼管とステンレス鋼管の接合は、防振継手を介して接合する。

4 配管用炭素鋼鋼管と硬質塩化ビニル管の接合は、ユニオン又はソケットを用いて接合する。

解答 **3**

解説 配管用炭素鋼鋼管とステンレス鋼管の接続は、**絶縁フランジ**等の**絶縁継手**を介して接合する。

過去問にチャレンジ！

平成29年度 No.42

接合する異種管と接合方法の組合せのうち、**適当でないもの**はどれか。

	（接合する異種管）	（接合方法）
1	配管用炭素鋼鋼管と塩化ビニル管	ユニオン接合
2	配管用ステンレス鋼鋼管と配管用炭素鋼鋼管	絶縁フランジ接合
3	銅管と配管用ステンレス鋼鋼管	ルーズフランジ接合
4	配管用炭素鋼鋼管と銅管	フレア接合

解答 **4**

解説 配管用炭素鋼鋼管と銅管の接続は、**絶縁フランジ接合**等とする。

第1部

第一次検定

第8章

法規

法規の分野からは、労働安全衛生法、労働基準法、建築基準法、建設業法、消防法、その他の関係法令から出題される。このうち、施工管理技士の由来になっている建設業法と、現場の安全管理に関係する労働安全衛生法が、学習のポイントである。

労働安全衛生法

労働安全衛生法の分野からは、事業場の安全管理体制、作業場所の安全管理体制、作業主任者の選任が必要な作業、移動式クレーンの運転と玉掛け作業の就業制限、安全衛生教育、酸素欠乏危険場所での作業などの事項が出題される。

① 労働安全衛生法とは

労働安全衛生法とは、**労働基準法**と相まって、労働災害の防止のための**危害防止基準**の確立、**責任体制の明確化**及び**自主的活動の促進の措置**を講ずる等、その防止に関する総合的計画的な対策を推進することにより、職場における労働者の**安全と健康**を確保するとともに、**快適な職場環境**の形成を促進することを目的とした法律である(➔P.310)。

② 事業場の安全管理体制

☐ 総括安全衛生管理者
事業者は、労働者の数が常時**100**人以上の建設業の事業場においては、**総括安全衛生管理者**を選任し、その者に技術的事項を管理する者の指揮をさせるとともに、統括管理させなければならない。

☐ 安全管理者
事業者は、労働者の数が常時**50**人以上の建設業の事業場においては、**安全管理者**を選任し、その者に安全にかかる技術的事項を管理させなければならない。

☐ 安全衛生推進者
労働者の数が常時**10**人以上**50**人未満の建設業の事業場においては、**安全衛生推進者**を選任しなければならない。

☐ 安全衛生推進者の職務

- 労働者の**危険**又は**健康**障害を防止するための措置に関すること
- 労働者の安全又は衛生のための**教育**の実施に関すること
- **健康**診断の実施その他**健康**の保持増進のための措置に関すること
- 労働災害の**原因**の調査及び**再発**防止対策に関すること
- 労働災害を防止するため**必要**な業務で、厚生労働省令で定めるもの

③ 特定元方事業者と関係請負人の労働者が作業する場所の安全管理体制

- [ ] 統括安全衛生責任者
  特定元方事業者は、その労働者及び関係請負人の常時**50**人以上の労働者が当該場所において作業を行うときは、**統括安全衛生責任者**を選任し、その者に**元方安全衛生管理**者の指揮をさせるとともに、統括管理させなければならない。

- [ ] 元方安全衛生管理者
  統括安全衛生責任者を選任した事業者で、政令で定めるものは、**元方安全衛生管理者**を選任し、その者に技術的事項を管理させなければならない。

- [ ] 安全衛生責任者
  統括安全衛生責任者を選任すべき事業者**以外**の**請負**人で、当該仕事を自ら行うものは、安全衛生責任者を選任し、その者に統括安全衛生責任者との連絡その他の厚生労働省令で定める事項を行わせなければならない。

④ 作業主任者の選任が必要な主な作業

- [ ] 作業主任者の選任が必要な主な作業は、次のとおりである。
  - **高圧**室内作業
  - **アセチレン**溶接装置又は**ガス**集合溶接装置を用いて行う金属の溶接、溶断又は加熱の作業
  - **ボイラー**（小型**ボイラー**を除く。）の取扱いの作業
  - 第一種**圧力容器**（小型**圧力容器**等を除く）の取扱いの作業
  - コンクリート**破砕**器を用いて行う**破砕**の作業
  - 掘削面の高さが**2**メートル以上となる地山の掘削
  - 土止め**支保**工の切りばり又は腹おこしの取付け又は取りはずしの作業
  - 型わく**支保**工の組立て又は解体の作業
  - つり足場、張出し足場又は高さが**5**メートル以上の構造の足場の組立て解体又は変更の作業
  - 高さが**5**メートル以上の建築物の骨組み又は塔で、金属製の部材で構成されるものの組立て、解体又は変更の作業
  - 軒の高さが**5**メートル以上の木造建築物の構造部材の組立て又はこれに伴う屋根下地若しくは外壁下地の取付けの作業
  - 高さが**5**メートル以上のコンクリート造の工作物の解体又は破壊の作業
  - **酸素欠乏**危険場所における作業
  - **石綿**等を取り扱う作業又は**石綿**等を試験研究のため製造する作業

令和3年度 後期 No.39

建設工事現場における作業のうち、「労働安全衛生法」上、作業主任者を選任すべき作業に**該当しないもの**はどれか。

1　既設汚水ピット内での配管の作業

2　型枠支保工の組立ての作業

3　つり上げ荷重が1トン未満の移動式クレーンの玉掛けの作業

4　第一種圧力容器（小型圧力容器等を除く。）の取扱いの作業

解答　**3**

解説　1. **酸素欠乏危険場所**における作業に該当し、作業主任者を選任すべき作業に該当する。

3. つり上げ荷重1トン未満の移動式クレーンの玉掛けの作業は、**特別の教育**は必要であるが、**作業主任者**を選任すべき作業に**該当しない。**

⑤ 移動式クレーンの運転と玉掛け作業の就業制限

☐ 移動式クレーンの運転と玉掛け作業には、つり上げ荷重に応じて就業に制限がある（➔P.122）。

☐ 移動式クレーンの運転

つり上げ荷重	免許	技能講習	特別の教育
1トン未満	○	○	○
1トン以上5トン未満	○	○	×
5トン以上	○	×	×

○：就業可、×：就業不可

☐ 玉掛け作業

つり上げ荷重	技能講習	特別の教育
1トン未満	○	○
1トン以上	○	×

☐ つり上げ荷重**0.5**トン未満の移動式クレーンには、クレーン等安全規則は適用されない。

⑥ 安全衛生教育

- □ 事業者は、労働者を**雇い入れた**ときは、**安全又は衛生のための教育**を行わなければならない。
- □ 労働者の作業内容を**変更**したときについても、**安全又は衛生のための教育**を行わなければならない。
- □ 事業者は、**危険**又は有害な業務に労働者をつかせるときは、**安全又は衛生のための特別の教育**を行わなければならない。

⑦ 酸素欠乏危険作業

- □ 事業者は、**酸素欠乏危険場所**について、作業を開始する前に空気中の**酸素**（第二種酸素欠乏危険作業は**酸素**及び**硫化水素**）の濃度を測定しなければならない。
- □ 測定を行ったときは、そのつど、記録し、**3**年間保存しなければならない。

過去問にチャレンジ！　令和3年度 前期 No.39

建設業における安全衛生管理に関する記述のうち、「労働安全衛生法」上、**誤っているもの**はどれか。

1. 事業者は、常時5人以上60人未満の労働者を使用する事業場ごとに、安全衛生推進者を選任しなければならない。
2. 事業者は、労働者を雇い入れたときは、当該労働者に対し、その従事する業務に関する安全又は衛生のための教育を行わなければならない。
3. 事業者は、移動はしごを使用する場合、はしごの幅は30cm以上のものでなければ使用してはならない。
4. 事業者は、移動はしごを使用する場合、すべり止め装置の取付けその他転位を防止するために必要な措置を講じたものでなければ使用してはならない。

解答　1

解説　事業者は、**常時10人以上50人未満**の労働者を使用する事業場ごとに、安全衛生推進者を選任しなければならない。

労働基準法

労働基準法の分野からは、労働時間、休憩、割増賃金、有給休暇、年少者・未成年者、労働者名簿、賃金台帳、賃金、労働契約の締結に際し明示しなければならない労働条件、災害補償などの事項が出題される。

① 労働基準法とは

労働基準法とは、日本国憲法に基づいて、1947年に制定された統一的な労働者のための保護法で、労働時間、休憩、休日など**最低限守られるべき労働条件**を規定する法律である。

② 労働時間

- □ 使用者は、労働者に、休憩時間を除き**1**週間について**40**時間を超えて、労働させてはならない。
- □ 使用者は、**1**週間の各日については、労働者に、休憩時間を除き**1**日について**8**時間を超えて、労働させてはならない。

③ 休憩

- □ 使用者は、労働時間が**6**時間を超える場合においては少なくとも**45**分、**8**時間を超える場合においては少なくとも**1**時間の休憩時間を労働時間の途中に与えなければならない。

④ 休日

- □ 使用者は、労働者に対して、毎週少なくとも**1**回の休日を与えなければならない。
- □ 前項の規定は、**4**週間を通じ**4**日以上の休日を与える使用者については適用しない。

過去問にチャレンジ！ 令和元年度 前期 No.44

労働条件における休憩に関する記述のうち、「労働基準法」上、**誤っているもの**はどれか。

ただし、労働組合等との協定による別の定めがある場合を除く。

1 使用者は、休憩時間を自由に利用させなければならない。

2 使用者は、労働時間が6時間を超える場合においては少なくとも30分の休憩時間を労働時間の途中に与えなければならない。

3 使用者は、労働時間が8時間を超える場合においては少なくとも1時間の休憩時間を労働時間の途中に与えなければならない。

4 使用者は、休憩時間を一斉に与えなければならない。

解答 2

解説 使用者は、労働時間が6時間を超える場合においては少なくとも**45分**の休憩時間を労働時間の途中に与えなければならない。

⑤ 時間外、休日及び深夜の割増賃金

☐ 使用者は労働時間を延長し、又は休日に労働させた場合においては、その時間又はその日の労働については、通常の労働時間又は労働日の賃金の計算額の**2**割**5**分以上**5**割以下の範囲内でそれぞれ政令で定める率以上の率で計算した**割増賃金**を支払わなければならない。

⑥ 年次有給休暇

☐ 使用者は、その雇入れの日から起算して**6**箇月間継続勤務し全労働日の**8**割以上出勤した労働者に対して、継続し、又は分割した**10**労働日の**有給休暇**を与えなければならない。

令和5年度 前期 No.40

労働時間に関する記述のうち、「労働基準法」上、**誤っているもの**はどれか。

ただし、労働組合等との協定等による別の定めがある場合を除く。

1　使用者は、その雇入れの日から起算して6箇月間継続勤務し全労働日の8割以上出勤した労働者に対して、10労働日の有給休暇を与えなければならない。

2　使用者は、労働者に、休憩時間を除き1週間について38時間を超えて、労働させてはならない。

3　使用者は、労働者に対して、毎週少なくとも1回の休日、又は4週間を通じ4日以上の休日を与えなければならない。

4　使用者は、労働時間が8時間を超える場合においては少なくとも1時間の休憩時間を労働時間の途中に与えなければならない。

解答　2

解説　使用者は、労働者に、休憩時間を除き1週間について**40時間**を超えて、労働させてはならない。

⑦ 年少者・未成年者

- □ 使用者は、満18歳に満たない者について、その年齢を証明する**戸籍**証明書を事業場に備え付けなければならない。
- □ 親権者又は後見人は、未成年者に代わって労働契約を締結**してはならない**。
- □ 未成年者は、独立して賃金を請求することができる。親権者又は後見人は、未成年者の賃金を代わって受け取って**はならない**。
- □ 使用者は、満18歳に満たない者に、運転中の機械若しくは動力伝導装置の危険な部分の掃除、注油、検査若しくは修繕をさせ、運転中の機械若しくは動力伝導装置にベルト若しくはロープの取付け若しくは取りはずしをさせ、動力による**クレーン**の運転をさせ、その他厚生労働省令で定める**危険**な業務に就かせ、又は厚生労働省令で定める**重量**物を取り扱う業務に就かせ**てはならない**。
（2人以上の者によって行うクレーンの玉掛けの業務における**補助**作業、足場の組立、解体又は変更の地上又は床上における**補助**作業等には就かせることができる）

⑧ 労働者名簿

□ 使用者は、事業場ごとに労働者名簿を、各労働者（**日々雇い入れられる**者を除く。）について調製し、労働者の氏名、生年月日、**履歴**その他厚生労働省令で定める事項を記入しなければならない。

⑨ 賃金台帳

□ 使用者は、**事業場**ごとに賃金台帳を調製し、賃金計算の基礎となる事項及び賃金の額その他厚生労働省令で定める事項を、賃金支払の都度、遅滞なく記入しなければならない。

⑩ 賃金

□ 賃金、給料、手当、**賞与**その他名称の如何を問わず、労働の対償として使用者が労働者に支払うすべてのものをいう。

□ 賃金は、**通貨**で、直接労働者に、その全額を支払わなければならない。

□ 賃金は、**毎月**1回以上、一定の期日を定めて支払わなければならない。

□ 使用者は、労働者が出産、**疾病**、災害その他厚生労働省令で定める非常の場合の費用に充てるために請求する場合においては、支払期日前であっても、既往の労働に対する賃金を支払わなければならない。

⑪ 労働契約の締結に際し明示しなければならない労働条件

□ 労働契約の締結に際し明示しなければならない主な労働条件は下記の通りである。

- 労働契約の**期間**に関する事項
- 期間の定めのある労働契約を**更新**する場合の基準に関する事項
- 就業の**場所**及び従事すべき**業務**に関する事項
- 始業及び終業の**時刻**、所定労働時間を**超える**労働の有無、休憩時間、休日、休暇並びに労働者を二組以上に分けて就業させる場合における就業時転換に関する事項
- **賃金**の決定、計算及び支払の方法、**賃金**の締切り及び支払の時期並びに昇給に関する事項
- **退職**に関する事項（解雇の事由を含む）

⑫ 災害補償

- □ 労働者が業務上負傷し、又は疾病にかかった場合においては、使用者は、その費用で必要な**療養**を行い、又は必要な**療養**の費用を負担しなければならない。
- □ 労働者が前条の規定による療養のため、労働することができないために賃金を受けない場合においては、使用者は、労働者の療養中平均賃金の100分の**60**の**休業**補償を行わなければならない。
- □ 労働者が業務上負傷し、又は疾病にかかり、治った場合において、その身体に**障害**が存するときは、使用者は、その障害の程度に応じて、金銭的**障害**補償を行わなければならない。
- □ 労働者が重大な過失によって業務上負傷し、又は疾病にかかり、かつ使用者がその過失について行政官庁の認定を受けた場合においては、休業補償又は障害補償を行わな**くてもよい**。

過去問にチャレンジ！　令和4年度 後期 No.40

災害補償に関する記述のうち、「労働基準法」上、**誤っているもの**はどれか。

1　労働者が業務上負傷し、又は疾病にかかった場合においては、使用者は、その費用で必要な療養を行い、又は必要な療養の費用を負担しなければならない。

2　労働者が業務上負傷し、労働することができないために賃金を受けない場合においては、使用者は、平均賃金の60／100の休業補償を行わなければならない。

3　労働者が業務上負傷し、又は疾病にかかり、治った場合において、その身体に障害が存するときは、使用者は、その障害の程度に応じて、金銭的障害補償を行わなければならない。

4　労働者が重大な過失によって業務上負傷したときに、使用者がその過失について行政官庁の認定を受けた場合においても、休業補償又は障害補償を行わなければならない。

解答　4

解説　労働者が重大な過失によって業務上負傷し、又は疾病にかかり、かつ使用者がその過失について行政官庁の認定を受けた場合においては、休業補償又は障害補償を**行わなくてもよい**。

8-3 建築基準法

建築基準法の分野からは、特殊建築物、建築設備、居室、主要構造部、不燃材料、大規模な修繕、大規模な模様替などの用語の定義や、配管設備や空気調和設備に関する事項が出題される。

① 建築基準法の目的

□ 建築基準法とは、下記のとおり、国民の生命や財産を守り公共の福祉に資するために、建築物の構造、設備、用途の最低基準を定めた法律である。

□ 建築物の敷地、構造、**設備**及び用途に関する**最低**の基準を定めて、国民の生命、健康及び財産の保護を図り、もって公共の福祉の増進に資することを目的とする。

② 用語

□ 建築物：土地に定着する工作物のうち、屋根及び柱若しくは壁を有するものをいい、建築設備を含**むものとする**。

□ 特殊建築物
学校、体育館、病院、劇場、観覧場、集会場、展示場、百貨店、市場、ダンスホール、遊技場、公衆浴場、旅館、**共同**住宅、寄宿舎、下宿、**工場**、倉庫、自動車車庫、危険物の貯蔵場、と畜場、火葬場、汚物処理場その他これらに類する用途に供する建築物

□ 建築設備
建築物に設ける電気、ガス、給水、排水、換気、暖房、冷房、消火、排煙若しくは**汚物**処理の設備又は**煙突**、昇降機若しくは**避雷針**

□ 居室
居住、執務、作業、集会、娯楽その他これらに類する目的のために**継続**的に使用する室

□ 主要構造部
壁、柱、床、はり、**屋根**又は階段
ただし建築物の構造上重要でない間仕切壁、間柱、附け柱、揚げ床、**最下**階の**床**、回り舞台の床、小ばり、ひさし、局部的な小階段、**屋外**階段その他これらに類する建築物の部分を除く

- [ ] 構造耐力上主要な部分
基礎、**基礎**ぐい、壁、柱、小屋組、土台、斜材（筋かい、方づえ、火打材その他これらに類するもの）、床版、屋根版又は横架材（はり、けたその他これらに類するもの）で、建築物の自重若しくは積載荷重、積雪荷重、風圧、土圧若しくは水圧又は地震その他の震動若しくは衝撃を支えるもの
- [ ] 不燃材料
コンクリート、れんが、瓦、陶磁器質タイル、繊維強化セメント板、厚さが3mm以上のガラス繊維混入セメント板、厚さが5mm以上の繊維混入ケイ酸カルシウム板、鉄鋼、アルミニウム、金属板、**ガラス**、**モルタル**、しっくい、厚さが10mm以上の壁土、石、厚さが12mm以上の石こうボード（ボード用原紙の厚さが0.6mm以下のものに限る。）、ロックウール、グラスウール板
- [ ] 大規模の修繕
建築物の**主要構造**部の一種以上について行う過半の修繕をいう。
- [ ] 大規模の模様替
建築物の**主要構造**部の一種以上について行う過半の模様替をいう。
- [ ] **階数**：建築物の屋上部分又は地階の倉庫、機械室その他これらに類する建築物の部分で、水平投影面積の合計が建築面積の**8**分の1以下のものは階数に算入しない。

過去問にチャレンジ！　令和5年度 前期 No.41

建築物の用語に関する記述のうち、「建築基準法」上、**誤っているもの**はどれか。

1　工場は、特殊建築物である。

2　屋根は、主要構造物である。

3　建築物に設ける昇降機は、建築設備である。

4　階段は、構造耐力上主要な部分である。

解答　4

解説　階段は**主要構造部**には該当するが、構造耐力上主要な部分には該当しない。

③ 配管設備

- [ ] 給水管及び排水管は、**エレベーター**の**昇降路**内に設けてはならない。
- [ ] 排水のための配管設備で、汚水に接する部分は**不浸透**質の**耐水**材料で造らなければならない。

- □ 排水再利用配管設備は、塩素消毒しても、洗面器、**手洗**器等、誤飲・誤用のおそれのある器具に連結してはならない。
- □ 排水管は、給水ポンプ、空気調和機その他これらに類する機器の排水管に**直接連結**してはならない。
- □ 排水トラップの深さは、**5**cm以上**10**cm以下（阻集器を兼ねる排水トラップについては5cm以上）としなければならない。
- □ 建築物に設ける阻集器は、汚水から油脂、ガソリン、土砂等を有効に**分離**することができる構造としなければならない。
- □ 排水のための配管設備の末端は、公共下水道、都市下水路その他の排水施設に排水上有効に**連結**しなければならない。
- □ 排水再利用配管設備の水栓には、排水再利用水であることを示す**表示**をしなければならない。
- □ 雨水排水立て管は、汚水排水管若しくは通気管と**兼用**し、又はこれらの管に**連結**してはならない。
- □ 地階を除く階数が3以上である建築物、地階に居室を有する建築物又は延べ面積が3,000㎡を超える建築物に設ける**風道**は、防火上支障がない場合を除き、**不燃**材料で造らなければならない。
- □ 給水管、配電管その他の管の貫通する部分及び当該貫通する部分からそれぞれ両側に**1**m以内の距離にある部分は**不燃**材料で造ること。

過去問にチャレンジ！

令和5年度 前期 No.42

建築設備に関する記述のうち、「建築基準法」上、**誤っているもの**はどれか。

1 排水槽の通気管は、通気立て管又は伸頂通気管に接続しなければならない。

2 給水管、配電管その他の管が、防火区画を貫通する場合、貫通する部分及び当該貫通する部分からそれぞれ両側に1m以内の距離にある部分を不燃材料で造らなければならない。

3 排水再利用配管設備の水栓には、排水再利用水であることを示す表示をしなければならない。

4 排水トラップは、二重トラップとならないように設けなければならない。

解答 **1**

解説 排水槽の通気管は、通気立て管や伸頂通気管に接続せず、**単独で直接大気に開放**する必要がある。

④ 中央管理方式の空気調和設備

- □ 建築物に設ける中央管理方式の空気調和設備は、次に掲げる空気を供給することができる性能を有するものとしなければならない。
  - ▶ **浮遊粉じん**の量：空気1㎥につき0.15mg以下
  - ▶ **一酸化炭素**の含有率：100万分の6以下
  - ▶ **炭酸ガス**の含有率：100万分の1000以下
  - ▶ **温度**：18℃以上28℃以下
  - ▶ **相対湿度**：40%以上70%以下
  - ▶ **気流**：1秒間につき0.5m以下

⑤ 有害物質の飛散又は発散に対する衛生上の措置

- □ 建築物は、**石綿**その他の物質の建築材料からの飛散又は発散による衛生上の支障がないよう、政令で定める技術的基準に適合するものとしなければならない。
- □ 居室を有する建築物にあっては、**石綿**等以外の物質で、その居室内において衛生上の支障を生ずるおそれがある物質として、**ホルムアルデヒド**及び**クロルピリホス**が定められており、建築材料及び換気設備について、政令で定める技術的基準に適合するものとしなければならない（**ホルムアルデヒド**は有機溶剤、**クロルピリホス**はシロアリ駆除剤等に使用されている）。

過去問にチャレンジ！ 令和4年度 後期 No.42

建築物に設ける中央管理方式の空気調和設備によって、居室の空気が適合しなければならない基準として、「建築基準法」上、**誤っているもの**はどれか。

1　浮遊粉じんの量は、おおむね空気1㎥につき0.15mg以下とする。

2　一酸化炭素の含有率は、おおむね100万分の100以下とする。

3　炭酸ガスの含有率は、おおむね100万分の1,000以下とする。

4　相対湿度は、おおむね40%以上70%以下とする。

解答　**2**

解説　一酸化炭素の含有率の基準は「**100万分の6以下**であること」と規定されている。

8-4 建設業法

建設業法の分野からは、発注者、元請負人、下請負人などの用語の定義、一般建設業と特定建設業の許可、主任技術者・監理技術者、請負契約、工事現場に掲げる標識などの事項が出題される。

① 目的

- □ 建設業法とは、下記のとおり、発注者を保護するために、建設業者の資質の向上、建設工事の請負契約と施工の適正化を図ることを目的とした法律である。
- □ この法律は、建設業を営む者の**資質の向上**、建設工事の請負契約の適正化等を図ることによって、建設工事の適正な施工を確保し、**発注者**を保護するとともに、建設業の健全な発達を促進し、もつて公共の福祉の増進に寄与することを目的とする。

② 用語の定義

- □ **建設業**：元請、下請その他いかなる名義をもってするかを問わず、建設工事の**完成**を請け負う営業のこと。
- □ **建設業者**：**許可**を受けて建設業を営む者をいう。
- □ **下請契約**：建設工事を他の者から請け負った**建設業を営む**者と他の**建設業を営む**者との間で当該建設工事の全部又は一部について締結される請負契約のこと。
- □ **発注者**：建設工事（他の者から**請け負った**ものを除く）の**注文**者。
- □ **元請負人**：**下請**契約における**注文**者で建設業者であるもの。
- □ **下請負人**：**下請**契約における**請負**人。

③ 建設業の許可

- □ 建設業の許可が不要な軽微な工事
  工事1件の請負代金の額が**500**万円未満（建築一式工事は**1,500**万円未満又は延べ面積が150㎡未満の木造住宅）
- □ 国土交通大臣の許可
  2以上の都道府県の区域内に**営業所**を設けて営業をしようとする場合

☐ **都道府県知事の許可**

1の都道府県の区域内にのみ**営業所**を設けて営業をしようとする場合

☐ **一般建設業の許可**

工事1件の請負代金の額が**500**万円以上（建築一式工事は**1,500**万円以上又は延べ面積が150㎡未満の木造住宅）の工事を施工しようとする場合（ただし、次の「特定建設業の許可」に該当する場合を除く）

☐ **特定建設業の許可**

発注者から**直接**請け負う1件の建設工事につき、**4,500**万円以上（建築工事業の場合は**7,000**万円以上）となる**下請**契約を締結して施工しようとする場合

☐ **許可の有効期間**

5年ごとに**更新**を受けなければ、その効力を失う。

☐ **付帯工事**

建設業者は、許可を受けた建設業に係る建設工事を請け負う場合においては、当該建設工事に**付帯**する他の建設業に係る建設工事を請け負うこと**ができる**。

過去問にチャレンジ！ 令和5年度 前期 No.43

建設業の許可に関する記述のうち、「建設業法」上、**誤っているもの**はどれか。

1 「国土交通大臣の許可」と「都道府県知事の許可」では、どちらも工事可能な区域に制限はない。

2 「国土交通大臣の許可」と「都道府県知事の許可」では、どちらも営業所の設置可能な区域に制限はない。

3 「国土交通大臣の許可」と「都道府県知事の許可」では、どちらも受注可能な請負金額は変わらない。

4 「国土交通大臣の許可」と「都道府県知事の許可」では、どちらも許可の有効期間は5年間で変わらない。

解答 **2**

解説 都道県知事の許可では、**1つの都道府県のみにしか営業所を設置できない**。

④ 主任技術者・監理技術者

☐ **主任技術者**

建設業者は、その**請け負った**建設工事を施工するときは、請負金額等に係らず、

主任技術者を置かなければならない。

☐ **監理技術者**

発注者から**直接**請け負う1件の建設工事につき、**4,500**万円以上（建築工事業の場合は**7,000**万円以上）となる**下請**契約を締結して施工しようとする場合は、**監理**技術者を置かなければならない。

☐ **専任の主任技術者・監理技術者**

公共性のある施設若しくは工作物又は**多数**の者が利用する施設若しくは工作物に関する**重要**な建設工事で、工事一件の**請負**金額が**4,000**万円（建築一式工事の場合は**8,000**万円）以上のものについては、主任技術者又は監理技術者は、工事**現場**ごとに、**専任**の者でなければならない。すなわち、兼任（かけもち）してはならない。

☐ **主任技術者の要件**

- 国土交通省令で定める**指定**学科を卒業し、
  高等学校、専門学校専門課程卒業後 実務経験を**5**年以上有する者
  大学、高等専門学校、専門学校「高度専門士」及び「専門士」卒業後、実務経験を**3**年以上有する者
- 建設工事に関し**10**年以上の実務経験を有する者
- 国土交通大臣が、知識及び技術又は技能を有する者と認定した者（**1**、**2**級施工管理技術検定合格者等）
- **建築設備**士、給水装置工事主任技術者：資格取得後、**1**年以上の実務経験を有する者

☐ 主任技術者・監理技術者の職務：**施工**計画の作成、**工程**管理、**品質**管理その他の技術上の管理、従事する者の技術上の**指導**監督

過去問にチャレンジ！ 令和5年度 前期 No.44

管工事業に関する記述のうち、「建設業法」上、**誤っているもの**はどれか。

1　管工事業の許可を受けた者は、工事1件の請負代金の額が500万円未満の工事を施工する場合でも、主任技術者を置く必要がある。

2　管工事を下請負人としてのみ施工する者は、請負代金の額に関わらず管工事業の認可を受けなくてもよい。

3　2級管工事施工管理技士は、管工事業に係る一般建設業の許可を受ける際、営業所ごとに専任で置く技術者の要件を満たしている。

4　管工事業の許可を受けた者が管工事を請け負う場合、当該工事に附帯する電気工事を請け負うことができる。

解答　2

解説　管工事を下請負人としてのみ施工する者であっても、**工事1件の請負代金の額が500万円以上**の工事を施工する場合には、管工事業の**許可を受けなければならない。**

⑤ 請負契約

☐ 建設工事の請負契約の内容

建設工事の請負契約の当事者は、契約の締結に際して定める事項を**書面**に記載し、署名又は記名押印をして**相互**に**交付**しなければならない。

☐ 現場代理人の選任・通知

請負人は、請負契約の履行に関し工事現場に現場代理人を置く場合においては、当該現場代理人の**権限**に関する事項及び当該現場代理人の行為についての**注文者**の**請負人**に対する**意見**の申出の方法を、**書面**により**注文者**に通知しなければならない。

☐ 監督員の選任・通知

注文者は、請負契約の履行に関し工事現場に監督員を置く場合においては、当該監督員の**権限**に関する事項及び当該監督員の行為についての**請負人**の**注文者**に対する**意見**の申出の方法を、**書面**により**請負人**に通知しなければならない。

☐ 不当に低い請負代金の禁止

注文者は、自己の取引上の地位を不当に利用して、その注文した建設工事を施工するために通常必要と認められる**原価**に満たない金額を請負代金の額とする請負契約を締結してはならない。

☐ 不当な使用資材等の購入強制の禁止

注文者は、請負契約の締結後、自己の取引上の地位を不当に利用して、その注文した建設工事に使用する資材若しくは機械器具又はこれらの購入先を指定し、これらを**請負人**に購入させて、その**利益**を害してはならない。

☐ 一括下請負の禁止

- 建設業者は、その請け負った建設工事を、いかなる方法をもつてするかを問わず、**一括**して**他人**に請け負わせて**はならない。**
- 建設業を営む者は、建設業者から当該建設業者の請け負った建設工事を**一括**して請け負って**はならない。**
- 建設工事が多数の者が利用する施設又は工作物に関する重要な建設工事で政令で定めるもの**以外**の建設工事である場合において、当該建設工事の元請負人があらかじめ**発注**者の**書面**による承諾を得たときは、これらの規定は、適用しない。

一括して請け負わせることは原則禁止されているが、発注者の書面による承諾を得たときは認められている。ただし、**共同住宅**等、政令で定めるものについては、一括して請け負わせることは**全面禁止**されている

☐ 下請負人の変更請求
注文者は、**請負人**に対して、建設工事の施工につき著しく不適当と認められる**下請負人**があるときは、その変更を請求することができる。ただし、あらかじめ注文者の**書面**による承諾を得て選定した下請負人については、この限りでない。

☐ 見積書の交付：建設業者は、請求があったときは、請負契約が成立する**までの間**に、見積書を交付しなければならない。

☐ 見積期間
工事一件の予定価格が500万円に満たない工事：**1**日以上
工事一件の予定価格が500万円以上5,000万円に満たない工事：**10**日以上
工事一件の予定価格が5,000万円以上の工事：**15**日以上

⑥ 工事現場に掲げる標識の記載項目

☐ 工事現場に掲げる標識には下記の項目を記載する。

- **一般建設業**又は**特定建設業**の別
- 許可**年月日**、許可**番号**及び許可を受けた**建設業**
- **商号**又は**名称**
- **代表者**の氏名
- **主任技術者**又は**監理技術者**の氏名

⑦ 元請負人の義務

☐ 定めるべき事項を定めようとするときは、あらかじめ、**下請負人**の意見を聞かなければならない。

☐ 下請代金の支払い：支払を受けた日から**1**月以内で、かつ、できる限り短い期間内に支払わなければならない。

☐ 検査：完成の通知を受けた日から**20**日以内で、かつ、できる限り短い期間内に検査を完了しなければならない。

☐ 引き渡し：完成を確認した後、下請負人が申し出たときは、**直ち**に、引渡しを受けなければならない。

令和3年度 後期 No.44

建設工事における請負契約に関する記述のうち、「建設業法」上、**誤っているもの**はどれか。

1　建設工事の注文者は、工事1件の予定価格が500万円に満たない場合、当該契約の締結又は入札までに、建設業者が当該建設工事の見積りに必要な期間を1日以上設けなければならない。

2　建設工事の請負契約の当事者は、契約の締結に際して、工事内容、請負代金の額、工事着手の時期及び工事完成の時期等を書面に記載し、相互に交付しなければならない。

3　元請負人は、下請負人からその請け負った建設工事が完成した旨の通知を受けたときは、当該通知を受けた日から10日以内に、その完成を確認するための検査を完了しなければならない。

4　元請負人は、請負代金の工事完成後の支払を受けたときは、下請負人に対して、当該下請負人が施工した部分に相応する下請代金を、当該支払を受けた日から1月以内に支払わなければならない。

解答　**3**

解説　完成の通知を受けた日から**20**日以内で、かつ、できる限り短い期間内に検査を完了しなければならない。

8-5 消防法

消防法の分野からは、燃料の危険物の区分と指定数量、屋内消火栓設備、連結送水管・連結散水設備の非常電源、消火設備、消火活動上必要な施設、届出書類と届出者などの事項が出題される。

❶ 主な燃料の危険物の区分と指定数量

□ 主な燃料の危険物の区分と指定数量は下記のとおり。

燃料	危険物の区分	指定数量
ガソリン	第1石油類	200L
軽油	第2石油類	1,000L
灯油	第2石油類	1,000L
重油	第3石油類	2,000L

※**ガソリン**とは、原油から精製される石油製品の一種で、自動車・飛行機などの内燃機関の燃料などに使用される。**軽油**とは、原油から精製される石油製品の一種で、ディーゼルエンジンの燃料などに使用される。**灯油**とは、原油から精製される石油製品の一種で、ボイラーの燃料などに使用される。**重油**とは、原油から精製される石油製品の一種で、ボイラーの燃料などに使用される。

※危険物のうち、液体燃料などとして使用される引火性液体は、消防法で、**特殊引火物**、**第1石油類**（引火点21℃未満）、**アルコール類**、**第2石油類**（引火点21℃以上70℃未満）、**第3石油類**（引火点70℃以上200℃未満）、第4石油類（引火点200℃以上）、**動植物油類**に区分されている。

※**指定数量**とは、消防法で定められた、危険物の取扱いに関する基準量をいう。

□ 複数の危険物を取り扱う場合の指定数量の算定

複数の危険物を取り扱う場合の指定数量＝

$$\frac{\text{危険物 A の数量}}{\text{危険物 A の指定数量}} + \frac{\text{危険物 B の数量}}{\text{危険物 B の指定数量}} + \frac{\text{危険物 C の数量}}{\text{危険物 C の指定数量}}$$

令和3年度 後期 No.45

同一の場所で複数の危険物を取り扱う場合において、指定数量未満となる組合せとして、「消防法」上、**誤っているもの**はどれか。

1　灯油 100L、重油 200L

2　ガソリン 100L、灯油 200L

3　軽油 500L、重油 1,000L

4　灯油 200L、軽油 500L

解答　**3**

解説　3の指定数量は次式で算定され、1未満とならない。

$$混合湯の温度 = \frac{500}{1,000} + \frac{1,000}{2,000} = 0.5+0.5 = 1.0$$

❷ 屋内消火栓設備

□ 屋内消火栓は、放水圧力、放水量及び操作性によって、1号消火栓と2号消火栓に分類される（➔P.83）。

□ 1号消火栓

- 屋内消火栓は、防火対象物の階ごとに、その階の各部分から1のホース接続口までの水平距離が**25**m以下となるように設けること。
- ポンプの吐出量は、屋内消火栓の設置個数が最も多い階における当該設置個数（設置個数が**2**を超えるときは、**2**とする。）に**150**L/minを乗じて得た量以上の量とすること。

□ 2号消火栓

- 屋内消火栓は、防火対象物の階ごとに、その階の各部分から1のホース接続口までの水平距離が**15**m以下となるように設けること。
- ポンプの吐出量は、屋内消火栓の設置個数が最も多い階における当該設置個数（設置個数が**2**を超えるときは、**2**とする。）に**70**L/minを乗じて得た量以上の量とすること。

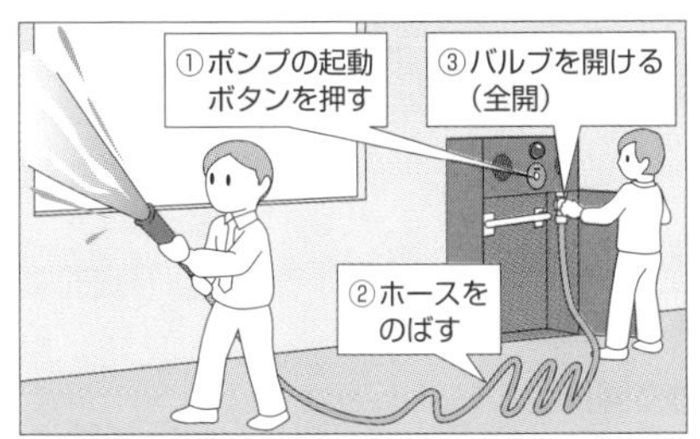

1号消火栓（2人操作）

2号消火栓（1人操作）

□ 屋内消火栓設備の設置基準は、防火対象物の**用途**と**述べ面積**等で規定されている。

③ 連結送水管・連結散水設備の非常電源

□ 連結**送水管**
地階を除く階数が11以上の建築物に設置する連結**送水管**については、非常電源を付置した加圧送水装置を設けること。

□ 連結**散水設備**
消防法上、非常電源を付置することが定められていない。

④ 消火設備

□ **消火**器及び簡易**消火**用具
□ **屋内消火栓**設備、**スプリンクラー**設備
□ **水噴霧**消火設備、**泡**消火設備
□ **不活性ガス**消火設備、**ハロゲン化物**消火設備
□ **粉末**消火設備、**屋外消火栓**設備
□ 動力消防**ポンプ**設備

⑤ 消火活動上必要な施設

□ **排煙**設備
□ **連結散水**設備、**連結送水**管
□ 非常**コンセント**設備、**無線**通信補助設備

⑥ 届出書類と届出者

- ☐ 消防計画作成届出書：**防火管理者**
- ☐ 工事整備対象設備等着工届出書：**甲種消防設備士**
- ☐ 危険物製造所・貯蔵所・取扱所設置許可申請書：**設置者**
- ☐ 消防用設備等設置届出書：**防火対象物の関係者**

過去問にチャレンジ！　令和４年度 後期 No.45

消防の用に供する設備のうち、「消防法」上、消火設備に**該当しないもの**はどれか。

1　消火器
2　屋内消火栓設備
3　防火水槽
4　スプリンクラー設備

解答　**3**

解説　防火水槽は消火設備に該当しない。**消防用水**に該当する。

過去問にチャレンジ！　令和４年度 前期 No.45

「消防法」に基づく届出書等とその届出者の組合せのうち、「消防法」上、**誤っているもの**はどれか。

	（届出書等）	（届出者）
1	消防計画作成届出書	施工者
2	工事整備対象設備等着工届出書	消防設備士
3	危険物製造所・貯蔵所・取扱所設置許可申請書	設置者
4	消防用設備等設置届出書	防火対象物の関係者

解答　**1**

解説　消防計画作成届出書の届出者は**防火管理者**である。

8-6 その他の関係法令

その他の関係法令からは、廃棄物の処理及び清掃に関する法律、建設工事に係る資材の再資源化等に関する法律、騒音規制法、エネルギーの使用の合理化等に関する法律、浄化槽法などの事項が出題される。

❶ 廃棄物の処理及び清掃に関する法律

- □ **廃棄物の処理及び清掃に関する法律**は、廃棄物の排出を抑制し、及び廃棄物の適正な分別、保管、収集、運搬、再生、処分等の処理をし、生活環境を清潔にすることにより、生活環境の保全及び公衆衛生の向上を図ることを目的としている。
- □ **産業廃棄物**とは、事業活動に伴って生じた廃棄物のことである。
- □ **一般廃棄物**とは、**産業**廃棄物以外の廃棄物のことである。
- □ 産業廃棄物は、事業者が自らの責任において処理し**なければならない**。
- □ 事業者は、産業廃棄物の**再生利用**等を行うことにより**減**量に努めなければならない。
- □ **産業廃棄物管理票**（マニフェスト）は、産業廃棄物の**種類**ごと、**運搬**先ごとに**交付**しなければならない。
- □ 廃棄物の分類
  - ▶ 建設業に伴って生じた紙くず、木くず、繊維くずは、**産業**廃棄物である。
  - ▶ 建設業に伴って生じた建設残土は、廃棄物で**はない**。
  - ▶ 建設業に伴って生じた廃石綿は、**特別管理産業**廃棄物である。
  - ▶ 日常生活に伴って生じた廃エアコンディショナーのポリ塩化ビフェニルを使用する部品は、**特別管理一般**廃棄物である。

  ※**ポリ塩化ビフェニル**とは、PCBともいい、過去に変圧器の絶縁用の油などに使用されていた有害物質をいう。

  - ▶ 現場事務所から排出される生ゴミ、新聞、雑誌等は、**一般**廃棄物に分類される。
- □ 産業廃棄物の委託契約書の保存期間：**5**年

令和5年度 前期 No.48

産業廃棄物の処理に関する記述のうち、「廃棄物の処理及び清掃に関する法律」上、**誤っているもの**はどれか。

1　事業者は、現場事務所から排出される生ゴミ、新聞、雑誌等は、産業廃棄物として処理しなければならない。

2　事業者は、その事業活動に伴って生じた産業廃棄物の運搬先が2以上である場合、運搬先ごとに産業廃棄物管理票を交付しなければならない。

3　事業者は、産業廃棄物の処理に電子情報処理組織を使用して、情報処理センターに登録する場合、当該産業廃棄物の種類ごとに登録しなければならない。

4　事業者は、産業廃棄物の運搬又は処分を委託して産業廃棄物管理票を交付した場合、当該管理票の写しは管理票を交付した日から5年間保存しなければならない。

解答　**1**

解説　現場事務所から排出される生ゴミ、新聞、雑誌等は、**一般**廃棄物に分類される。

❷ 建設工事に係る資材の再資源化等に関する法律

☐ **建設工事に係る資材の再資源化等に関する法律**とは、特定の建設資材について、その分別解体等及び再資源化等を促進するための措置を講ずるとともに、解体工事業者について登録制度を実施すること等により、再生資源の十分な利用及び廃棄物の減量等を通じて、資源の有効な利用の確保及び廃棄物の適正な処理を図り、もって生活環境の保全及び国民経済の健全な発展に寄与することを目的としている。

☐ **再資源化**
建設資材廃棄物について、**資材**又は**原材料**として利用できる状態にする（**そのまま**用いることを除く）。
建設資材廃棄物について、**熱**を得ることに利用できる状態にする。

☐ **縮減**
焼却、脱水、圧縮その他の方法により建設資材廃棄物の**大きさ**を**減ず**ること。

☐ **対象建設工事**（分別解体・再資源化の義務のある建設工事）
解体工事：床面積**80**㎡以上、新築工事：床面積**500**㎡以上
改修工事（修繕・模様替等）：請負代金**1億**円以上

- □ 特定建設資材
  - ▶ **コンクリート**
  - ▶ **コンクリート**及び**鉄**から成る建設資材
  - ▶ **木材**
  - ▶ **アスファルト・コンクリート**
- □ 対象建設工事の届出：工事着手の**7**日前までに**都道府県知事**に届出

過去問にチャレンジ！ 令和4年度 後期 No.46

次の建設資材のうち、「建設工事に係る資材の再資源化等に関する法律」上、再資源化が特に必要とされる特定建設資材に**該当しないもの**はどれか。

1　コンクリート及び鉄から成る建設資材

2　アスファルト・コンクリート

3　アスファルト・ルーフィング

4　木材

解答　**3**

解説　アスファルト・ルーフィングは特定建設資材に**該当しない**。

③ 騒音規制法

- □ **騒音規制法**は、工場及び事業場における事業活動並びに建設工事に伴って発生する相当範囲にわたる騒音について必要な規制を行うとともに、自動車騒音に係る許容限度を定めること等により、生活環境を保全し、国民の健康の保護に資することを目的としている。
- □ 特定施設
  工場又は事業場に設置される施設のうち、著しい**騒音**を発生する施設であって政令で定めるもの。
- □ 特定建設作業
  建設工事として行われる作業のうち、著しい**騒音**を発生する作業であって政令で定めるもの。
- □ 指定地域
  特定工場などにおいて発生する**騒音**及び特定建設作業に伴って発生する**騒音**について規制する地域。

☐ 規制基準

特定工場等において発生する騒音の特定工場等の**敷地**の**境界**線における大きさの許容限度。

特定建設作業の騒音が、特定建設作業の場所の**敷地**の**境界**線において、**85**dBを超えないこと。

☐ 特定建設作業を伴う建設工事を緊急に行う必要がある場合の規制

規制が適用**されない**もの：作業禁止日、1日の作業時間の制限、夜間又は深夜作業の禁止時間帯

規制が適用**される**もの：騒音の大きさ

☐ 特定建設作業の実施の届出：作業開始の**7**日前までに**市町村長**に届出。

過去問にチャレンジ！ 令和4年度 後期 No.47

「騒音規制法」上、特定建設作業に伴って発生する騒音を規制する指定地域内において、災害その他非常の事態の発生により当該特定建設作業を緊急に行う必要がある場合にあっても、当該騒音について規制が**適用されるもの**はどれか。

1　1日14時間を超えて行われる作業に伴って発生する騒音

2　深夜に行われる作業に伴って発生する騒音

3　連続して6日間を超えて行われる作業に伴って発生する騒音

4　作業場所の敷地境界線において、85デシベルを超える大きさの騒音

解答　**4**

解説　騒音の大きさの規制は、緊急に行う場合でも規制が適用される。

④ 建築物のエネルギー消費性能の向上に関する法律

☐ **建築物のエネルギー消費性能の向上に関する法律**は、社会経済情勢の変化に伴い建築物におけるエネルギーの消費量が著しく増加していることに鑑み、建築物のエネルギー消費性能の向上に関する基本的な方針の策定について定めるとともに、一定規模以上の建築物の建築物エネルギー消費性能基準への適合性を確保するための措置、建築物エネルギー消費性能向上計画の認定その他の措置を講ずることにより、エネルギーの使用の合理化及び非化石エネルギーへの転換等に関する法律と相まって、建築物のエネルギー消費性能の向上を図り、もって国民経済の健全な発展と国民生活の安定向上に寄与することを目的とする。

☐ エネルギー消費性能の評価対象設備

- **空気調和**設備その他の**機械換気**設備
- **照明**設備
- **給湯**設備
- **昇降機**

過去問にチャレンジ！ 令和3年度 後期 No.46

次の建築設備のうち、「建築物のエネルギー消費性能の向上に関する法律」上、エネルギー消費性能が評価の対象に該当するものはどれか。

1　給水設備　　2　給湯設備　　3　ガス設備　　4　消火設備

解答　2

解説　給湯設備は、「建築物のエネルギー消費性能の向上に関する法律」上のエネルギー消費性能の評価対象に該当する。

⑤ 浄化槽法

☐ **浄化槽法**は、浄化槽の設置、保守点検、清掃及び製造について規制するとともに、浄化槽工事業者の登録制度及び浄化槽清掃業の許可制度を整備し、浄化槽設備士及び浄化槽管理士の資格を定めること等により、公共用水域等の水質の保全等の観点から浄化槽によるし尿及び雑排水の適正な処理を図り、もって生活環境の保全及び公衆衛生の向上に寄与することを目的としている。

☐ 浄化槽を設置・変更しようとする者は、その旨を**都道府県知事**（**保健所**を設置する市又は特別区にあっては、**市長**又は**区長**）を経由して特定行政庁に届け出なければならない。

☐ 新たに設置・変更された浄化槽について、定める期間（使用開始後**3**月経過した日から**5**月間）内に、浄化槽管理者は、指定検査機関の行う**水質**検査を受けなければならない。

☐ 浄化槽を**製造**しようとする者は、浄化槽の**型式**について、国土交通大臣の**認定**を受けなければならない。ただし、試験的に製造する場合においては、この限りでない。

☐ 浄化槽工事業を営もうとする者は、当該業を行おうとする区域を管轄する**都道府県知事**の登録を受けなければならない。

☐ 浄化槽工事業者は、浄化槽工事を行うときは、**浄化槽設備士**に実地に監督させ、又はその資格を有する浄化槽工事業者が**自ら**実地に監督しなければならない。ただし、これらの者が**自ら**浄化槽工事を行う場合は、この限りでない。

☐ 浄化槽工事業者は、**営業所**及び浄化槽工事の**現場**ごとに、見やすい場所に、氏名又は名称、登録番号その他定める事項を記載した**標識**を掲げなければならない。

⑥ 水質汚濁防止法

☐ **水質汚濁防止法**は、工場及び事業場から公共用水域に排出される水の排出及び地下に浸透する水の浸透を規制するとともに、生活排水対策の実施を推進すること等によって、公共用水域及び地下水の水質の汚濁（水質以外の水の状態が悪化することを含む。）の防止を図り、もって国民の健康を保護するとともに生活環境を保全し、並びに工場及び事業場から排出される汚水及び廃液に関して人の健康に係る被害が生じた場合における事業者の損害賠償の責任について定めることにより、被害者の保護を図ることを目的としている。

☐ 特定施設（処理対象人員が**500**人以下の**し尿浄化**槽は除く）を設置しようとするときは、**都道府県知事**に届け出なければならない。

☐ **溶存酸素**量は、水質汚濁防止法での規制の対象になっていない。

⑦ 建築物における衛生的環境の確保に関する法律

☐ **建築物における衛生的環境の確保に関する法律**は、多数の者が使用し、又は利用する建築物の維持管理に関し環境衛生上必要な事項等を定めることにより、その建築物における衛生的な環境の確保を図り、もって公衆衛生の向上及び増進に資することを目的とする。

☐ 室内空気環境基準項目（測定項目）

▶ 浮遊**粉じん**、一酸化炭素、二酸化炭素、ホルムアルデヒド

▶ 温度、相対**湿度**、気流

⑧ フロン類の使用の合理化及び管理の適正化に関する法律

☐ **フロン類の使用の合理化及び管理の適正化に関する法律**は、人類共通の課題であるオゾン層の保護及び地球温暖化の防止に積極的に取り組むことが重要であることに鑑み、オゾン層を破壊し又は地球温暖化に深刻な影響をもたらすフロン類の大気中への排出を抑制するため、フロン類の使用の合理化及び特定製品に使用されるフロン類の管理の適正化に関する指針並びにフロン類及びフロン類使用製品の製造業者等並びに特定製品の管理者の責務等を定めるとともに、フロン類の使

用の合理化及び特定製品に使用されるフロン類の管理の適正化のための措置等を講じ、もって現在及び将来の国民の健康で文化的な生活の確保に寄与するとともに人類の福祉に貢献することを目的とする。

- ☐ 第1種特定製品：次に掲げる機器のうち、**業務**用の機器で冷媒としてフロン類が充塡（てん）されているもの。
  - ▶ エアコンディショナー
  - ▶ 冷蔵機器及び冷凍機器（冷蔵又は冷凍の機能を有する自動販売機を含む。）
- ☐ 家庭用エアコンディショナーは第1種特定製品に該当**しない**。
- ☐ 第1種特定製品の管理者が行うべき事項
  - ▶ 簡易**点検**（一定規模以上製品を扱う場合は定期点検）
  - ▶ フロン類の**漏えい**を確認した場合の点検・修理
  - ▶ 点検整備の**記録簿**の保存
- ☐ 第2種特定製品：**自動車**に搭載されている**人**用のエアコンディショナー

過去問にチャレンジ！ 令和5年度 前期 No.46

浄化槽に関する記述のうち、「浄化槽法」上、**誤っているもの**はどれか。

1 浄化槽を新設する場合は、原則として、合併処理浄化槽を設置しなければならない。

2 浄化槽からの放流水は、生物化学的酸素要求量を20㎎/L以下に処理したものでなければならない。

3 浄化槽設備士は、その職務を行うときは、浄化槽設備士証を携帯していなければならない。

4 浄化槽工事業を営もうとする者は、当該業を行おうとする区域を管轄する市町村長の登録を受けなければならない。

解答 4

解説 浄化槽工事業を営もうとする者は、当該業を行おうとする区域を管轄する**都道府県知事**の登録を受けなければならない。

第 2 部

第二次検定

第 1 章

施工経験記述

施工経験記述の章の構成は、施工経験記述の問題、注意事項、記述の書き方で構成されている。施工経験記述は、事実に基づくオリジナリティが求められる。自分の経験を自分の言葉で記述することが求められている。本章で記載されている例文は参考程度にとどめ、必ず、自分の経験を自分の言葉で記述すること。それができない者には、施工管理技士となる資格はない。

1-1 施工経験記述の問題

ここでは、第二次検定で例年問題6で問われる「施工経験記述」について解説する。第二次検定の問題6は必須問題なので、すべての人が答えなくてはならない問題である。例年、工程管理、品質管理、安全管理のテーマから出題されている。

① 設問

施工経験記述は、例年、**第二次検定の問題6**で問われるもので、問題1つに対して3つの設問が続く形になっている。自分が経験した管工事を選び、「**工事概要**」と「**施工管理上、重要と考えた事項ととった措置または対策**」を、下記のような解答用紙に記述する形式で出題される。

設問2及び設問3にある施工管理上の「**〇〇管理**」、「**××管理**」の部分には、「**工程管理**」「**品質管理**」「**安全管理**」の3つのうち、2つについて指定される。どのテーマが出題されても記述できるように、**あらかじめ準備**しておくこと。

【問題6】 あなたが経験した**管工事**のうちから、**代表的な工事を1つ選び**、次の設問の答えを解答欄に記述しなさい。

〔設問1〕その工事につき、次の事項について記述しなさい。

(1) 工事名〔例：◎◎ビル（◇◇邸）□□設備工事〕

(2) 工事場所〔例：◎◎県◇◇市〕

(3) 設備工事概要〔例：工事種目、機器の能力・台数等、建物の階数・延べ面積等〕

(4) 現場でのあなたの立場又は役割

〔設問2〕上記工事を施工するに当たり「○○管理」上、あなたが**特に重要と考えた事項**をあげ、それについて**とった措置又は対策**を簡潔に記述しなさい。

(1) 特に重要と考えた事項

(2) とった措置又は対策

〔設問3〕上記工事を施工するに当たり「××管理」上、あなたが**特に重要と考えた事項**をあげ、それについて**とった措置又は対策**を簡潔に記述しなさい。

(1) 特に重要と考えた事項

(2) とった措置又は対策

※紙面の都合上、実際の解答用紙と改行位置などが異なります。

※この解答用紙は、PDFにして提供しています。詳細はxページをご確認ください。

1-2 注意事項

各設問に答えるには、確認しておかなければならない記述上の注意事項がある。どれも事前に確認しておくことが肝心であるので、しっかり準備すること。

❶ 代表的な工事の選定

あなたが経験した**管工事**のうちから、**代表的な工事を1つ選び**、次の設問の答えを解答欄に記述しなさい。

この問題の解答を準備する際には、必ず、「**受検の手引**」において、次のことを確認しておく必要がある。それは、

- 「**管工事施工管理の実務経験として認められている工事種別・工事内容**」に該当する工事を**選んでいるか**
- 「**管工事の実務経験と認められない工事・業務等**」に該当する工事・業務を**選んでいないか**

つまり、自分の選んだ工事が、「管工事施工管理の実務経験として認められている工事種別・工事内容」に該当する工事で解答することが大事である。特に次表の※の表記のある部分や、「**〜を除く**」等の除外事項については、**よく確認しておくこと**。

なお、「受検の手引」は試験実施団体である一般財団法人全国建設研修センターから出されているものであり、試験のWebサイトからも見ることができるので、受検時には最新版を必ず見ておく必要がある。

一般社団法人全国建設研修センター　2級管工事施工管理技術検定
http://www.jctc.jp/exam/kankouji-2

❶ 管工事施工管理に関する実務経験として認められる工事種別・工事内容等（記述対象）

工事種別	工事内容
A．冷暖房設備工事	1．冷温熱源機器据付工事　2．ダクト工事　3．冷媒配管工事 4．冷温水配管工事　5．蒸気配管工事　6．燃料配管工事 7．TES 機器据付工事　8．冷暖房機器据付工事 9．圧縮空気管設備工事　10．熱供給設備配管工事 11．ボイラー据付工事　12．コージェネレーション設備工事
B．冷凍冷蔵設備工事	1．冷凍冷蔵機器据付及び冷媒配管工事　2．冷却水配管工事 3．エアー配管工事　4．自動計装工事
C．空気調和設備工事	1．冷温熱源機器据付工事　2．空気調和機器据付工事 3．ダクト工事　4．冷温水配管工事　5．自動計装工事 6．クリーンルーム設備工事
D．換気設備工事	1．送風機据付工事　2．ダクト工事　3．排煙設備工事
E．給排水・給湯設備工事	1．給排水ポンプ据付工事　2．給排水配管工事 3．給湯器据付工事　4．給湯配管工事　5．専用水道工事 6．ゴルフ場散水配管工事　7．散水消雪設備工事 8．プール施設配管工事　9．噴水施設配管工事 10．ろ過器設備工事　11．受水槽又は高置水槽据付工事 12．さく井工事
F．厨房設備工事	1．厨房機器据付及び配管工事
G．衛生器具設備工事	1．衛生器具取付工事
H．浄化槽設備工事	1．浄化槽設置工事　2．農業集落排水設備工事 ※終末処理場等は除く
I．ガス管配管設備工事	1．都市ガス配管工事　2．プロパンガス（LPG）配管工事 3．LNG 配管工事　4．液化ガス供給配管工事 5．医療ガス設備工事 ※公道下の本管工事を含む
J．管内更生工事	1．給水管ライニング更生工事　2．排水管ライニング更生工事 ※公道下等の下水道の管内更生工事は除く
K．消火設備工事	1．屋内消火栓設備工事　2．屋外消火栓設備工事 3．スプリンクラー設備工事　4．不活性ガス消火設備工事 5．泡消火設備工事
L．上水道配管工事	1．給水装置の分岐を有する配水小管工事 2．本管からの引込工事（給水装置）
M．下水道配管工事	1．施設の敷地内の配管工事 2．本管から公設桝までの接続工事 ※公道下の本管工事は除く
上記に分類できない管工事	代表的な工事種別、工事内容を実務経験証明書の『工事種別』欄と『工事内容』欄に具体的に記入してください。

（「令和5年度 2級管工事施工管理技術検定 第二次検定 受検の手引」より）

❷ 管工事施工管理に関する実務経験として認められない工事等（記述対象外）

工事種別	工事内容
管工事	管工事、配管工事、管工事施工、施工管理　等 （いずれも具体的な工事内容が不明のもの）
建築一式工事 （ビル・マンション等）	型枠工事、鉄筋工事、内装仕上工事、建具取付工事、 防水工事　等
土木一式工事	管渠工事、暗渠工事、取水堰工事、用水路工事、 灌漑工事、しゅんせつ工事　等
機械器具設置工事	トンネルの給排気機器設置工事、内燃力発電設備工事、 集塵機器設置工事、揚排水機器設置工事、 生産設備（ライン）内の配管工事　等
上水道工事	公道下の上水道配水管敷設工事、 上水道の取水・浄水・配水等施設設置工事　等
下水道工事	公道下の下水道本管路敷設工事、下水処理場（終末処理場）内の処理設備設置工事、ポンプ場設置工事　等
電気工事	照明設備工事、引込線工事、送配電線工事、 構内電気設備工事、変電設備工事、発電設備工事　等
電気通信工事	通信ケーブル工事、衛星通信設備工事、LAN設備工事、 監視カメラ設備工事　等
その他	船舶の配管工事、航空機の配管工事、工場での配管プレハブ加工、気送管（エアシューター）設備工事　等

（「令和５年度 ２級管工事施工管理技術検定 第二次検定 受検の手引」より）

❸ 管工事施工管理に関する実務経験として認められない業務・作業等（記述対象外）

① 工事着工以前における設計者としての基本設計・実施設計のみの業務
② 調査（点検含む）、設計（積算含む）、保守・維持・メンテナンス等の業務
③ 工事現場の事務、営業等の業務
④ 官公庁における行政及び行政指導、研究所、学校（大学院等）、訓練所等における研究、教育及び指導等の業務
⑤ アルバイトによる作業員としての経験
⑥ 工程管理、品質管理、安全管理等を含まない雑役務のみの業務、単純な労務作業等
⑦ 入社後の研修期間（工事現場の施工管理になりません）
※ 上記業務以外でも、管工事施工管理の実務経験とは認められない業務・作業等は、全て受検できません。

（「令和５年度 ２級管工事施工管理技術検定 第二次検定 受検の手引」より）

② 設問1

その工事につき、次の事項について記述しなさい。

(1) 工事名〔例：◎◎ビル(◇◇邸) □□設備工事〕

ここには、**工事契約上の実際の工事件名**を記述する。例えば、「第1マツモトビル」「山口邸」のように、**建築物の固有名称**を記述する。

(2) 工事場所〔例：◎◎県◇◇市〕

例にあるとおり、「埼玉県川越市」「大阪府豊中市」など**都道府県及び市区町村名**を記述する。

(3) 設備工事概要〔例：工事種目、機器の能力・台数等、建物の階数・延べ面積等〕

ここには、設備工事概要を記述する。**何の設備を対象に、どのくらいの規模の工事**を経験したのかわかるように、**具体的な数字**をあげて記述する。

- 設備の工事種目：冷暖房、空調、換気、給水、給湯、排水、ガス、消火、浄化槽の各設備など
- 機器の能力、台数等：主要機器の能力・台数。配管の径・延長。ダクトの板厚・延面積など
- 建物の階数、延べ面積等：地下○階・地上○階・塔屋○階、延べ面積○m^2など

(4) 現場でのあなたの立場又は役割

ここに記載するのは、会社での立場、役割、役職ではなく、**現場においての立場、役割**を記述する。「受検の手引」の「管工事施工管理に関する実務経験として**認められない**業務・作業等」は**記述しない**こと。

請負業者の場合は、「施工監督」として「**施工管理**」に携わっていることを、発注者・監理者の場合、現場の「**工事監理**」に携わっていることを明確に記述する。

③ 設問2、設問3

上記工事を施工するに当たり「○○管理」上、あなたが**特に重要と考えた事項**をあげ、それについて**とった措置又は対策**を簡潔に記述しなさい。

❶ テーマに合致した「特に重要と考えた事項」を記述する

「○○管理」の部分には、「工程管理」「品質管理」「安全管理」のテーマが指定される。この設問で最も重要なことは、設問の**テーマに合致した内容を記述**し、テーマからずれた内容とならないようにすることである。

例えば、物が損傷しないようにカバーすることは「品質管理」の一環、人がケガをしないようにカバーすることは「安全管理」の一環である。各テーマの概要は次のとおりである。

- 工程管理：**工期内に完工**させるための管理。キーワードは「**トキ**」
- 品質管理：**要求事項に適合する品質**を得るための管理。キーワードは「**モノ**」
- 安全管理：施工中の作業者、第三者など、**人に対する危害防止**のための管理。キーワードは「**ヒト**」

❷ 「特に重要と考えた事項」と「とった措置又は対策」を正しく切り分けて記述する

次に重要なことは、「**特に重要と考えた事項**」と「**とった措置又は対策**」は**解答欄が分かれて**おり、両者を正しく**切り分けて記述**することである。「特に重要と考えた事項」の解答欄に「とった措置又は対策」を記述しないこと、逆に、「とった措置又は対策」の解答欄に「特に重要と考えた事項」を記述しないこと。

例えば、「墜落制止用器具の着用」は「とった措置又は対策」であり、「特に重要と考えた事項」は「作業員の転落事故防止」となる。

❸ 「とった措置又は対策」は実施したことを記述する

当然であるが、「とった措置又は対策」は実施したことを記述する。実施とは、実際に行うことであり、すなわち、「**とった措置又は対策**」の解答欄には、自分の頭の中で検討したことではなく、**実際に自分が行動したこと**を記述する。

例えば、「○○の工程が遅延しないように検討した。」等の記述は、「とった措置又は対策」の記述ではない。検討や打ち合わせは実施ではないからだ。検討した結果、実際に行ったことを記述すること。したがって、記述の文末を「**〜を実施した**」となるように意識して記述するとよい。また、実施して得られた**結果**も記述するとよい。

❹ 簡潔に記述する

設問の末尾に「簡潔に記述しなさい。」とあるように、**指定された解答欄に収まるよう簡潔に記述**すること。指定された解答欄からはみ出したり、解答欄以外の部分に記述したりしないこと。

❺ 具体的に記述する

何を重視して、どのような措置・対策をとったのか、採点者が読んで理解できるよう、**具体的に記述**すること。具体的に記述するポイントは次のとおりである。

- **数字を挙げる**：高い、大きい、重い、多い、かなり等の形容詞・副詞は、数字を挙げて表現する。
- **例を挙げる**：「重量物」、「高所作業」は、「○○等の重量物」、「○○等の高所作業」と例を挙げて表現する。
- **理由を挙げる**：「特に重要と考えた事項」には、そう考えた理由を記述する
- **5W1Hを挙げる**：「いつ」、「どこで」、「だれが」、「何を」、「どのように」など、できるだけ5W1Hを交えて表現する。

❻ 施工段階の事項を記述する

「特に重要と考えた事項」と「とった措置又は対策」は、**施工中の事項**を記述する。施工前の設計段階や引き渡し後の運用段階の事項は記述しない。例えば、「施工中に機器が転倒して作業員がケガをしないようにすること」は、安全管理上の記述になり得るが、「引き渡し後、機器が転倒して利用者がケガをしないようにすること」は、安全管理上の記述にはならない（ただし、品質管理上の記述にはなり得る）。

❼ その他、一般的な注意事項

その他、記述に関する一般的な注意事項は次のとおりである。

- 解答欄の**8割以上は文字で埋める**。
- **隠語や話し言葉で記述しない**。（例：× 水道屋　→　○ 給水工事業者）
- **誤字、脱字、略字、当て字**で記述しない。（例：× 撤底した　→　○ 徹底した）
- 訂正は、取り消し線等でせず、**消しゴムで消して書き直す**。
  （例：× ~~25kW~~ 50kW→　○ 50kW）
- **失敗談を書かない**。（例：× ○○の対策をしたが、うまくいかなかった。）
- 記述は、**箇条書きでもよいし**、**箇条書きでなくてもよい**。
- オリジナルであることが求められる。**例文の丸写しは不合格**になる可能性が高い。

1-3 記述の書き方

設問2、3の記述を上手くまとめて書くには、基本のパターンを習得したうえで、自分の言葉にアレンジして書くとよい。ここでは基本的な記述方法と例文を記載する。

① 記述の基本パターン例

設問2、設問3の「特に重要と考えた事項」と「とった措置又は対策」の記述の基本パターン例は、下記のとおりである。記述の書式は自由であり、必ずしも下記のパターンで記述する必要はないが、文章を構成する際に参考にされたい。

❶ 特に重要と考えた事項

〇〇の場所の〇〇の作業・工程・設備において、〇〇の理由があったので、〇〇について、特に重要と考えた。

❷ とった措置又は対策

- 〇〇について、〇〇するために、〇〇を実施した。
- 〇〇について、〇〇するために、〇〇を実施した。
- 〇〇について、〇〇するために、〇〇を実施した。

※複数の措置・対策を列記するか、措置・対策の各段階を箇条書きにすると書きやすい。

なお、以降に示している記述例は、実際の解答用紙の大きさと異なるため、行数などが異なる。また、記述の練習をする際などには読者特典で提供する練習用紙を活用されたい（➔P.x）。

❷ 工程管理

「工程管理」の記述は、**工程が遅延・短縮する理由**を思い出して記述すると書きやすい。「工程管理」の「とった措置又は対策」は、**先行作業、並行作業、増員、プレハブ**等が挙げられる。これらの措置、対策を、**数字や例を挙げて具体的に記述**するとよい。

なお、「工程管理」の措置・対策に「打ち合わせをした。」という記述が散見されるが、**打ち合わせは措置・対策ではない。打ち合わせた結果、実施したことを記述**する。また、第1部で学習した**ネットワーク手法**（フォローアップによる日程短縮やクリティカルパス、フロートの算定など）を記述してもよい。

❶ 天候不順

工事を施工するに当たり「工程管理」上、あなたが特に重要と考えた事項についてとった措置又は対策を簡潔に記述しなさい。

(1) 特に重要と考えた事項

○○の○○設備の○○の作業は、○○の理由により、雨天時には施工できないので、当該作業の施工日程の確保が特に重要と考えた。

(2) とった措置又は対策

- ○○の作業よりも先行して○○の作業を実施することで、○日、所要日程を短縮できた。
- 天気予報で雨天が予想されるときは、雨天時でも作業ができる屋内の○○の作業に切り替えた。
- ○○の作業を、○人×○班から○人×○班に増員することで、○日、所要日程を短縮できた。

❷ 前工程の遅延

工事を施工するに当たり「工程管理」上、あなたが特に重要と考えた事項についてとった措置又は対策を簡潔に記述しなさい。

(1) 特に重要と考えた事項

○○の○○設備の○○の作業は、前工程の○○の作業が○日間遅延したことにより、当該作業の開始日が○日間遅延したので、当該作業の施工日程の確保が特に重要と考えた。

(2) とった措置又は対策

- ○○の作業は、あらかじめ弊社加工場で作業することで、○日、所要日程を短縮できた。
- ○○の作業と同時に○○の作業を実施することで、○日、所要日程を短縮できた。
- ○○の作業を、○人×○班から○人×○班に増員することで、○日、所要日程を短縮できた。

❸ 工期の短縮

工事を施工するに当たり「工程管理」上、あなたが特に重要と考えた事項についてとった措置又は対策を簡潔に記述しなさい。

(1) 特に重要と考えた事項

○○の○○設備の○○の作業は、発注者の要望により工期が○日間短縮したため、当該作業の施工日程の確保が特に重要と考えた。

(2) とった措置又は対策

- ○○の作業を、○人×○班から○人×○班に増員することで、○日、所要日程を短縮できた。
- ○○の作業と同時に○○の作業を実施することで、○日、所要日程を短縮できた。
- ○○の作業は、部分引き渡し後に実施することとし、○日、所要日程を短縮できた。

❹ 作業時間の制限

工事を施工するに当たり「工程管理」上、あなたが特に重要と考えた事項についてとった措置又は対策を簡潔に記述しなさい。

(1) 特に重要と考えた事項

○○の○○設備の○○の作業は、発注者の要望により作業時間が○：○～○：○までの○時間という制限があったので、当該作業の施工日程の確保が特に重要と考えた。

(2) とった措置又は対策

- ○○の作業は、あらかじめ弊社加工場で作業することで、○日、所要日程を短縮できた。
- 時間制限のない○○の作業を指定作業時間外に実施することで、○日、所要日程を短縮できた。
- 時間制限のある○○の作業は、タクト工程表を作成し、無駄な移動のない効率的な工程を組んだ。

❺ フォローアップ

工事を施工するに当たり「工程管理」上、あなたが特に重要と考えた事項についてとった措置又は対策を簡潔に記述しなさい。

(1) 特に重要と考えた事項

○○の○○設備の○○の作業は、工期の途中、ネットワーク工程表で所要日数を算出し直したところ、○日間増加することが予想されたので、当該作業工程のフォローアップが特に重要と考えた。

(2) とった措置又は対策

- ネットワーク工程表によりトータルフロートを求め、マイナスとなる作業を洗い出した。
- ○○の作業と同時に○○の作業を実施することで、○日、所要日程を短縮できた。
- ○○の作業を、○人×○班から○人×○班に増員することで、○日、所要日程を短縮できた。

❻ 工場生産品の製作期間

工事を施工するに当たり「工程管理」上、あなたが特に重要と考えた事項についてとった措置又は対策を簡潔に記述しなさい。

(1) 特に重要と考えた事項

○○の○○設備の○○の機器は、工場での製作に○日間要し、○○作業工程におけるネットワーク上のクリティカルパスに該当するので、重点管理する必要があると考えた。

(2) とった措置又は対策

- メーカーに、納入○日までに○○機器の何の仕様を決定する必要があるかリストアップさせた。
- 発注者（または元請負人）に、納入○日までに○○機器の○○などの仕様を決定してもらった。
- ○日に1回、定期的に製作工場の担当者に連絡をし、製作工程に遅延がないことを確認した。

❼ 搬入工程

工事を施工するに当たり「工程管理」上、あなたが特に重要と考えた事項についてとった措置又は対策を簡潔に記述しなさい。

(1) 特に重要と考えた事項

○○の○○設備の○○の大型機器は、○○の場所の○○工事の○○の作業の前に、搬入口から揚重機器により搬入する必要があり、当該機器の搬入工程を重視した。

(2) とった措置又は対策

- ○○工事の担当者と共通のバーチャート工程表を作成し、○○の搬入日と予備日を確保した。
- ○○の揚重機器は、搬入日○日と天候不順に備えた予備日○日の計○日間の日程を確保した。
- ○日に1回、定期的に製作工場の担当者に連絡をし、搬入日に遅延しないことを確認した。

③ 品質管理

「品質管理」の記述は、**受入検査、社内検査、完成検査**等、現場で実施した検査や試験を思い出して記述すると書きやすい。受入検査、社内検査、完成検査等はどこの現場においても実施しているものであるので、それらの**試験、検査を実施した現場特有の理由**に重点をおいて記述するとよい。その他、搬入・施工・引き渡しまでの**損傷防止**や作業員の**施工能力**、**省エネ性**、**耐震性**の確保等も、品質管理の記述対象となり得る。

❶ 受入検査

工事を施工するに当たり「品質管理」上、あなたが特に重要と考えた事項についてとった措置又は対策を簡潔に記述しなさい。

(1) 特に重要と考えた事項

○階○○室の○○設備の○○は、種類が○種、台数が○台と種類・台数が多く、誤発注・誤納入しやすいので、正しい仕様のものを納入・施工することが特に重要と考えた。

(2) とった措置又は対策

- 受け入れ時に銘板と納入仕様書を照合し、全数についてチェックシートにより確認した。
- 検査を実施したものには「検査済」、未実施のものは「未実施」と箱に表示し、分けて保管した。
- 検査の結果、誤納入されたものは「使用禁止」の表示をし、速やかに場外に搬出した。

❷ 損傷防止

工事を施工するに当たり「品質管理」上、あなたが特に重要と考えた事項についてとった措置又は対策を簡潔に記述しなさい。

(1) 特に重要と考えた事項

○階○○室の○○設備の○○は、○○より搬入し、○○室に設置される。設置後、引き渡しまで○日間、作業現場にあるため、搬入・据付・引き渡しまでの損傷防止が重要と考えた。

(2) とった措置又は対策

- 搬入経路の段差にスロープを設置し、柱・壁のコーナー部に緩衝材を施し、衝撃による損傷を防止した。
- 設置後、作業による損傷防止のため、○○を緩衝材で養生し、「さわるな」と注意表示した。
- ○○の損傷防止について、作業前ミーティングで作業員に周知するとともに、適時点検した。

❸ 施工能力の確保

工事を施工するに当たり「品質管理」上、あなたが特に重要と考えた事項についてとった措置又は対策を簡潔に記述しなさい。

(1) 特に重要と考えた事項

○階○○室の○○設備の○○の作業は、今回、はじめて依頼する協力会社により施工されるので、○○作業の施工能力の確保が重要と考えた。

(2) とった措置又は対策

- 着工前に、当該協力会社の建設業の許可、有資格者、経歴等により、施工能力があることを確認した。
- 作業前に、当該協力会社の作業員に対して、施工要領書の説明会を行い、施工能力の確保を図った。
- 作業後、施工要領書に従って作業したかを現地で点検し、不具合箇所は理由を説明して是正させた。

❹ 完成検査

工事を施工するに当たり「品質管理」上、あなたが特に重要と考えた事項についてとった措置又は対策を簡潔に記述しなさい。

(1) 特に重要と考えた事項

当該建物の給水方式は直結増圧方式が採用され、配水管の分岐から給水末端までが給水装置となるため、当該給水装置を、給水装置の構造及び材質の基準に関する省令に適合させることが重要と考えた。

(2) とった措置又は対策

- 使用する機器・管材について、受入検査でJWWAマーク等により適合品であることを確認した。
- 試験圧力○MPa、試験時間○分間の耐圧試験を実施し、漏水のないことを確認した。
- 末端給水栓より採水し、残留塩素、色、濁り、臭味の水質検査を実施し、異常のないことを確認した。

❺ 耐震性

工事を施工するに当たり「品質管理」上、あなたが特に重要と考えた事項についてとった措置又は対策を簡潔に記述しなさい。

(1) 特に重要と考えた事項

○階○○室の○○設備の○○は、発注者より、災害時の安全性を確保することを要求されていたので、○○についての耐震性の確保が特に重要と考えた。

(2) とった措置又は対策

- ○○のアンカーボルトは、想定地震力に対抗できる径、本を計算により求めた。
- ○○のアンカーボルトは、床スラブに堅固に緊結して施工した。
- ○○の上部に振れ止めを設け、下部には耐震ストッパーを設けた。

❻ 漏水

工事を施工するに当たり「品質管理」上、あなたが特に重要と考えた事項についてとった措置又は対策を簡潔に記述しなさい。

(1) 特に重要と考えた事項

○階の○○室は、○○の理由により、○○設備の○○機器などからの漏水する事故を避けなければならないので、漏水を防止することが、特に重要と考えた。

(2) とった措置又は対策

- ○階の○○室の上部にある配管は、施工後の継手の状況を点検し、写真にて記録した。
- ○○設備の○○配管については、○MPaの耐圧試験を行い、異常のないことを確認した。
- ○○設備の○○配管については、満水試験、通水試験を行い、異常のないことを確認した。

❼ 塩害対策

工事を施工するに当たり「品質管理」上、あなたが特に重要と考えた事項についてとった措置又は対策を簡潔に記述しなさい。

(1) 特に重要と考えた事項

当該建物は海浜部にあり、屋外設置の○○設備の○○機器などについて塩害の恐れがあったので、塩害防止が特に重要と考えた。

(2) とった措置又は対策

- 屋外設置の○○機器は、耐塩害仕様のものが納入されているか、銘板と納品書で確認した。
- 外気取入れ空調機、給気ファンには、耐塩フィルターが装着されているか、納品書で確認した。
- 外気ダクト、給気ダクトは、耐塩害仕様ダクトであることを、納入時、施工時に確認し、記録した。

❹ 安全管理

「安全管理」の記述は、施工中に発生が懸念された**労働災害・公衆災害**に対して、どのような予防措置をとったかを思い出して記述すると書きやすい。請負業者の場合は、作業員に対する**労働災害**とともに、通行人等、第三者に対する**公衆災害**が記述の対象となる。一方、発注者の場合は、通行人や第三者に対する**公衆災害**が記述の対象となる。

❶ 高所作業

工事を施工するに当たり「安全管理」上、あなたが特に重要と考えた事項についてとった措置又は対策を簡潔に記述しなさい。

(1) 特に重要と考えた事項

○階○○室の○○設備の○○作業が、○mの高所作業となるため、作業員の転落事故を防止することが特に重要と考えた。

(2) とった措置又は対策

- 作業場所に、幅40cm以上の作業床を設け、作業床には転落防止用に高さ85cm以上の手すりを設けた。
- 作業場所に、墜落制止用器具を取り付ける設備を設け、作業員に墜落制止用器具を使用させて作業を実施させた。
- 安全作業手順を作業前ミーティングで作業員に周知するとともに、安全パトロールをして点検した。

❷ 揚重作業

工事を施工するに当たり「安全管理」上、あなたが特に重要と考えた事項についてとった措置又は対策を簡潔に記述しなさい。

(1) 特に重要と考えた事項

○階○○室の○○設備の○○作業が、○kgの重量物の移動式クレーンによる揚重作業となるため、作業員に対する落下事故を防止することが特に重要と考えた。

(2) とった措置又は対策

- 吊り荷の下に人が入らないように、バリケードで立入禁止とし、誘導員を配置して監視させた。
- 移動式クレーンの運転者、玉掛け者は、免許者・技能講習修了者であることを免状により確認した。
- 安全作業手順を作業前ミーティングで全作業員に周知するとともに、安全パトロールをして点検した。

❸ 酸欠作業

工事を施工するに当たり「安全管理」上、あなたが特に重要と考えた事項についてとった措置又は対策を簡潔に記述しなさい。

(1) 特に重要と考えた事項

○階○○室の○○設備の○○作業が、酸素欠乏症の恐れのある作業となるため、作業員の酸欠事故を防止することが特に重要と考えた。

(2) とった措置又は対策

- ダクトファンにより作業場所を換気し、酸素濃度が18%以上であることを測定してから作業を行った。
- 技能講習修了者の作業主任者を選任し、作業員は特別教育修了者であることを確認して作業させた。
- 安全作業手順を作業前ミーティングで全作業員に周知するとともに、安全パトロールをして点検した。

❹ 熱中症作業

工事を施工するに当たり「安全管理」上、あなたが特に重要と考えた事項についてとった措置又は対策を簡潔に記述しなさい。

(1) 特に重要と考えた事項

○階○○室の○○設備の○○作業が、熱中症の恐れのある作業となるため、作業員の熱中症事故を防止することが特に重要と考えた。

(2) とった措置又は対策

- 作業場所にスポットクーラーと扇風機を配置して、作業場所の通風を確保した。
- 作業場所の近くに冷水器と塩飴を配置して、○分ごとに休憩させて、水分と塩分を補給させた。
- 安全作業手順を作業前ミーティングで全作業員に周知するとともに、安全パトロールをして点検した。

❺ 電動工具作業

工事を施工するに当たり「安全管理」上、あなたが特に重要と考えた事項についてとった措置又は対策を簡潔に記述しなさい。

(1) 特に重要と考えた事項

○階○○室の○○設備の○○作業が、電動工具による感電の恐れのある作業となるため、作業員の感電事故を防止することが特に重要と考えた。

(2) とった措置又は対策

- 電動工具の電源は、漏電遮断器付き電工ドラムから取り、必ずアースを施して使用させた。
- 使用開始前に、漏電遮断器の動作テスト、電動工具の絶縁抵抗測定を実施させた。
- 安全作業手順を作業前ミーティングで全作業員に周知するとともに、安全パトロールをして点検した。

❻ 第三者災害（交通災害）

工事を施工するに当たり「安全管理」上、あなたが特に重要と考えた事項についてとった措置又は対策を簡潔に記述しなさい。

(1) 特に重要と考えた事項

○○の○○設備の○○作業は、○○のための作業車両と通行人などの第三者が、○○の理由により、接触事故を起こす恐れがあったので、車両による接触事故防止が重要と考えた。

(2) とった措置又は対策

- 原則として、作業車両の通行は、通行人の少ない○○：○○～○○：○○に制限した。
- 上記時間帯は車両が通行することを、案内資料を配布、掲示して、建物関係者に周知した。
- 車両通行時には、バリケードにより幅○cmの安全通路を確保し、誘導員を配置し誘導させた。

❼ 第三者災害（飛来・落下災害）

工事を施工するに当たり「安全管理」上、あなたが特に重要と考えた事項についてとった措置又は対策を簡潔に記述しなさい。

(1) 特に重要と考えた事項

○階○○室の○○設備の○○作業は○mの高所作業となり、○○の理由により、通行人への飛来・落下災害の恐れがあるため、飛来・落下災害の防止が特に重要と考えた。

(2) とった措置又は対策

- 原則として、当該作業の作業時間は、通行人の少ない○：○～○：○に制限した。
- 工具に落下防止の紐をつけ、足場の下部に防網を設け、足場には不要なものを置かないようにさせた。
- 作業場所の下に、バリケードにより幅○cmの安全通路を確保し、誘導員を配置し誘導させた。

第 2 部

第二次検定

第 2 章

施工図

施工図の問題は、示された設備図面について正誤・適否を判断して理由・改善策を記述させるもの、示された機材の使用目的・使用用途を問う等の形式で出題される。本章では、空調設備、給排水設備に共通する事項の施工図、空調設備に関する施工図、給排水衛生設備に関する施工図に分けて解説する。

2-1 共通事項

ここでは過去に出題された、空調設備と給排水設備に共通する施工図とチェックポイントを示す。

① 施工図の問題傾向

第二次検定における施工図の問題は、示された**設備図面**について、正誤・適否を判断し、理由・改善策を記述させるもの、示された機材の使用目的・使用用途を問うものなどが出題される。

事前の予備知識なしで、図面の正誤の判断をするのはかなり難しいので、予め過去に出題された図面についての情報をインプットしておくことが、試験対策上、重要である。

本章では、近年出題された施工図に関する問題について、「2-1共通事項」、「2-2空調設備」、「2-3給排水衛生設備」に分け、3つの節にわたって、適時図面のチェックポイントなどの解説を記す。

② テーパねじの加工状態

次に示す図について、**適当なもの**には○、**適当でないもの**には×を解答欄の正誤欄に記入し、×とした場合には、理由又は改善策を記述しなさい。

（平成26年度 実地 No.1より抜粋、類題：令和元年度 実地 問題1）

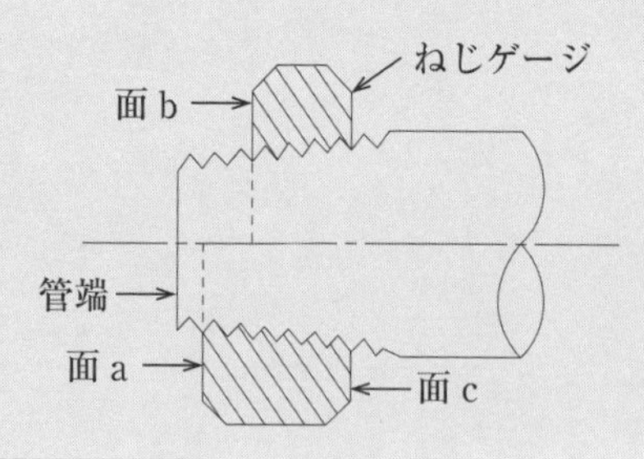

解答　×

理　由：管端が**面a**より**突出**している、**細ねじ**である。

改善策：管端が**面aと面b**に収まるようにする。

解説

ねじ加工した配管を**ねじゲージ**にねじ込み、管端（配管の端部）が下図の赤い矢印の範囲内に収まっていれば合格、範囲外にある場合は不合格である。

管端が、面aより突出している場合は**細ねじ**、面bに達していない場合は**太ねじ**という。

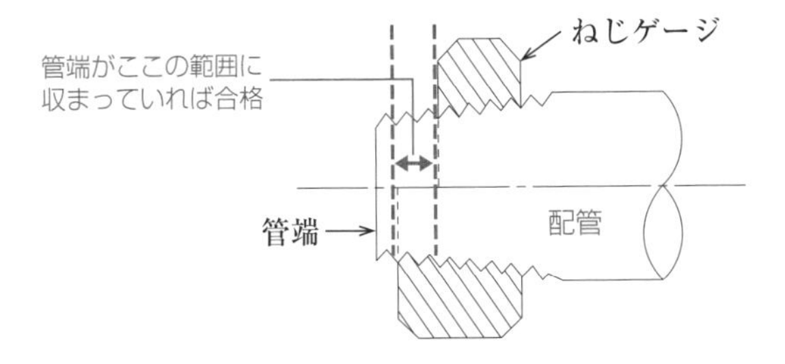

❸ 配管の支持方法

次に示す図について、**適当なもの**には○、**適当でないもの**には×を正誤欄に記入し、×とした場合には、理由又は改善策を記述しなさい。

（平成28年度 実地 問題1より抜粋）

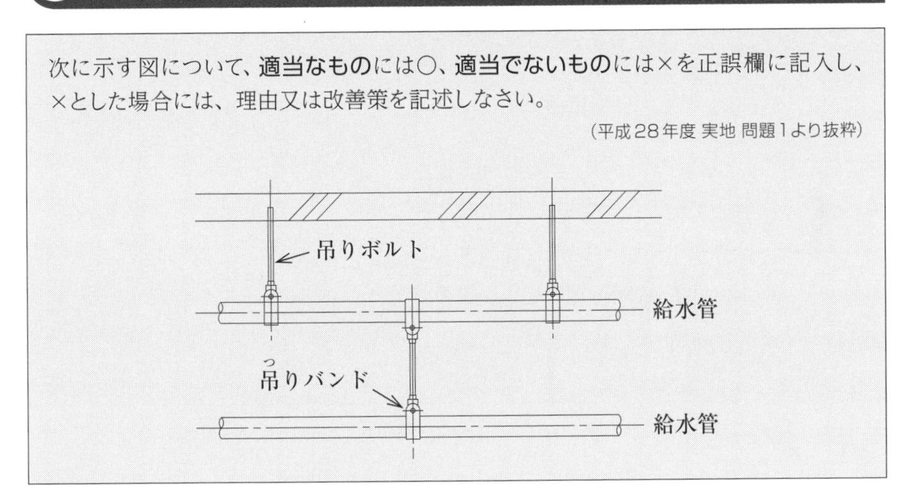

解答　×

理　由：下部の給水管が上部の給水管から吊られている。

改善策：下部の給水管を**独立して支持**する。

解説

配管を他の配管から吊ることを**共吊り**という。上部の配管が折損するおそれがあるので、共吊りはしてはならない。改善策としては、下図のように下部の配管も独立して支持する。

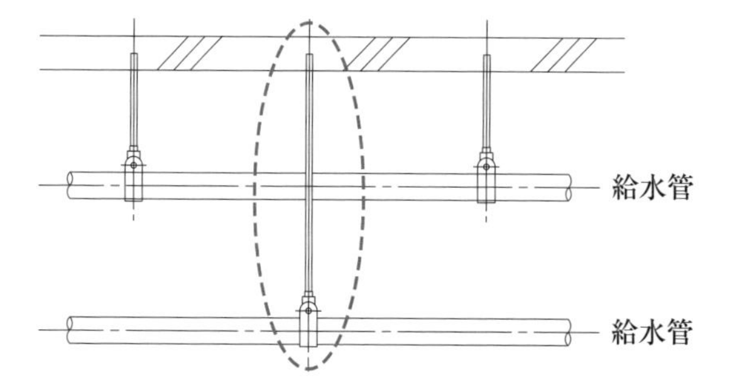

④ ポンプ吸込み管の施工要領

次に示す図について、**適当なもの**には○、**適当でないもの**には×を解答欄の正誤欄に記入し、×とした場合には、理由又は改善策を記述しなさい。

（平成25年度 実地 No.1より抜粋、類題：平成29年実地問題1）

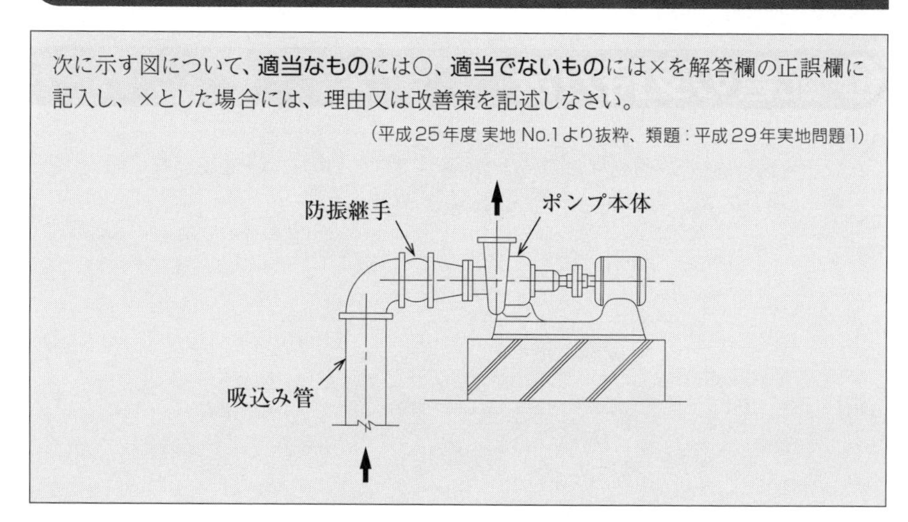

解答　×

理　由：防振継手とポンプの間の**異径継手**の上部に**空気**が滞留する。

改善策：上部を水平にした**偏心異径継手**とする。

解説

異径継手の上部に空気がたまり（次ページの左図の赤い部分）、ポンプが空気を吸い込む可能性があるので、**偏心異径継手**を用いて、異径継手の上部を水平になるようにする（次ページ右図）。

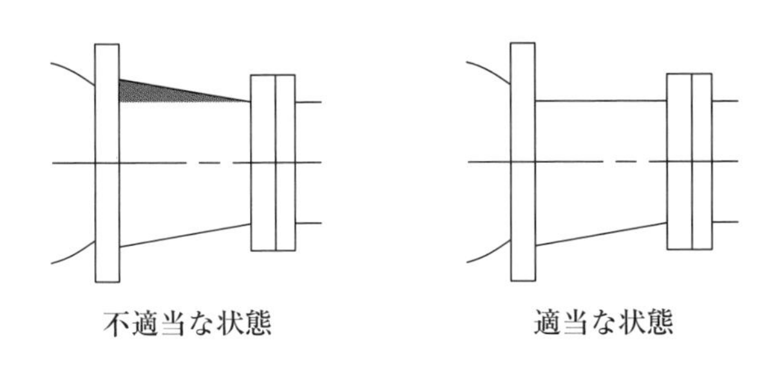

⑤ 単式伸縮管継手の施工要領図

次に示す図について、**適当なもの**には○、**適当でないもの**には×を解答欄の正誤欄に記入し、×とした場合には、理由又は改善策を記述しなさい。

（平成23年度 実地 No.1より抜粋）

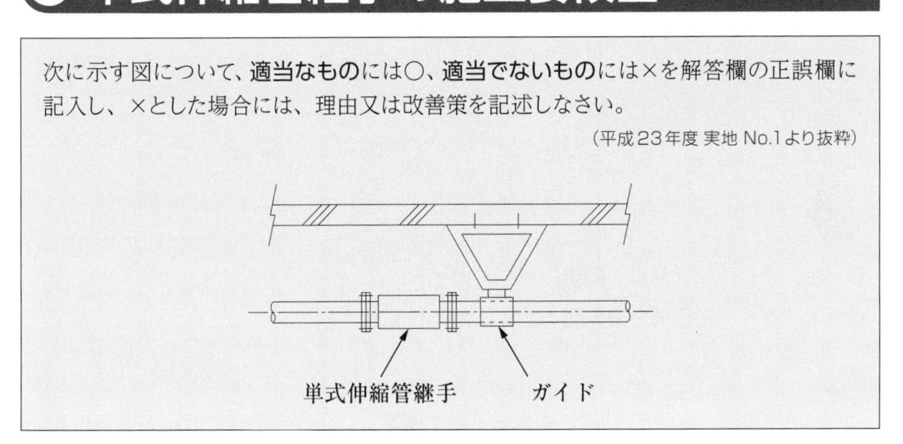

解答 ×

理　由：単式伸縮管継手の**左側**の配管が**固定されていない**。

改善策：単式伸縮管継手の**左側**の配管を**固定する**。

解説

単式伸縮管継手周りの支持は、配管の一方を固定し、もう一方にガイドを設ける。なお、伸縮管継手は、蒸気管、温水管、給湯管などの配管が、**温度変化により伸縮**するときの変位を吸収するために設けるものである（➔P.101）。

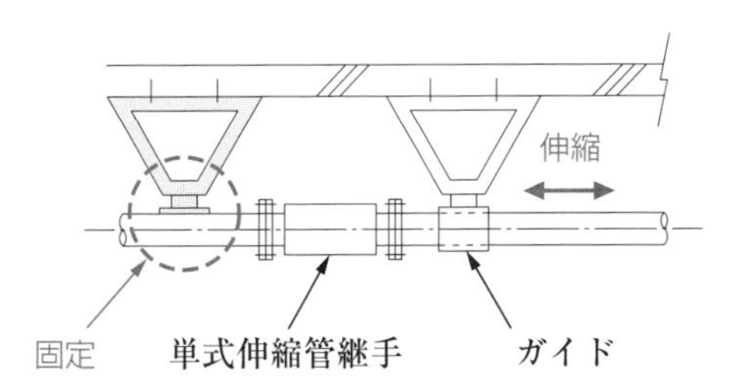

❻ 複式伸縮管継手の取付け要領

次に示す図について、**適当なもの**には○、**適当でないもの**には×を解答欄の正誤欄に記入し、×とした場合には、理由又は改善策を記述しなさい。

（平成29年度 1級 実地 問題1より改題）

解答　×

理　由：複式伸縮管継手の**両側**の配管に**ガイド**がない。

改善策：複式伸縮管継手の**両側**の配管に**ガイド**を設ける。

解説

複式伸縮管継手周りの支持は、伸縮管継手を**固定**し、両側の配管に**ガイド**を設ける。

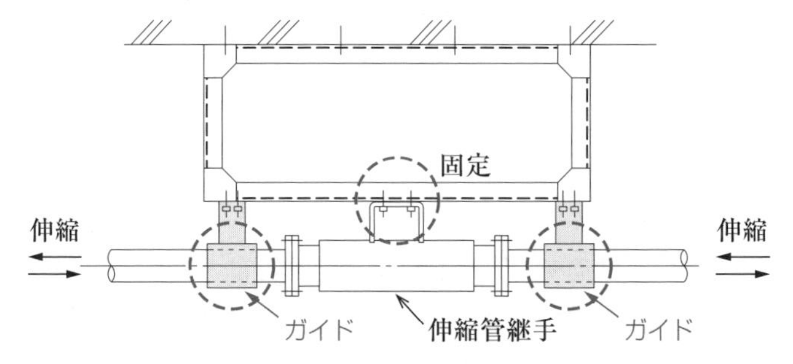

❼ 防振吊り金物

次に示す図について、**適当なもの**には○、**適当でないもの**には×を解答欄の正誤欄に記入し、×とした場合には、理由又は改善策を記述しなさい。

（平成26年度 実地 No.1より抜粋）

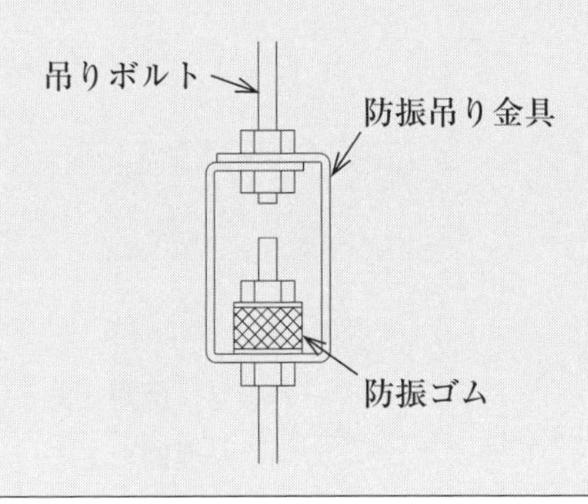

解答　×

理　由：防振ゴムの下部にナットがあり機器振動が伝わる。防振ゴムの上部のナットが**シングルナット**であり、緩むおそれがある。

改善策：防振ゴム下部のナットは**不要**とし、防振ゴムの上部のナットは**ダブルナット**とする。

解説

防振ゴムの下部をナットで固定すると、防振吊り金具の下部にある送風機等の機器からの**振動**が、吊り金具、吊りボルトを介して伝達されるので、防振ゴム下部のナットは不要である。また、防振ゴムの上部のナットは**ダブルナット**とする。

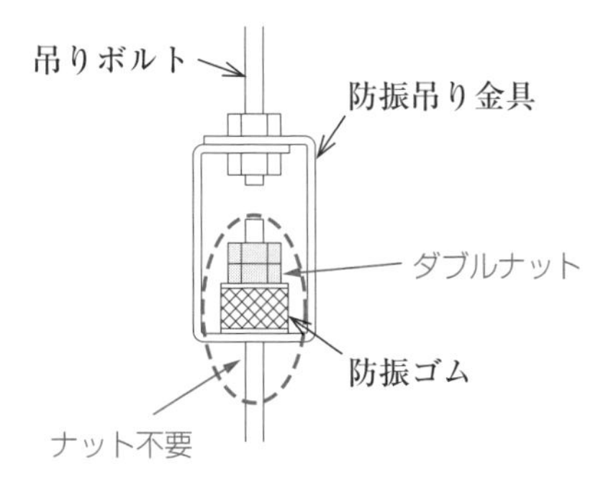

❽ Y形ストレーナーの取付要領図

次に示す図について、**適当なもの**には○、**適当でないもの**には×を解答欄の正誤欄に記入し、×とした場合には、理由又は改善策を記述しなさい。

（平成27年度 実地 No.1より抜粋）

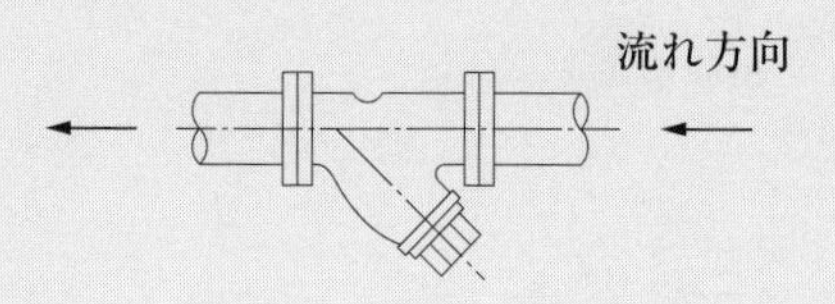

解答　×

理　由：流れ方向に対して、ストレーナーの向きが**反対**である。

改善策：流れ方向に対するストレーナーの向きを**反対**にする。

解説

ストレーナーとは、内部のスクリーンにより錆やゴミなどを捕捉し、下流に異物を流さないようにするために設ける。流れ方向に対するストレーナーの向きは、右図が適当な状態である。

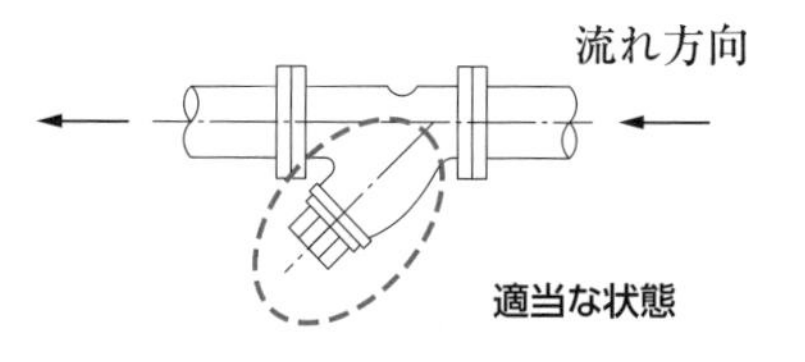

❾ つば付鋼管スリーブ

次に示す図について、使用場所又は使用目的を記述しなさい。

（令和2、平成28年度 実地 問題1より抜粋）

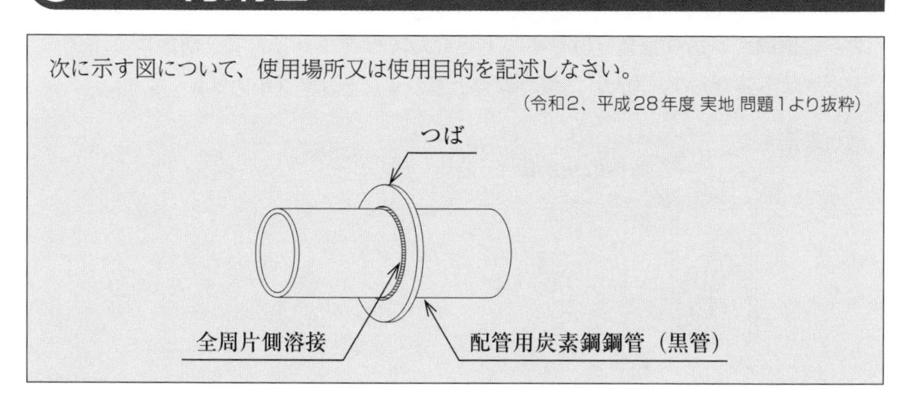

解答

使用場所：**外壁、地中壁、屋上パラペット等の配管貫通部。**

使用目的：**貫通部を介して、屋外から建物内への水の侵入を防止する。**

⑩ ステンレス製フレキシブルジョイント

次に示す図の機材について、使用場所を記述しなさい。（平成29年度 実地 問題1より抜粋）

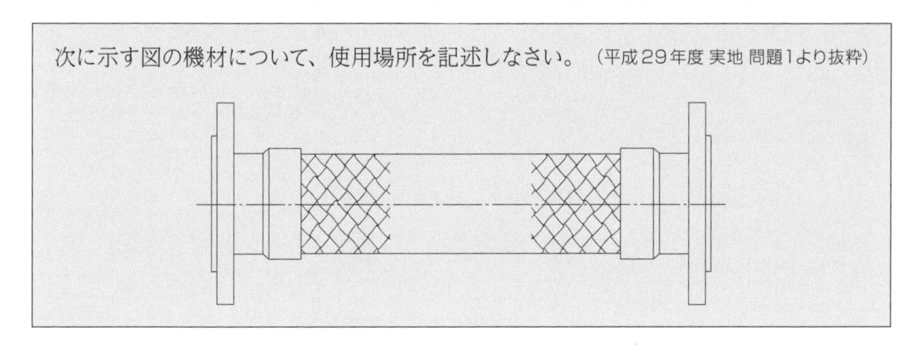

解答

使用場所：**建物の引き込み部分やエキスパンションジョイント部、機器周り等、地震時に変位の発生するおそれのある部分の配管。**

解説

フレキシブルジョイントは、建物の引き込み部分やエキスパンションジョイント部、機器周り等、地震時に変位の発生するおそれのある部分の配管に設け、配管が折損するのを防止する。

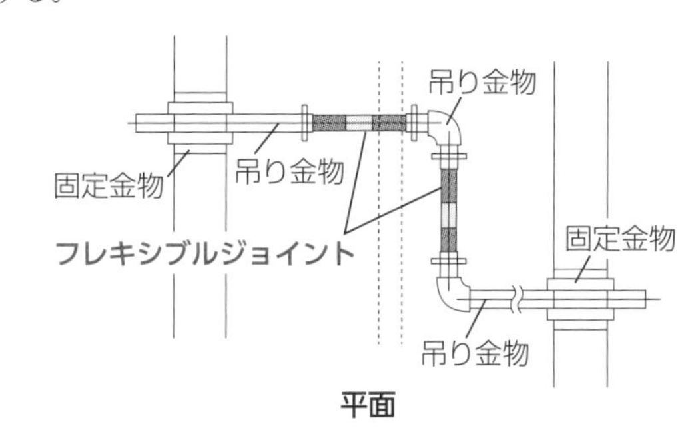

平面

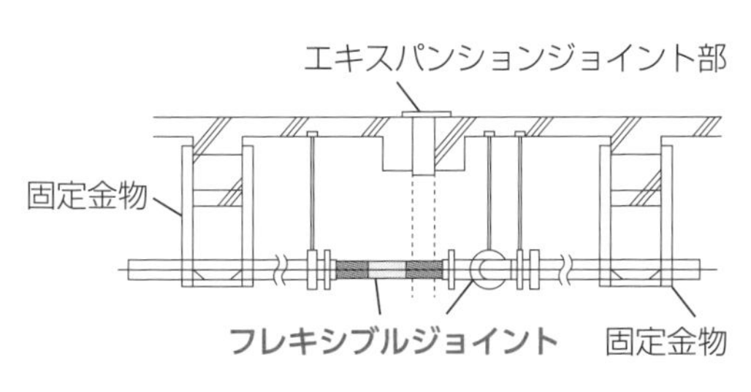

立面

⑪ 合成ゴム製防振継手

次に示す機材について、その設置箇所を記述しなさい。

(平成20年度 実地 No.1より抜粋)

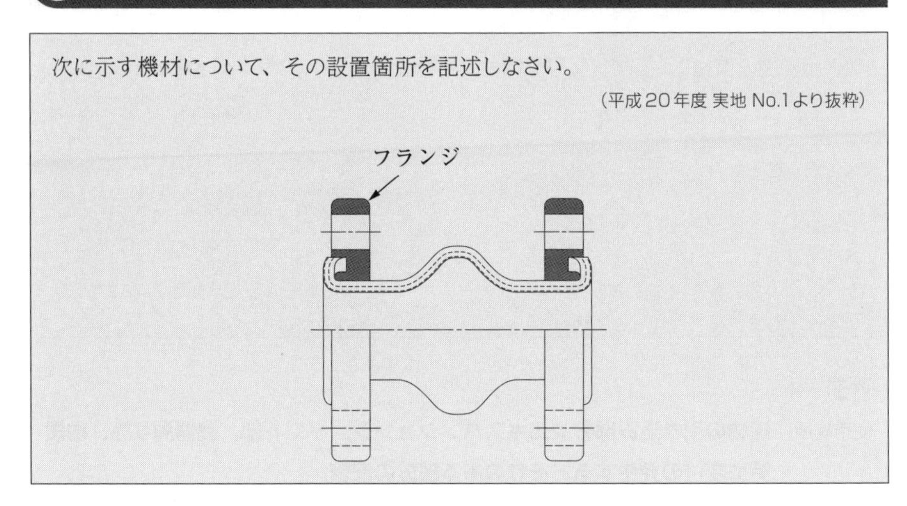

解答

設置箇所：ポンプや冷凍機等の振動発生機器と配管の接続部分。

解説

防振継手は、弾性体の**ゴム**と**フランジ**（つば）などで構成され、ポンプや冷凍機等の回転機の振動が、配管に伝達するのを防止するために、**振動発生**機器と**配管**の**接続**部分に設置する（➔P.132）。

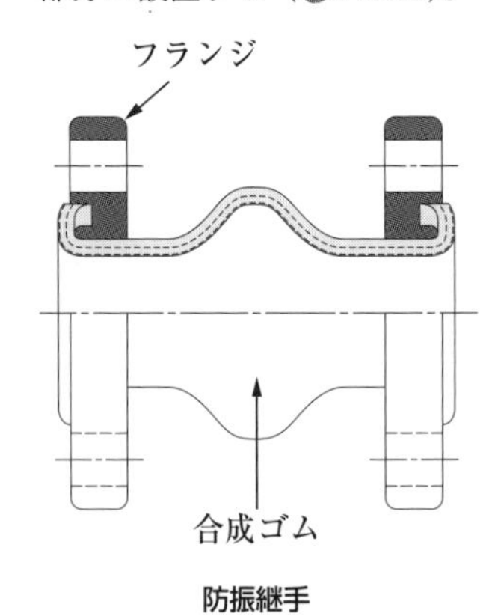

防振継手

⑫ 絶縁材付き鋼製吊りバンド

次に示す図について、使用される配管材料名を記述しなさい。

（平成23年度 実地 No.1より抜粋）

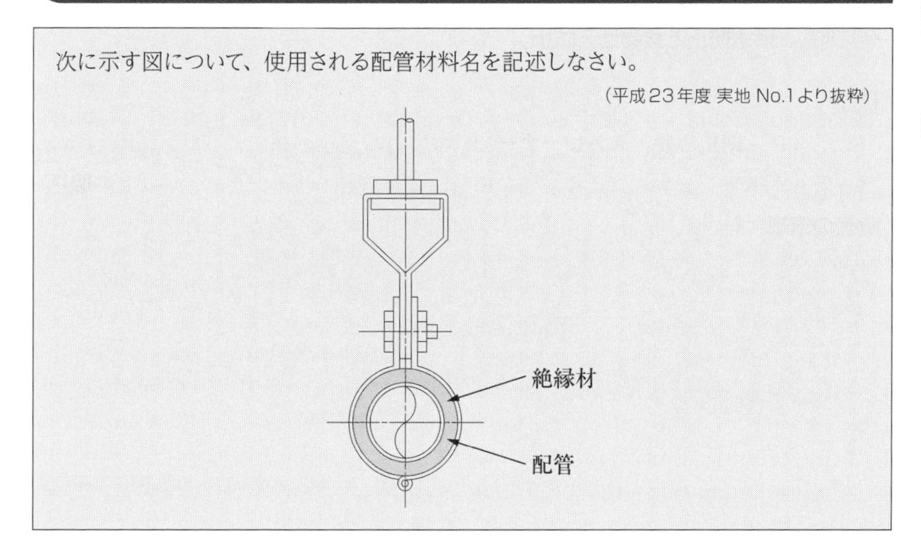

解答

使用される配管材料名：銅管または**ステンレス管**

解説

絶縁材付き吊りバンドは、**異種金属接触腐食**を防止するために（➡P.149）、樹脂等の電気絶縁材を介して配管を**吊り支持**するものである。吊りバンドが**鋼**製であるので、銅管やステンレス管などの異種金属の配管材料に対して使用される。

⑬ フート弁

次に示す機材について、その使用場所又は使用目的を記述しなさい。

（平成28、20年度 実地 問題1より抜粋）

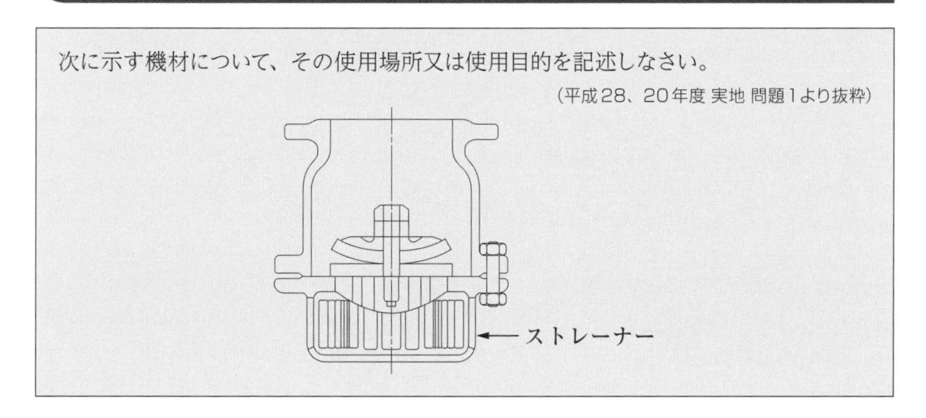

解答

使用場所：ポンプの吸込み管の末端

使用目的：落水防止と異物混入防止

解説

フート弁は、**逆止め弁**と**ストレーナー**で構成され、逆止め弁によるポンプ停止時の落水防止とストレーナーによるポンプ運転時の異物混入防止のため、ポンプの**吸込み管の末端**に設ける。

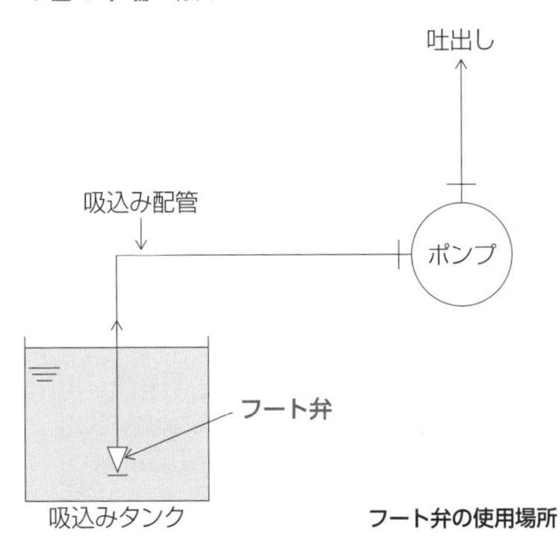

フート弁の使用場所

⑭ フランジ継手のボルトの締付け順序

次に示す図について、**適切でない部分の理由又は改善策**を記述しなさい（数字は締付け順序を表す）。

（令和3年度 第二次検定 問題1より抜粋）

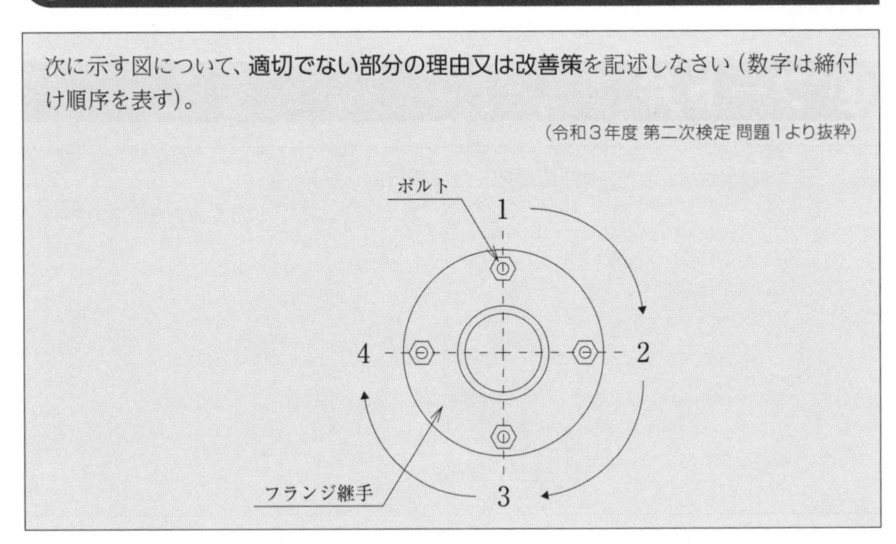

解答

理　由：図の締付け順序では、**片締め**になりやすい。

改善策：1→3→2→4と**対角締め**となる順序で締め付ける。

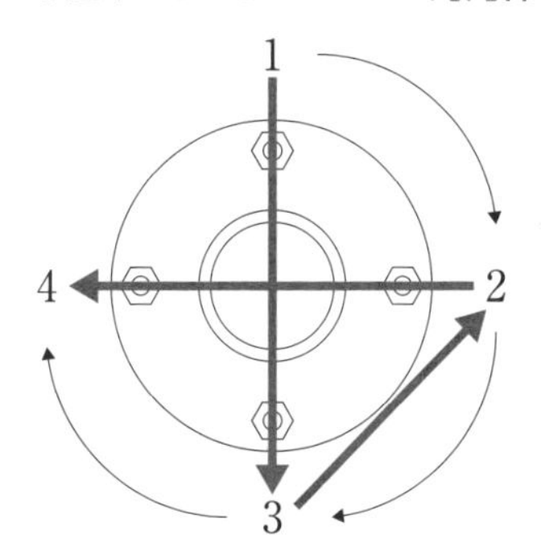

⑮ 保温施工のテープ巻き要領図

次に示す図について、**適切でない部分の理由又は改善策**を具体的かつ簡潔に記述しなさい。

（令和元年度 実地 問題1より抜粋）

立て管
保温筒
上方から
下方に巻く
テープ

解答

理　由：テープが**上方**から**下方**に巻かれており、すき間にほこりが堆積しやすく、水も侵入しやすい。

改善策：テープは**下方**から**上方**へ巻き上げる。

2-2 空調設備

ここでは、施工図のうち、空調配管施工要領図、ダクト施工要領図、ダクトの防火区画貫通部施工要領図、保温材施工要領図など空調設備に関するもののチェックポイントを示す。

① 冷媒配管の防火区画貫通部

次に示す図について、**適当なもの**には○、**適当でないもの**には×を解答欄の正誤欄に記入し、×とした場合には、理由又は改善策を記述しなさい。

（平成26年度 実地 No.1より抜粋）

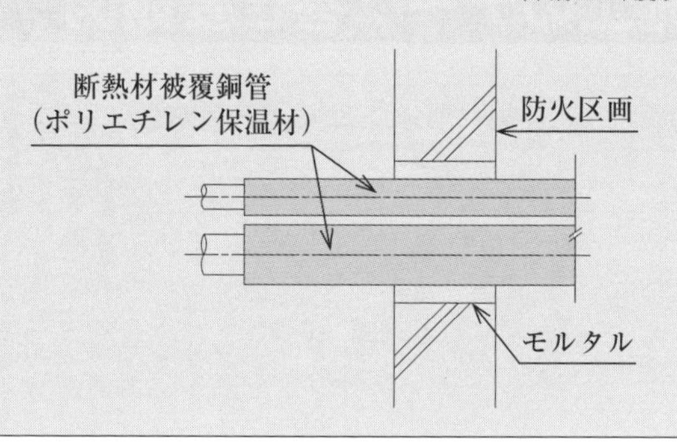

解答　×

理　由：防火区画の貫通部の保温材が**ポリエチレン保温材**であり、**不燃化処理**されていない。

改善策：防火区画の貫通部は、国土交通大臣認定工法により**不燃化処理**する。

解説

次の図のようにする。

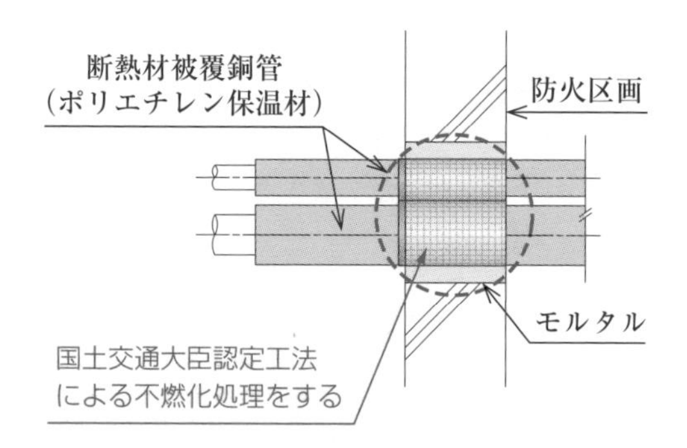

❷ 横走り冷媒配管の施工要領図

次に示す図について、**適当なもの**には○、**適当でないもの**には×を解答欄の正誤欄に記入し、×とした場合には、理由又は改善策を記述しなさい。

(平成22年度 実地 No.1より抜粋、類題：平成30年度 実地 問題1)

吊りボルト
防火区画
支持金具
モルタル
ポリエチレンフォーム
被覆銅管

解答　×

理　由：①支持部で**ポリエチレンフォーム被覆**が変形・破損するおそれがある。

②防火区画の貫通部の保温材が**ポリエチレン保温材**であり、**不燃化処理**されていない。

改善策：①プレートまたはテープなどで支持部を**補強**する。

②防火区画の貫通部は、国土交通大臣認定工法により**不燃化処理**する。

解説

不適切な箇所は次の図のとおりである。

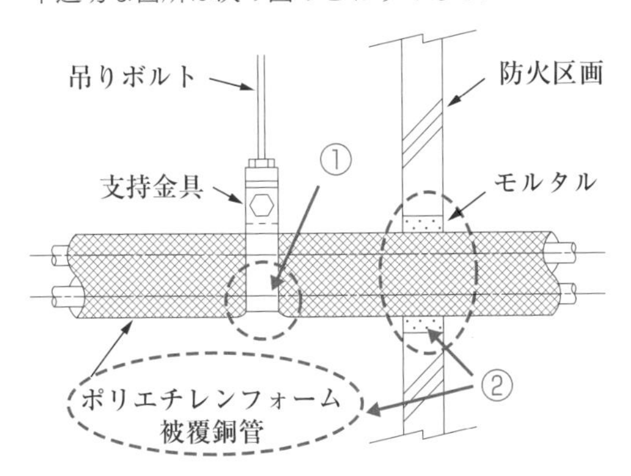

改善策は次の図のとおりである（①の改善策a、①の改善策bは、どちらかを実施すればよい）。

①の改善策a

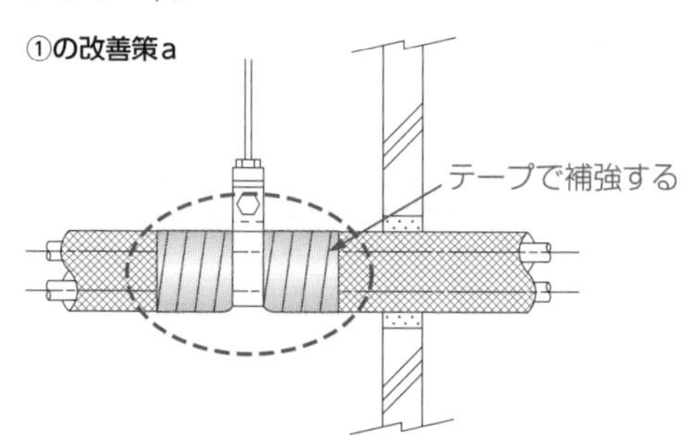

①の改善策b

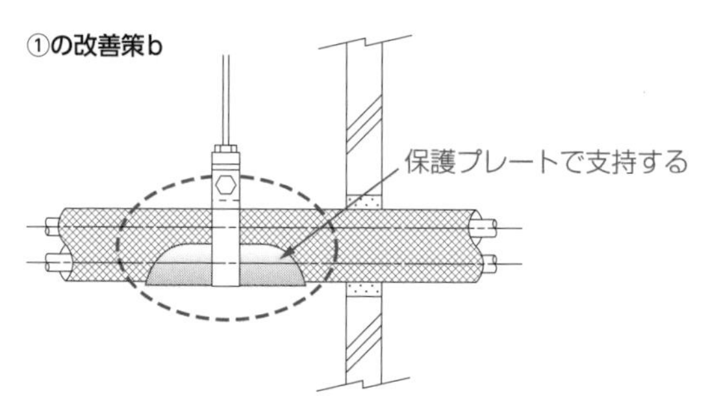

②の改善策

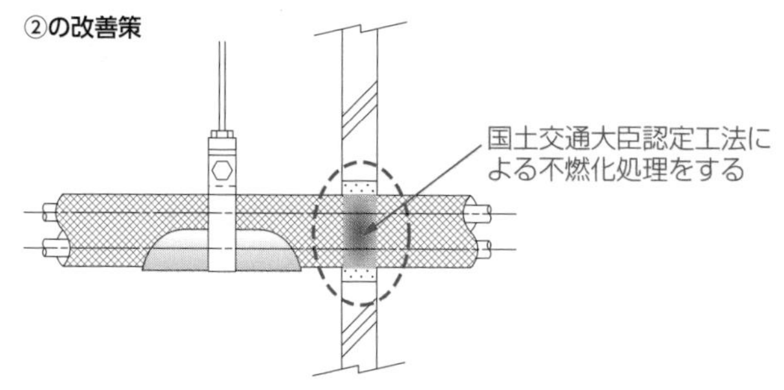

次に示す「冷媒管吊り要領図」について、**適切でない部分の理由又は改善策**を具体的かつ簡潔に記述しなさい。

（令和2年度 実地 問題1より抜粋）

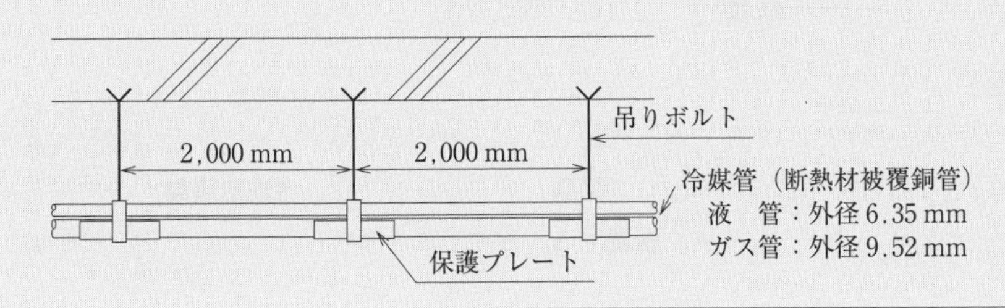

解答

改善策：冷媒用銅管の横走り管の吊り金物は、基準外径が**9.52mm以下の場合は1.5m以下**、12.70mm以上の場合は2.0m以下とする。

公共建築改修工事標準仕様書（機械設備工事編）- 国土交通省

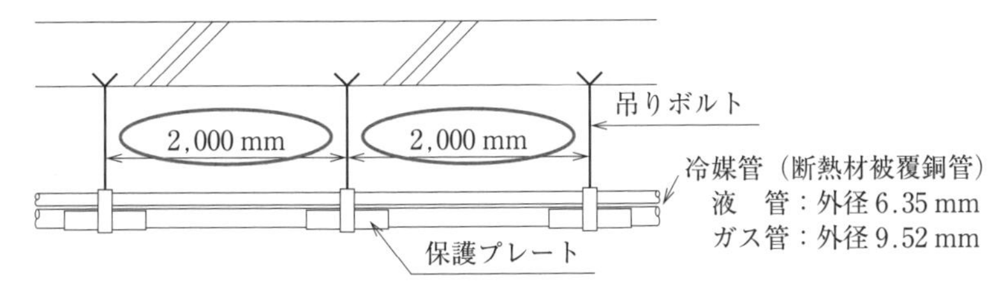

③ 冷温水管吊り・保温要領

次に示す図について、**適当なもの**には○、**適当でないもの**には×を解答欄の正誤欄に記入し、×とした場合には、理由又は改善策を記述しなさい。

（平成27年度 実地 No.1より抜粋）

鋼製吊り金物
冷温水管
外装材
保温筒

解答 ×

理　由：吊り棒に**結露**を生じる。

改善策：①**樹脂製**支持受けを設ける。

②吊り棒を**保温**する（150mm程度以上）。

解説

冷温水管を鋼製吊り金物で直接支持しているので、夏季冷房時に冷温水管内に冷水が流れると、吊り棒が冷却されて**結露**が生じる。対策は、**合成樹脂製**支持受けで支持して断熱するか、吊り棒を**保温**する。改善策①、改善策②、どちらかを実施すればよい。

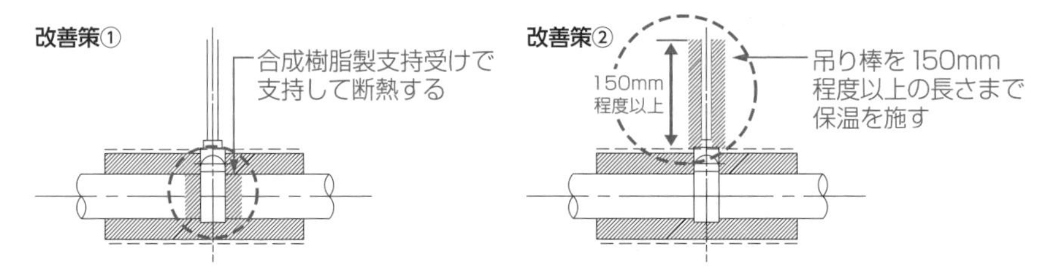

❹ 冷温水管の床貫通施工要領

次に示す図について、**適当なもの**には○、**適当でないもの**には×を正誤欄に記入し、×とした場合には、理由又は改善策を記述しなさい。

（平成21年度 実地 No.1より抜粋）

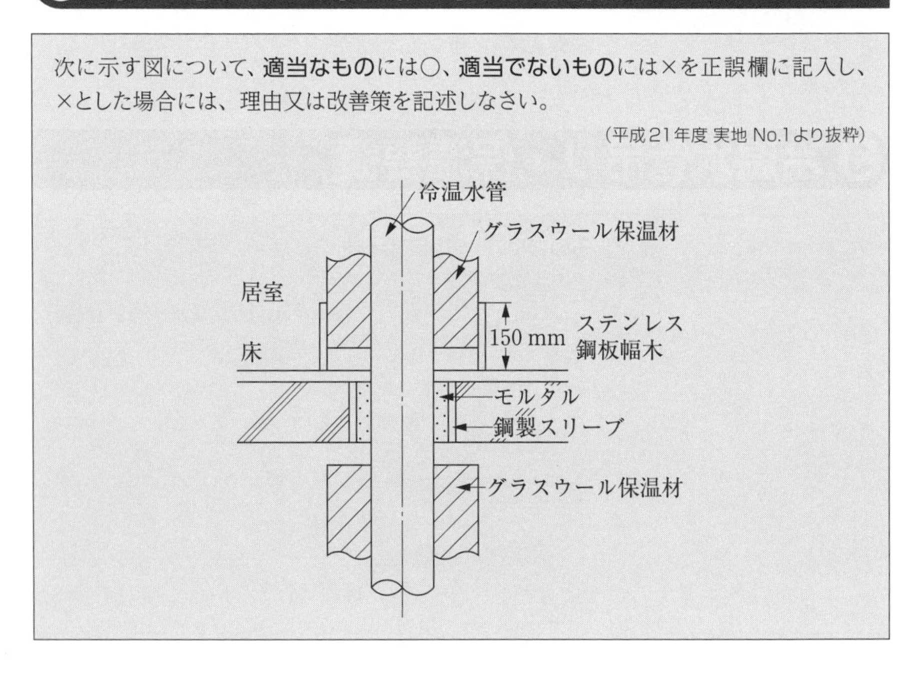

解答 ×

理　由：床貫通部が保温されていないので、**結露**する。

改善策：床貫通部も**保温**する。

解説

冷温水管の床貫通部を**保温**していないので、夏季冷房時に冷温水管内に冷水が流れると、下記の貫通部に**結露**が生じる。

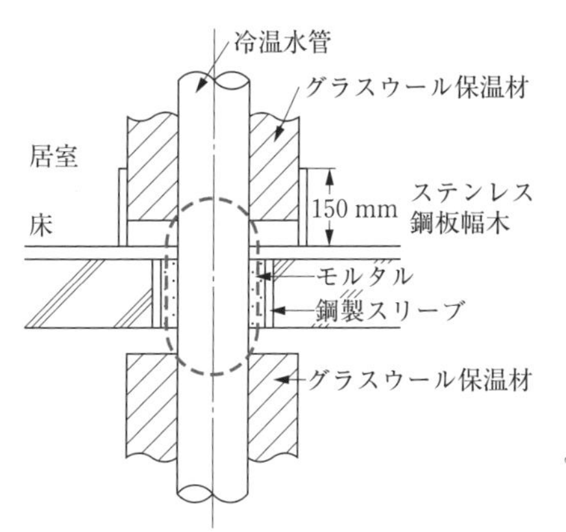

改善策

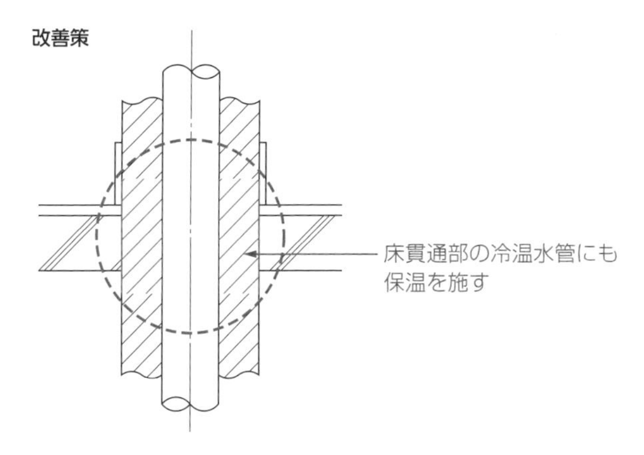

なお、蒸気管の場合、結露は問題にならないが、熱による配管の伸縮を見込む必要があるので、床から50mm程度切欠いて保温を施す。したがって、問題文中の図は蒸気管の場合の床貫通施工要領となる。

⑤ 風量調整ダンパーの取付け要領(平面図)

次に示す図について、**適当なもの**には○、**適当でないもの**には×を解答欄の正誤欄に記入し、×とした場合には、理由又は改善策を記述しなさい。

(平成24年度 実地 No.1より抜粋)

VD
気流 ⇨
⇨
VD
羽根軸
⇩

解答 ×

理　由:VD(風量調整ダンパー)の羽根による気流の偏流方向と、ダクトの分岐方向が同方向であり、**風量調整**がうまくいかない可能性がある。

改善策:VDの羽根軸を**水平**方向にして、VDの羽根による気流の偏流方向とダクトの分岐方向を**直交**方向にする。

解説

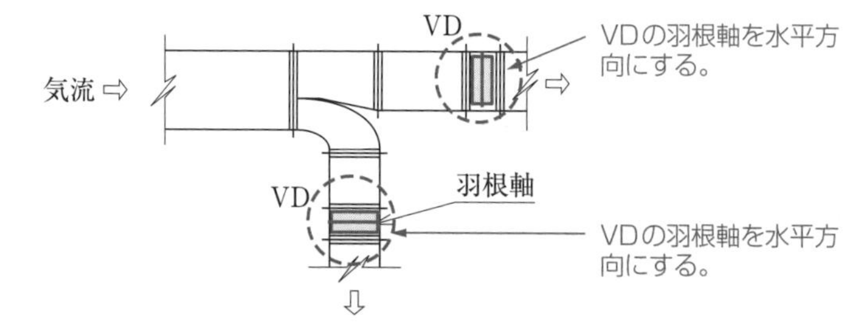

❻ 防火ダンパー取付け要領

次に示す図について、**適当なもの**には○、**適当でないもの**には×を正誤欄に記入し、×とした場合には、理由又は改善策を記述しなさい。

（平成28年度 実地 問題1より抜粋）

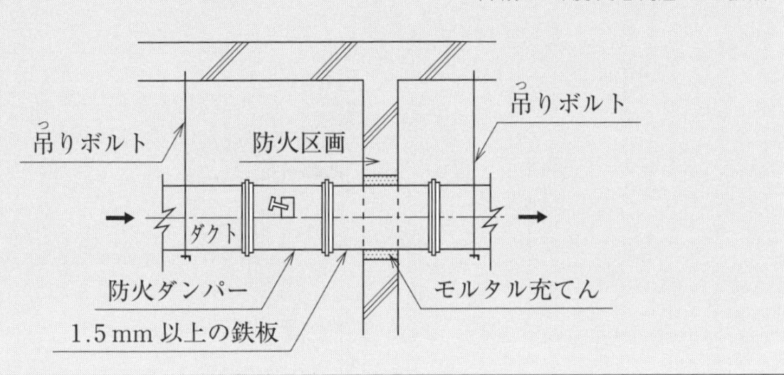

解答 ×

理　由：防火ダンパーが支持されておらず、火災時にダクトが変形した場合、ダンパーが**脱落**するおそれがある。

改善策：防火ダンパーを上部床スラブより吊りボルト等で**支持する**。

解説

ここで確認するべきポイントは、下記のとおり。

①ダンパーを支持する。

②火災時のダクトによる延焼防止のため、防火区画貫通部のダンパー、ダクト、短管（ダクトをつなぐ短い管）の板厚は**1.5mm**以上とする。

③火災時のすき間からの延焼防止のため、防火区画貫通部のすき間はモルタル等の**不燃材**で埋める。

ここでは、①が不十分なので、右図のように吊りボルトで支持する。

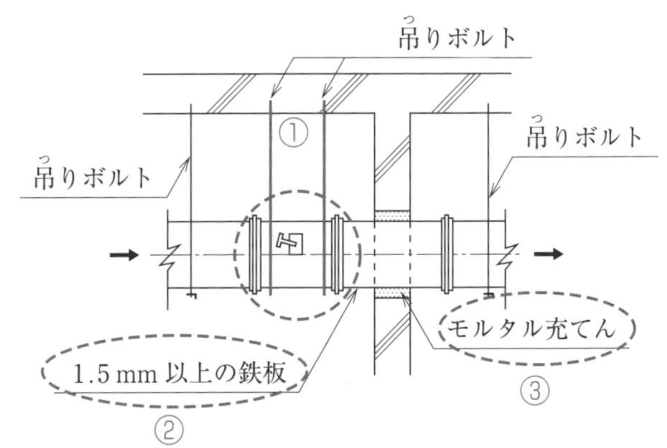

❼ ダクトの防火区画貫通短管の板厚

次に示す図について、**適当なもの**には○、**適当でないもの**には×を正誤欄に記入し、×とした場合には、理由又は改善策を記述しなさい。

（平成21年度 実地 No.1より抜粋）

吊りボルト

不燃材料充填

防火ダンパー

短管
1.5 mm以上の厚さの鉄板

解答　○

解説

ここで確認するべきポイントは、下記のとおり。

①ダンパーが支持されているか。

②ダンパー、ダクト、短管の板厚は**1.5mm**以上か。

③すき間は不燃材料で充填してあるか。

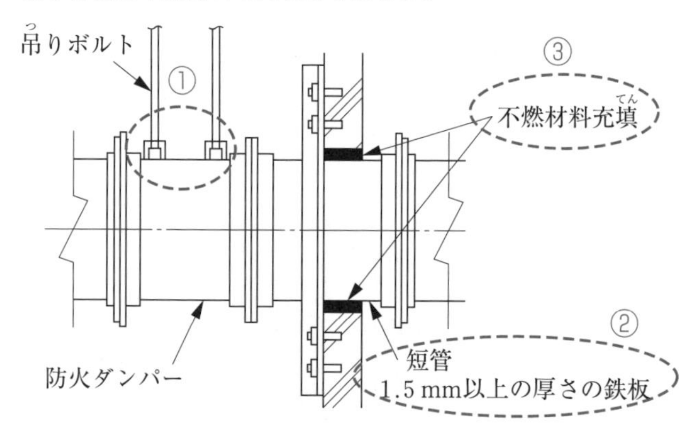

⑧ 送風機吐出し側のダクト施工要領

次に示す図について、**適当なもの**には○、**適当でないもの**には×を正誤欄に記入し、×とした場合には、理由又は改善策を記述しなさい。

（平成25年度 実地 No.1より抜粋、類題：令和元年度 実地 問題1）

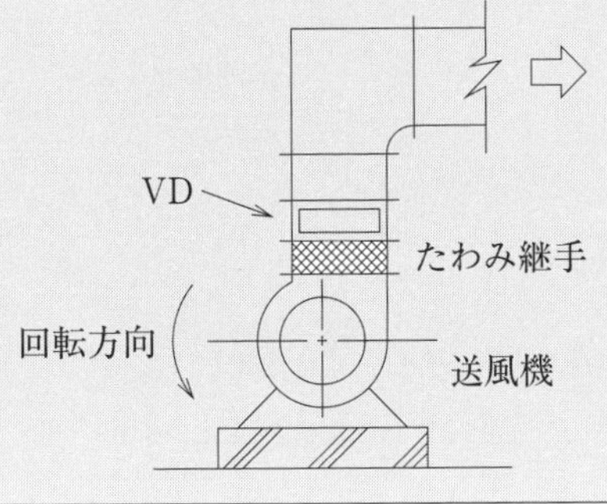

解答 ×

理　由：VD（風量調整ダンパー）が送風機吐出し口近傍の整流されていない箇所に設置されており、騒音・振動が生じるおそれがある。

改善策：VD（風量調整ダンパー）は**ダクト下流**の**整流された箇所**に設置する。

解説

改善策①、改善策②、どちらかを実施すればよい。

改善策①

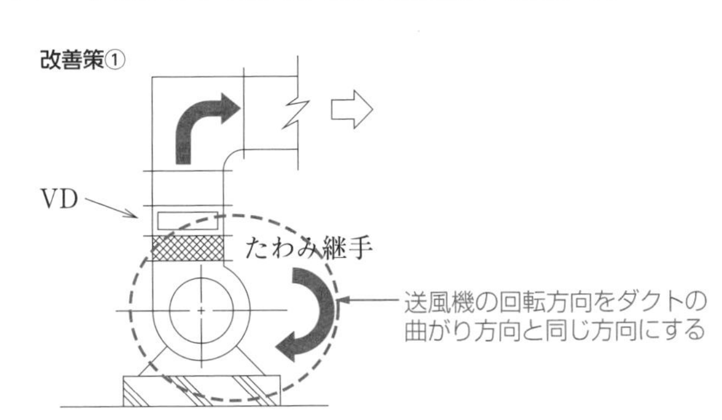

改善策②

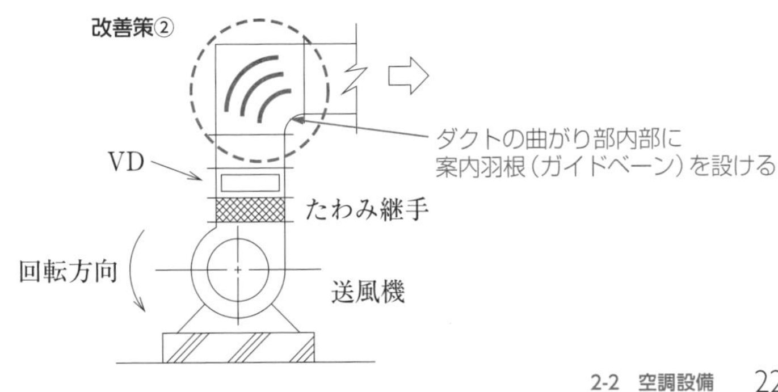

次に示す「送風機回りダンパー取付け要領図」について、**適切でない部分の理由又は改善策**を具体的かつ簡潔に記述しなさい。

（令和４年度 第二次検定 問題1より抜粋）

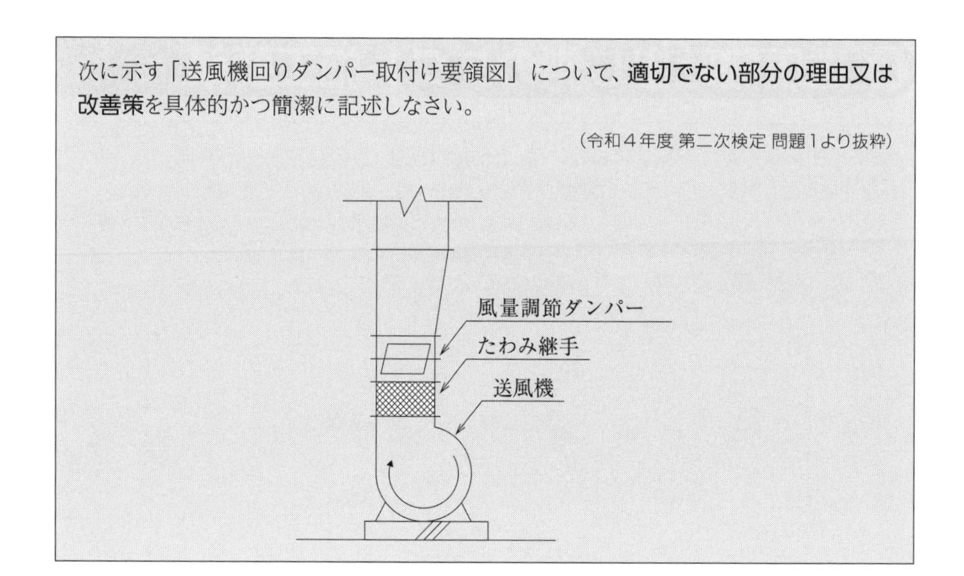

解答

理　由：風量調節ダンパーが送風機の吐出し近傍の整流されていないところに設置されている。

改善策：風量調節ダンパーは**整流された直管部分**に設置する。

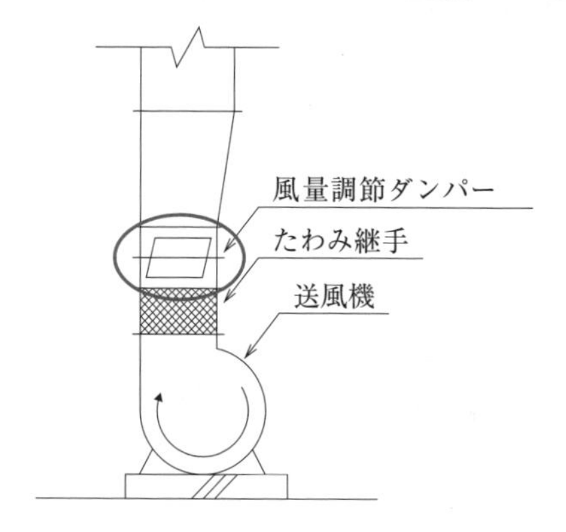

❾ 排気混合チャンバー廻りの要領図

次に示す図について、**適切でない部分の改善策**を具体的かつ簡潔に解答欄に記述しなさい。

(平成27年1級 実地 No.1より抜粋、類題：平成19年度 実地 No.1)

ガラリ
排気混合チャンバー
倉庫系統
1,000m³/h
湯沸室系統
300m³/h

解答　×

理　由：一方の系統の排気ファンが運転し、もう一方の系統の排気ファンが停止している場合、排気ファンを運転している系統の排気が、排気ファンを停止している系統へ逆流する恐れがある。

改善策：①排気混合チャンバー内に**分離板**を設ける。
②それぞれの系統のダクトに、**逆流防止ダンパー**を設ける。

解説　改善策①、改善策②、どちらかを実施すればよい。

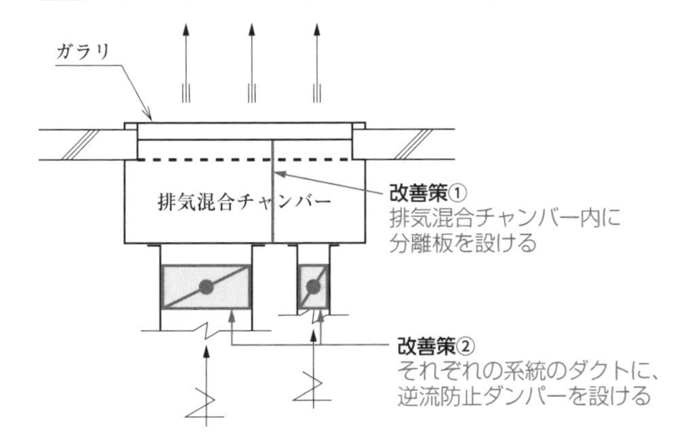

次に示す図について、**適切でない部分の理由又は改善策**を具体的かつ簡潔に記述しなさい。

（令和２年度 実地 問題1より抜粋）

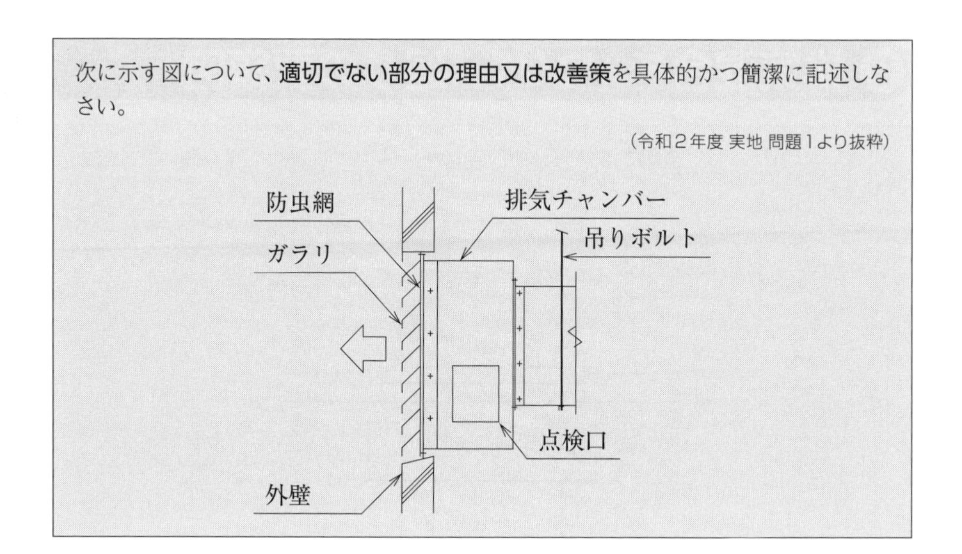

解答

理　由：ガラリからの浸水や結露水が排気チャンバー底部に滞留する。

改善策：底部に外に向かって**下り勾配**を設けるか、ドレン管を設ける

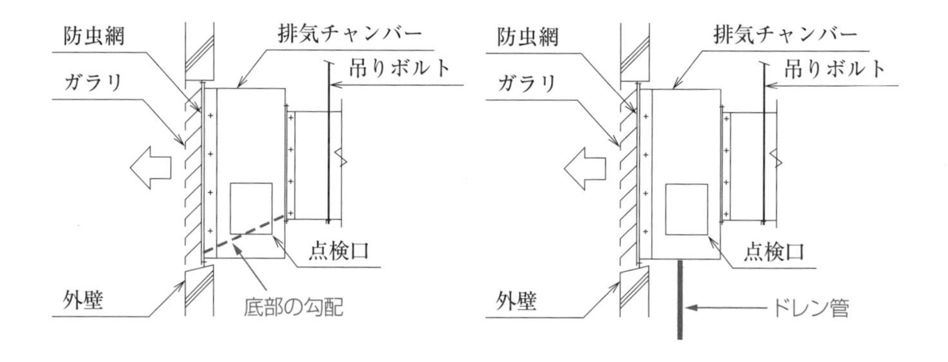

⑩ 湯沸器取付要領図

次に示す図について、**適当なもの**には○、**適当でないもの**には×を解答欄の正誤欄に記入し、×とした場合には、理由又は改善策を記述しなさい。

（平成19年度 実地 No.1より抜粋）

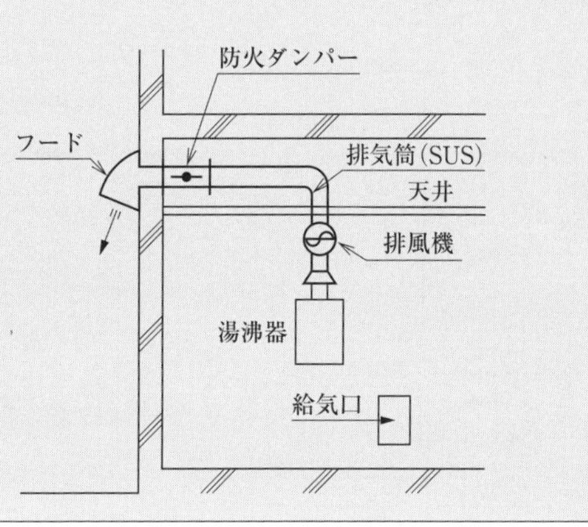

解答　×

理　由：湯沸器の排気筒に**防火ダンパー**があり、湯沸器使用中に防火ダンパーの温度ヒューズが作動して防火ダンパーが閉止すると、換気が不十分となり、不完全燃焼による一酸化炭素が発生する恐れがある。したがって、湯沸器の排気筒に**防火ダンパー**を設けてはならない。

改善策：湯沸器の排気筒には、**防火ダンパー**を設けない。

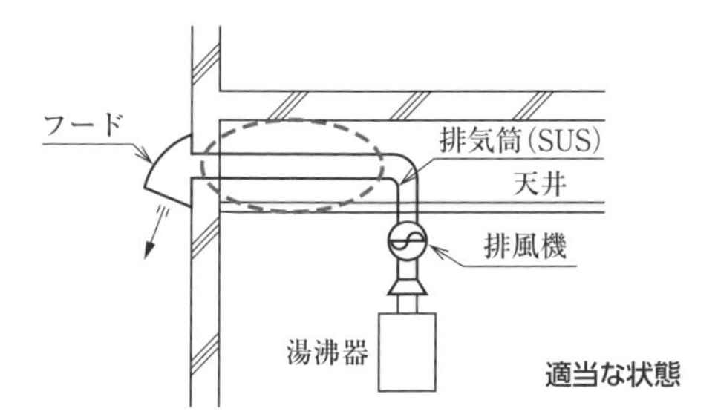

適当な状態

⑪ 湯沸室の換気方式図

次に示す図について、湯沸室の機械換気方式の種別を記入しなさい。

（平成29、23年度 実地 問題1より抜粋）

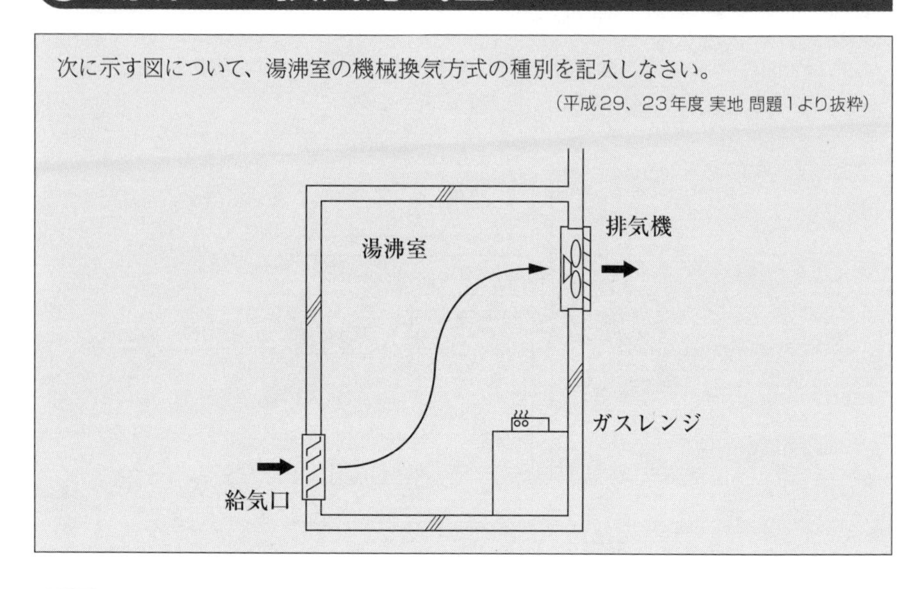

解答　**第三種機械換気方式**

解説

給気が給気口による**自然**換気、排気が排風機による**機械**換気である換気方式は、第三種機械換気方式である。第一種機械換気方式は、給気、排気とも機械換気、第二種機械換気方式は、給気が機械換気、排気が自然換気による換気方式である（➡ P.48）。

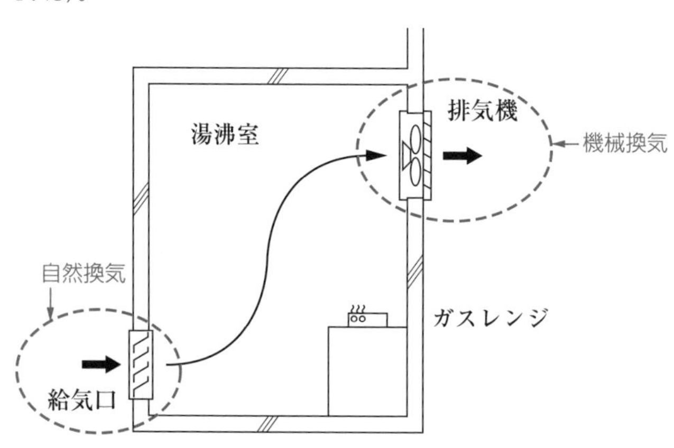

⑫ 合成樹脂支持受け付きUバンド

次に示す図の機材について、その使用目的を記述しなさい。

（令和2、平成24年度 実地 問題1より抜粋）

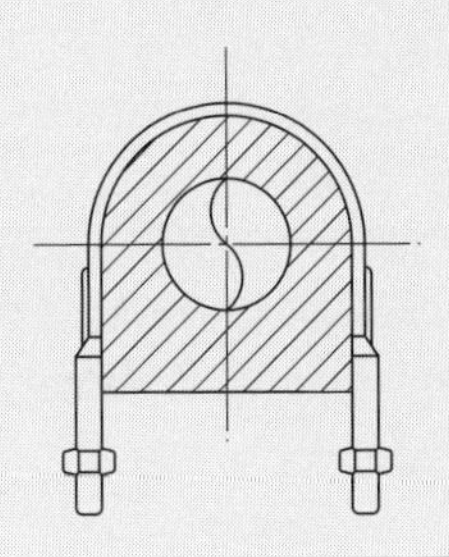

解答

使用目的：冷水管、冷温水管等の低温配管を支持する**Uバンドの結露防止**のために用いられる。

解説

熱伝導率の小さいウレタン等の合成樹脂を介して支持することで、低温配管とUバンドを断熱し、Uバンドが冷やされて結露が生じるのを防ぐために用いられる。

⑬ パッケージ形空気調和機

次に示す図について、**適切でない部分の理由又は改善策**を記述しなさい。

（令和３年度 第二次検定 問題1より抜粋）

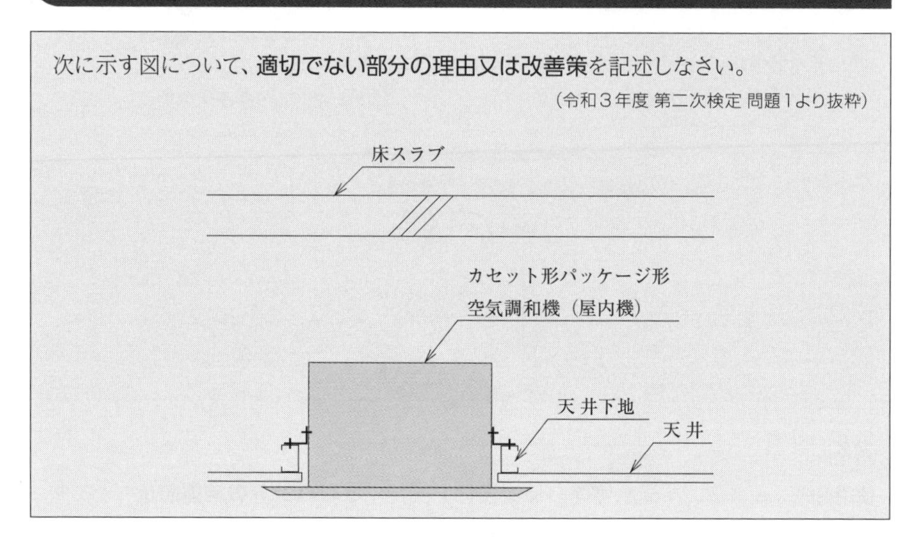

解答

理　由：屋内機が天井下地にしか固定されていない。

改善策：床スラブより吊りボルトで吊り、**振れ止め**を施す。

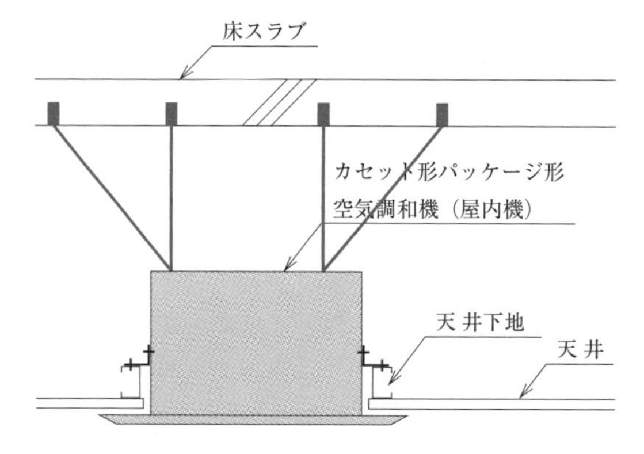

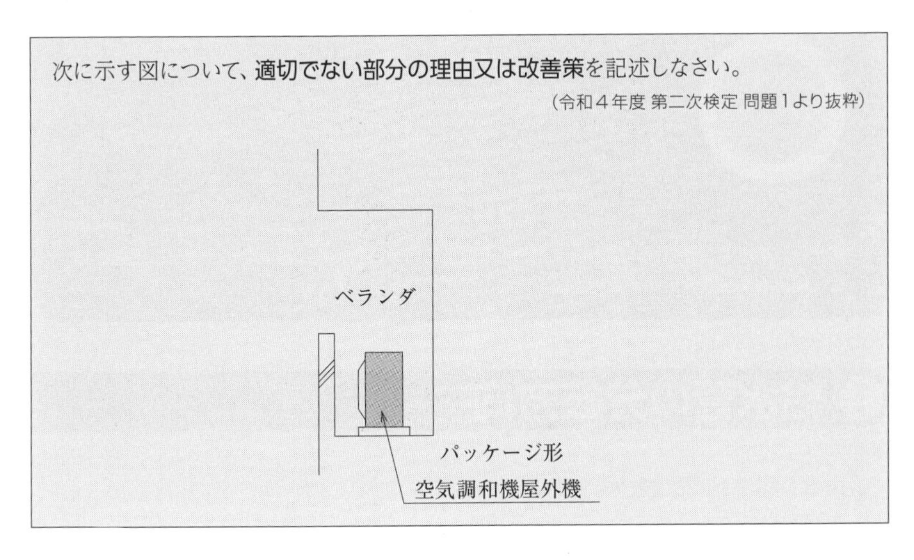

解答

理　由：屋外機の周囲の空間が確保されていないため**通風**が妨げられる。

改善策：屋外機の周囲の空間を確保でき、通風が妨げられない場所に設置する。

⑭ 長方形ダクトの継ぎ目

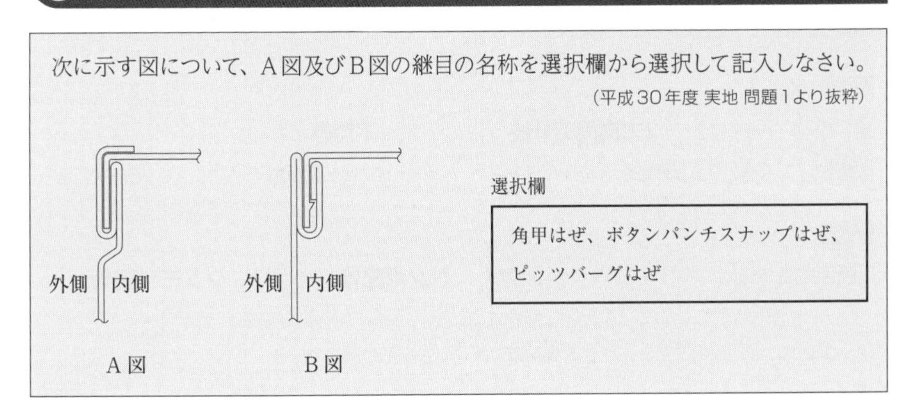

解答

A図：ピッツバーグはぜ

B図：ボタンパンチスナップはぜ

給排水衛生設備

給水管、排水管、通気管、排水ます並びにそれらに用いられる管、器具など、過去に出題された、給排水衛生設備に関する施工図とチェックポイントを以下に示す。

① 給水管の分岐方向

次に示す図について、**適当なもの**には○、**適当でないもの**には×を正誤欄に記入し、×とした場合には、理由又は改善策を記述しなさい。

（平成28、24年度 実地 No.1より抜粋）

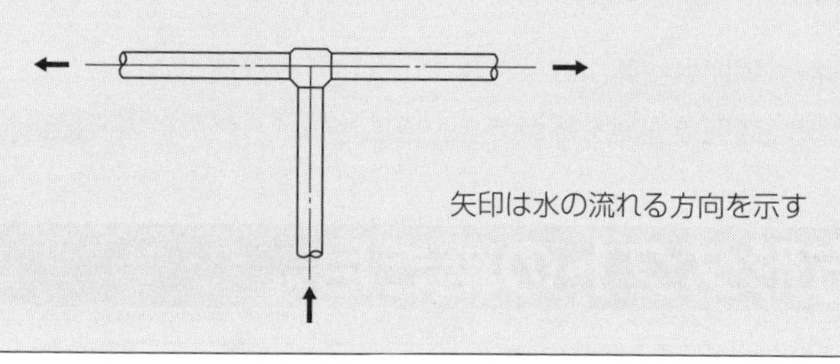

解答　×

理　由：T分岐による**2方向同時分岐**のため分流が**不均等**となる。

改善策：T分岐で片方向を分岐してから、もう一方向を**エルボ**を使用して分岐する。

解説

1箇所で2方向に分岐するような配管を、**トンボ配管**、または、**シュモク配管**といい、分流が不均等になる不適当な配管である。下記のようにするとよい。

※**シュモク**とは、鐘木とかき、鐘を鳴らすのに用いるT字形の道具をいう。

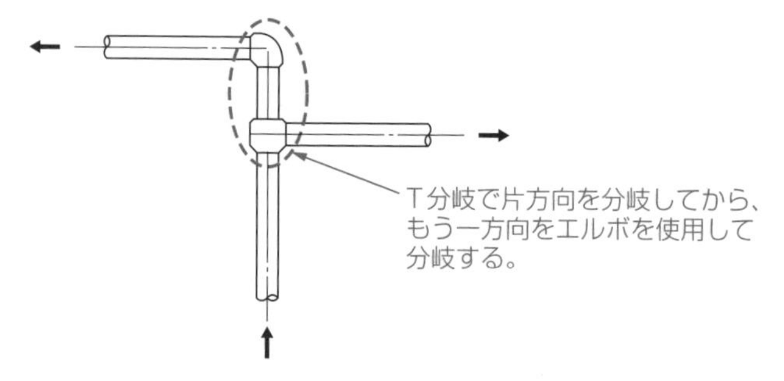

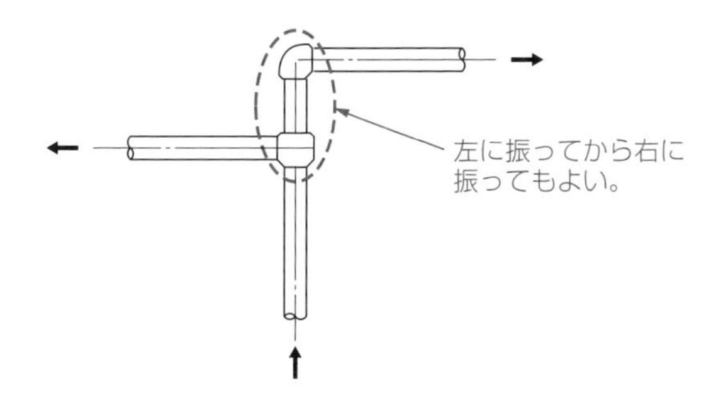

次に示す「中間階便所平面詳細図」について、**適切でない部分の理由又は改善策**を、給水設備について記述しなさい。ただし、配管口径に関するものは除く。

（令和４年度 第二次検定 問題1より抜粋）

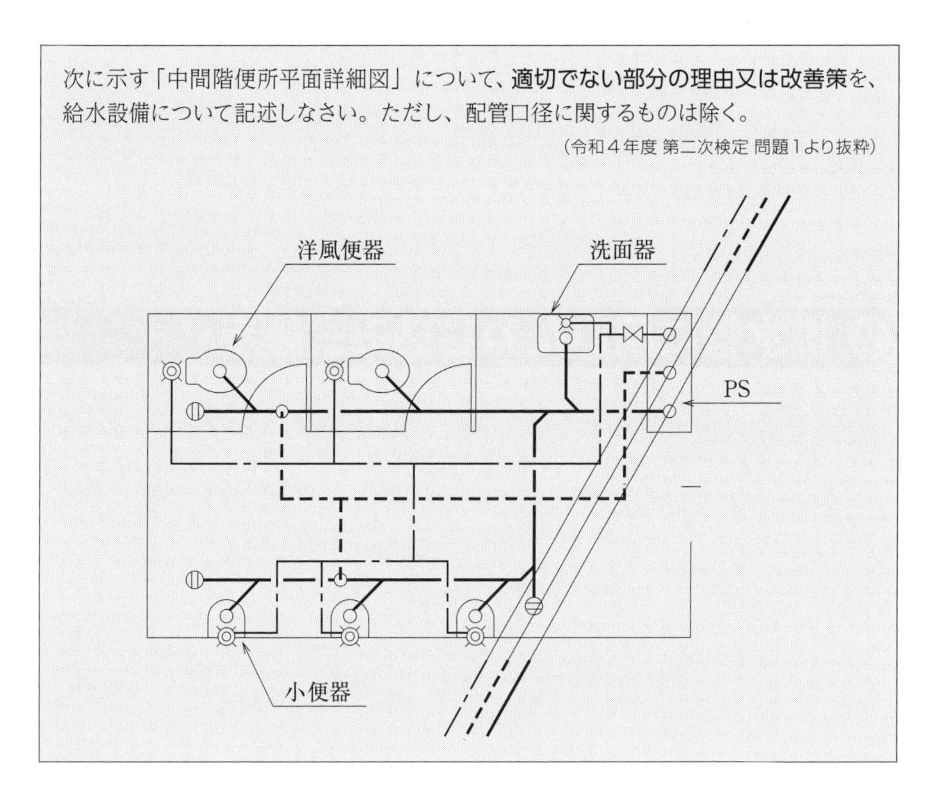

解答

理　由：小便器への給水管がしゅもく（トンボ）配管になっている。

改善策：小便器への給水管の分岐はT字管で片方に分岐してからもう片方に流す。

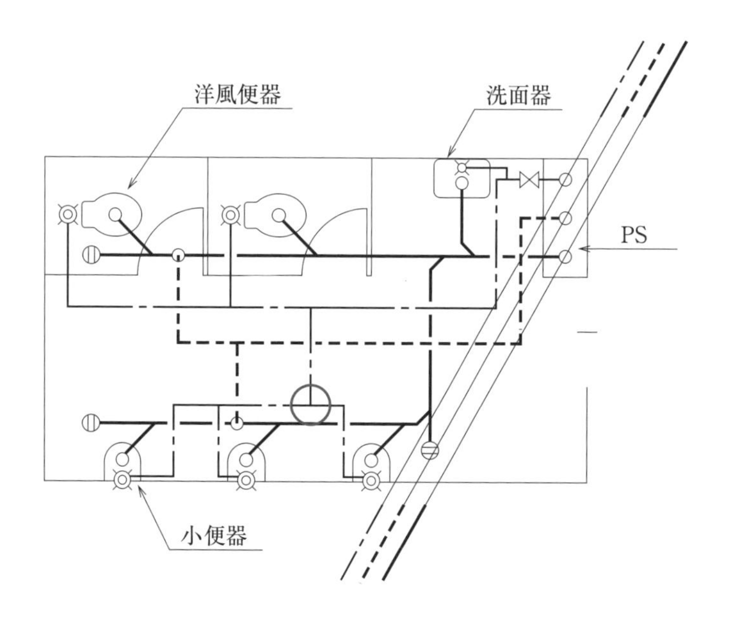

❷ 排水管に用いたねじ込み式継手

次に示す図について、**適当なもの**には○、**適当でないもの**には×を解答欄の正誤欄に記入し、×とした場合には、理由又は改善策を記述しなさい。

(平成27年度 実地 No.1より抜粋)

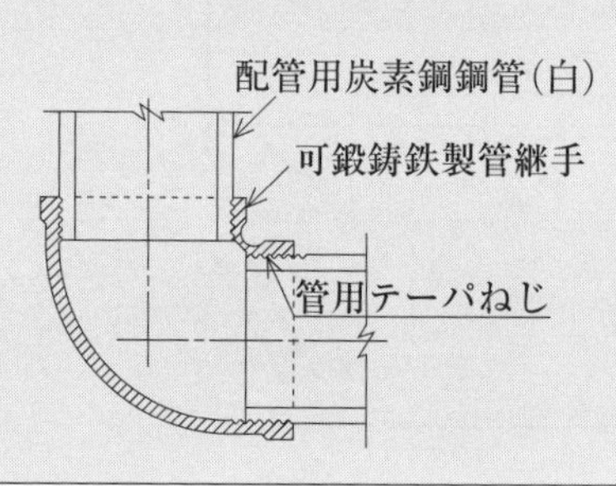

解答 ×

理　由：可鍛鋳鉄製管継手は排水管用の継手ではなく、継手内面の段差により排水障害を生じる。

改善策：可鍛鋳鉄製管継手ではなく、**ねじ込み式排水管継手**（**ドレネージ継手**）を用いる。

解説

図の点線部分に、継手内面に管端による段差が生じ、排水中の固形物が流れにくい。

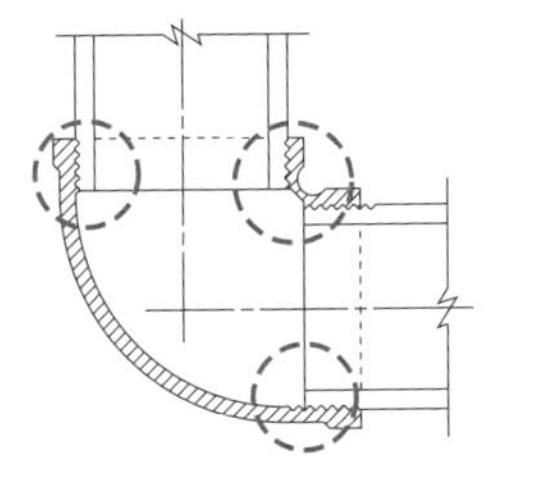

可鍛鋳鉄製管継手

そのため、**ねじ込み式排水管継手（ドレネージ継手）**を用いる。ねじ込み式排水管継手（ドレネージ継手）は、配管用炭素鋼鋼管の排水管用継手で、継手に**リセス**、**肩**と呼ばれる窪みを設けることで、管端による継手内面の段差が生じないようにしている。また、排水管をねじ込んだときに勾配を確保できるように、0° 35′の角度がついている。

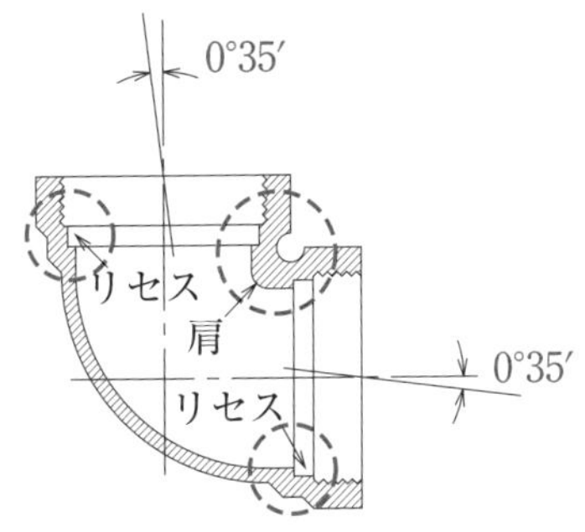

ねじ込み式排水管継手
（ドレネージ継手）

次に示す図について、継手の名称及び用途を記述しなさい。

（平成30年度 実地 問題1より抜粋）

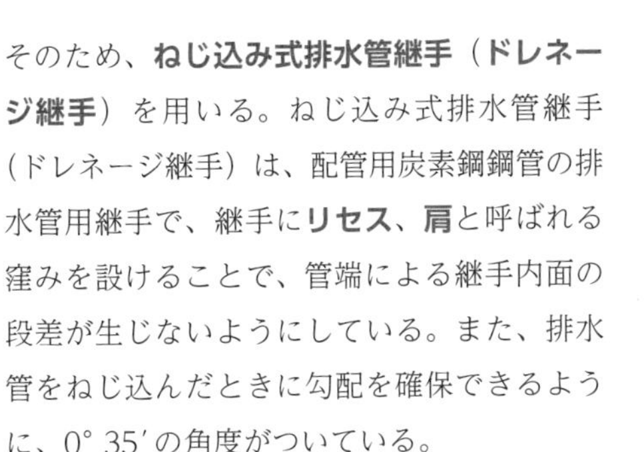

解答

名　称：ねじ込み式排水管継手（ドレネージ継手）

用　途：配管用炭素鋼鋼管の排水管用継手

❸ 排水・通気管の配管要領

次に示す図について、**適当なもの**には○、**適当でないもの**には×を解答欄の正誤欄に記入し、×とした場合には、理由又は改善策を記述しなさい。

（平成27年度 実地 No.1より抜粋）

ループ通気管
掃除流し
小便器
床上掃除口
排水横枝管
排水立て管
通気立て管

解答　×

理　由：ループ通気管が床下で通気立て管と接続されている。

改善策：ループ通気管は、最高位の器具のあふれ縁よりも**150mm**以上立ち上げて、通気立て管に接続する。

解説

ループ通気管を床下で通気立て管と接続すると、排水管が閉塞した場合、通気管が水没する可能性があるので、最高位の器具のあふれ縁よりも**150mm**以上上方の位置で接続する（➔P.80）。

そのためここでは、①ループ通気管と通気立て管の接続位置は、最高位の器具のあふれ縁よりも**150mm**以上上方か、②ループ通気管の排水横枝管からの取り出し位置は、最上流の器具排水管の合流部の**直下**かを確認する。

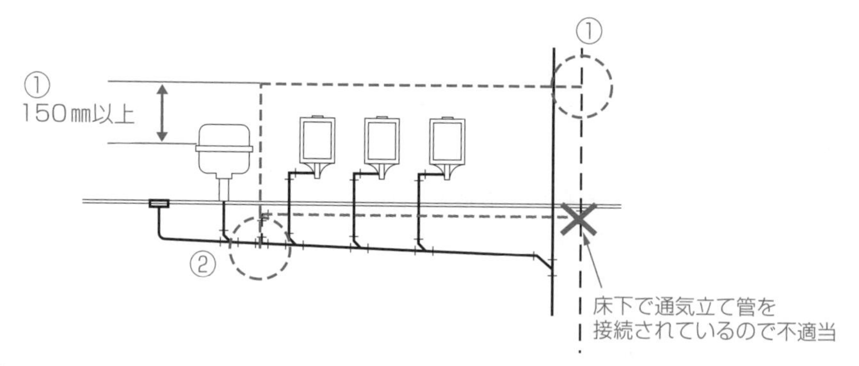

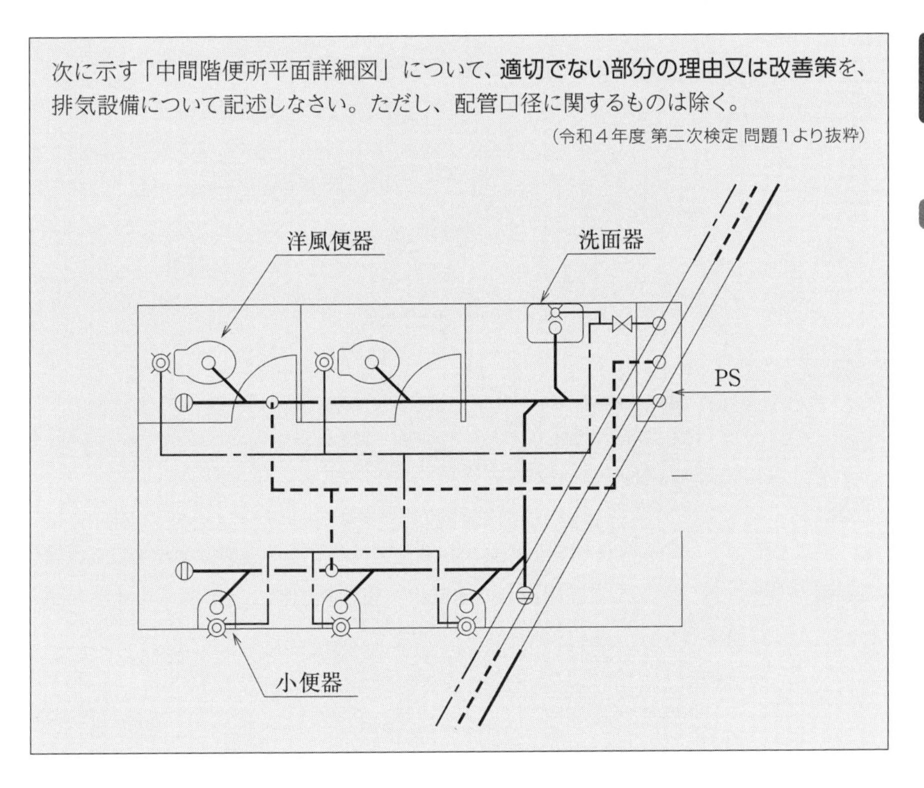

次に示す「中間階便所平面詳細図」について、**適切でない部分の理由又は改善策**を、排気設備について記述しなさい。ただし、配管口径に関するものは除く。

（令和４年度 第二次検定 問題1より抜粋）

解答

理　由：ループ通気管同士が床下で接続されている。

改善策：ループ通気管同士の接続は当階の最高位の器具あふれ縁より150mm以上上方で行う。

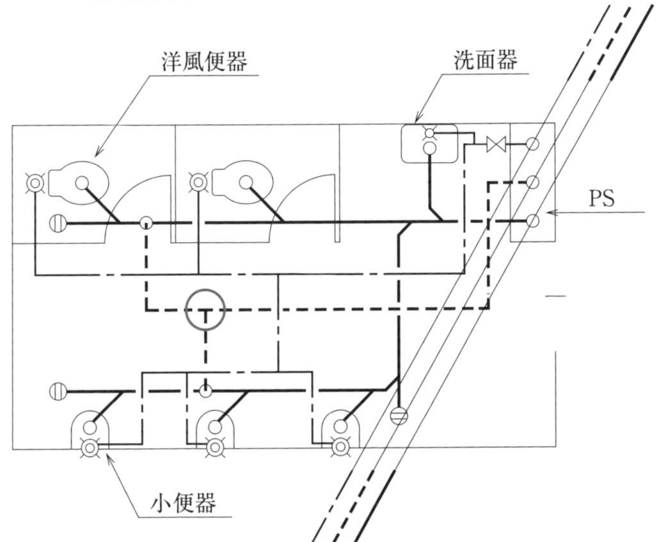

次に示す図について、**適切でない部分の理由又は改善策**を具体的かつ簡潔に記述しなさい。

（平成30年度 実地 問題1より抜粋）

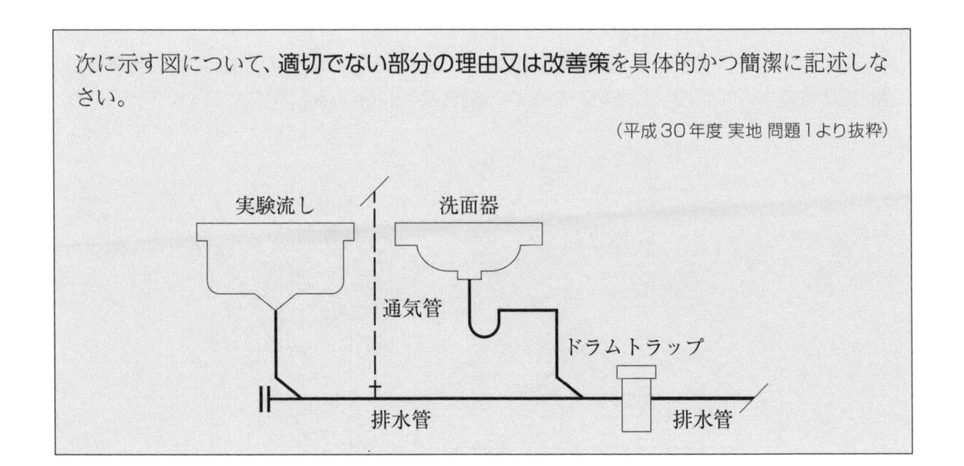

解答

理　由：洗面器下部のＰトラップとドラムトラップが二重トラップとなっている。

改善策：ドラムトラップを実験用流しの器具排水管の接続部と通気管の接続部の間に移設する。

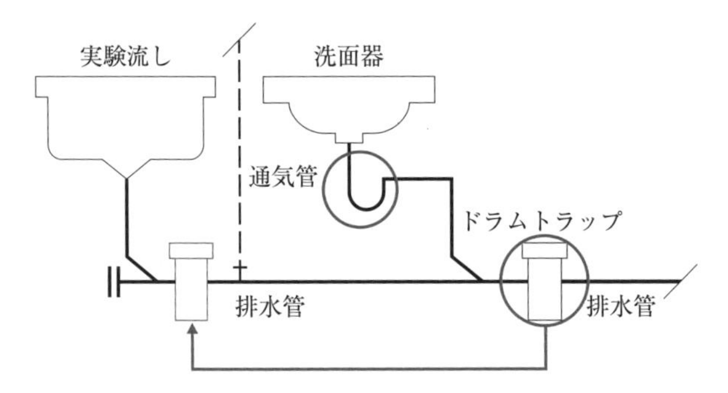

④ ループ通気管の施工要領

次に示す図について、**適当なもの**には○、**適当でないもの**には×を正誤欄に記入し、×とした場合には、理由又は改善策を記述しなさい。

（平成29、21年度 実地 問題1より抜粋）

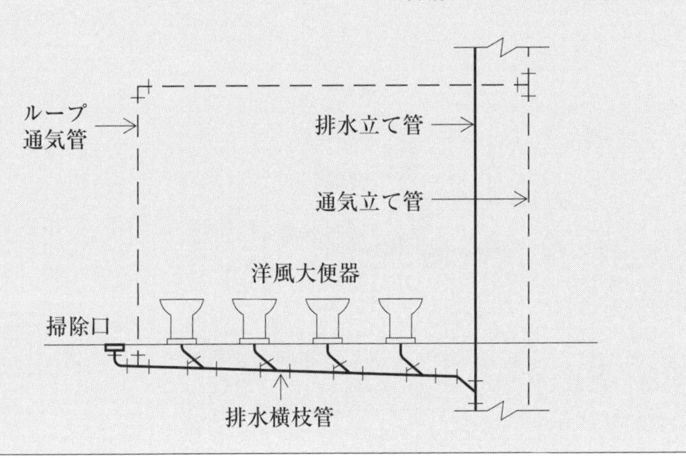

解答　×

理　由：ループ通気管と排水横枝管の接続位置が、最上流の器具排水管の合流部の**上流**となっている。

改善策：ループ通気管と排水横枝管の接続位置を最上流の器具排水管の合流部の**直下**とする。

解説

確認するポイントは、①ループ通気管と通気立て管の接続位置は、最高位の器具のあふれ縁よりも**150mm**以上上方か、②ループ通気管の排水横枝管からの取り出し位置は、最上流の器具排水管の合流部の**直下**か（掃除口は排水器具ではない）である。

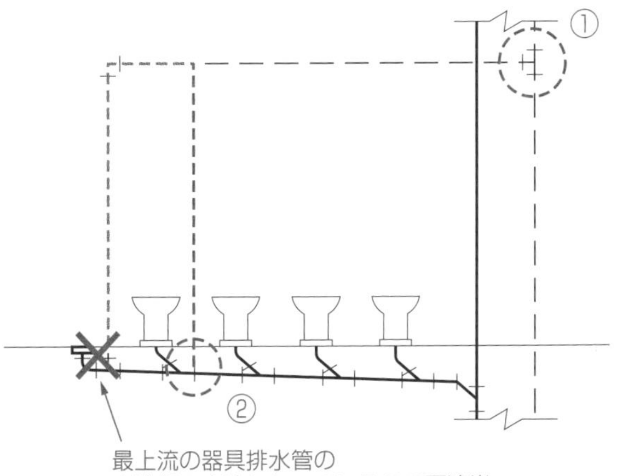

⑤ 排水・通気設備系統図

次に示す図について、ループ通気管及び通気立て管を記入しなさい。

（平成23年度 実地 No.1より抜粋）

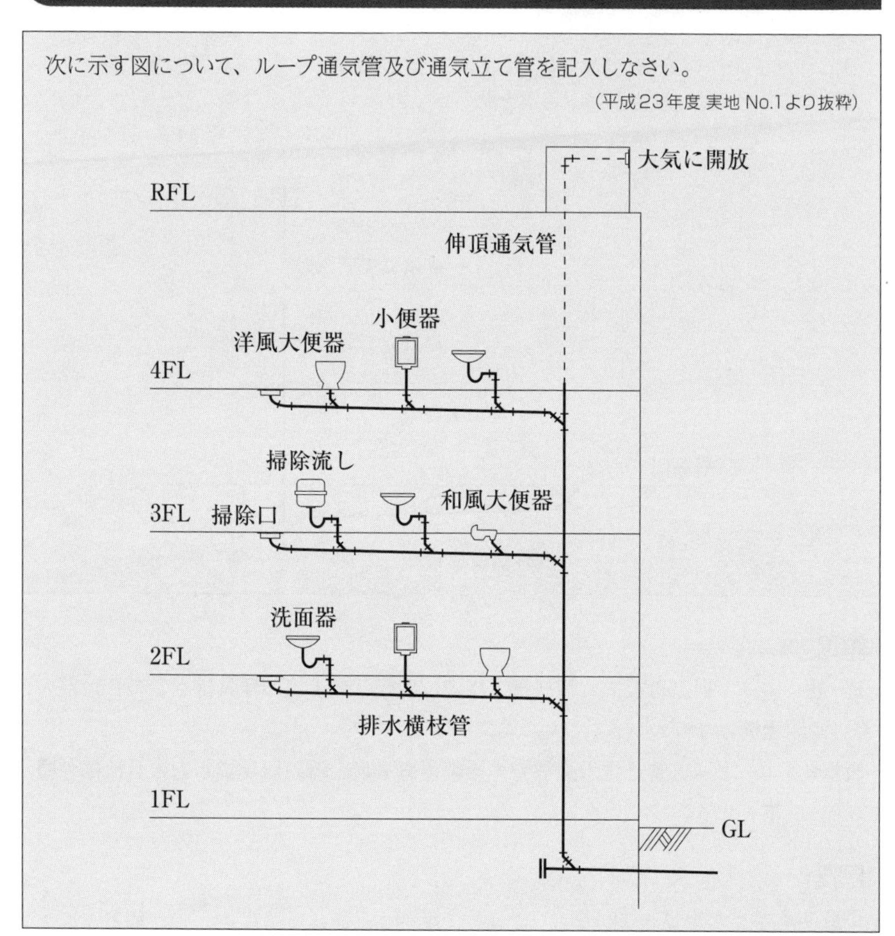

解答

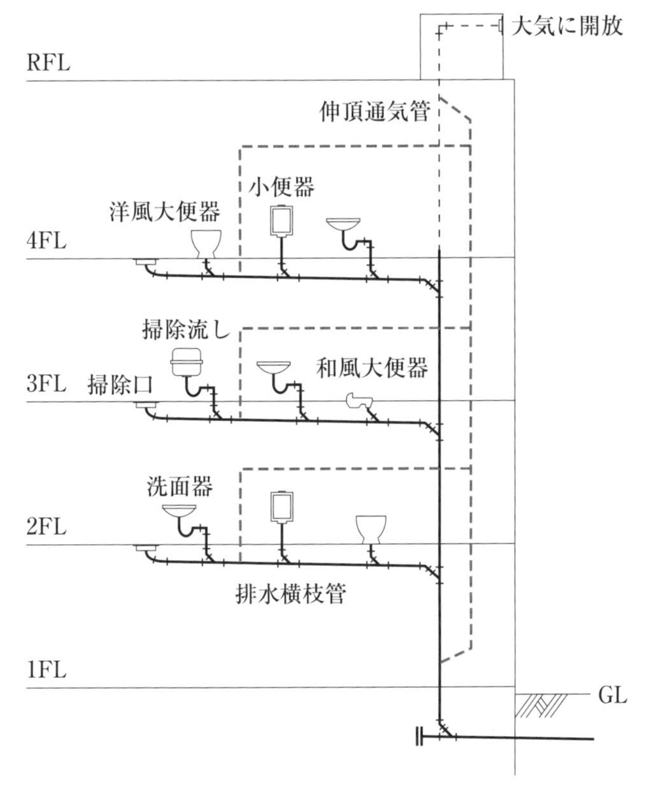

解説

確認するべきところは、①ループ通気管と通気立て管の接続位置は、最高位の器具のあふれ縁よりも**150mm**以上上方か、②ループ通気管の排水横枝管からの取り出し位置は、最上流の器具排水管の合流部の**直下**か（掃除口は排水器具ではない）、③通気立て管と排水立て管の接続位置は、最下の排水横枝管の合流部よりも**下流**か、④通気立て管の**頂部**が、伸頂通気管に接続されているかである。

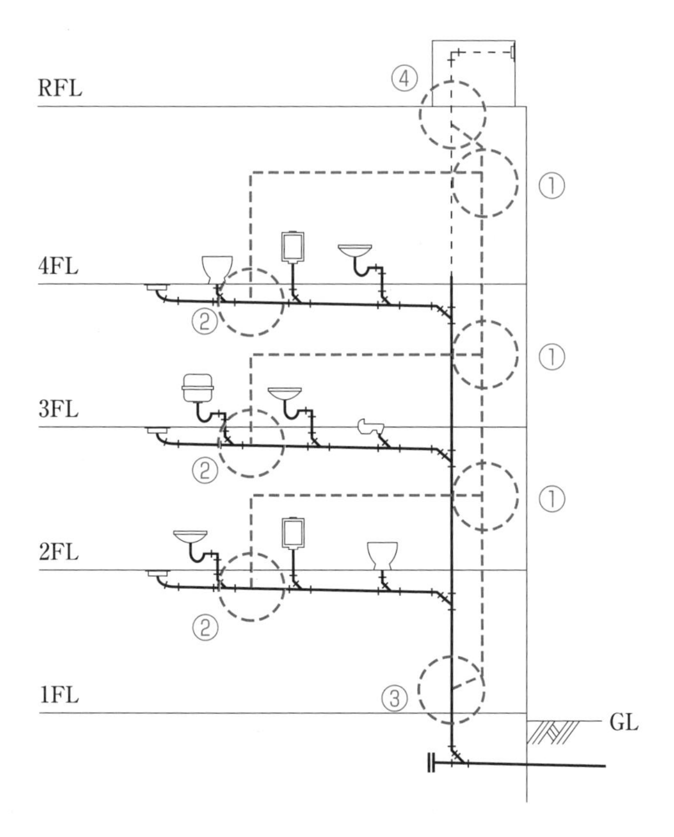

❻ 通気管取出し部

次に示す図について、**適当なもの**には○、**適当でないもの**には×を解答欄の正誤欄に記入し、×とした場合には、理由又は改善策を記述しなさい。

（平成26年度 実地 No.1より抜粋）

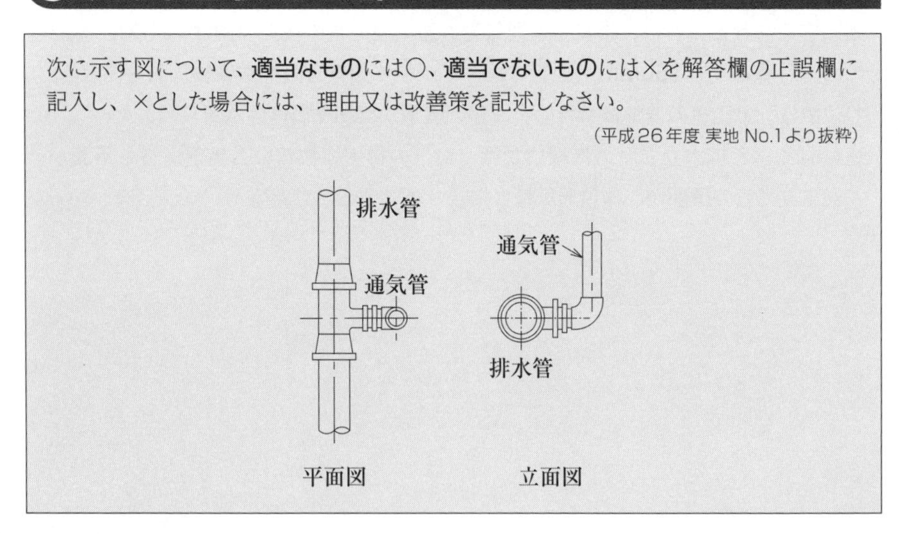

解答 ×

理 由：通気管が排水管から**水平**に取り出されている。

改善策：通気管は、排水管の**上部**（垂直中心線の45度以内）から取り出す。

解説

通気管の排水横枝管からの取り出しは、排水管を流れる排水や固形物に影響されることなく、大気への開放を確保するため、通気管は排水管の上部から取り出す。

改善策として、通気管は、排水管の上部（垂直中心線の**45**度以内）から取り出す。

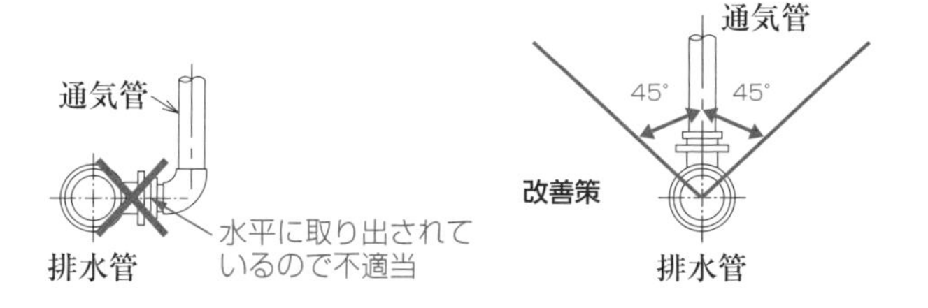

⑦ 排水状況図

図において、多量の排水が落下するとき、器具Aの排水トラップに発生するおそれのある現象を記入しなさい。

（平成22年度 実地 No.1より抜粋）

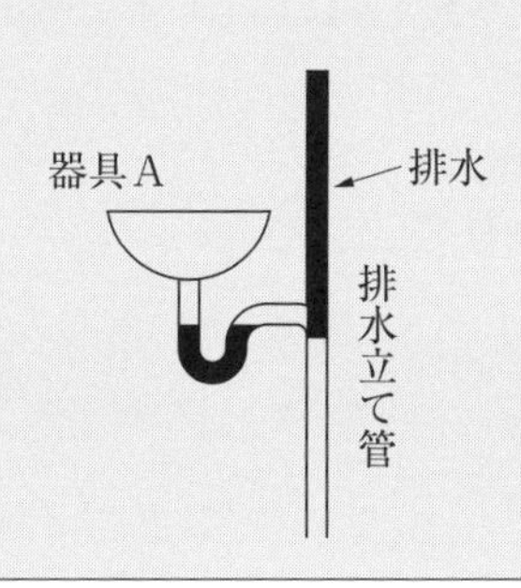

解答 **吸出し作用**

解説 設問の図を見ると、満流状態の排水が器具排水管との合流分を通過中である。この排水が下に移動することにより、右図の囲みの部分が負圧となり、器具Aの排水トラップの封水が吸い出される。

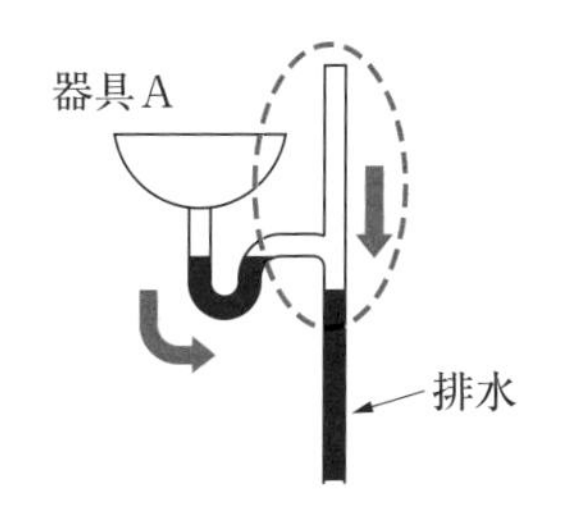

図において、器具Cより水が排出され①部が満流状態になった場合に、排水立て管の②部から多量の排水が落下して来たとき、器具Bの排水トラップに発生する現象を記入しなさい。
（平成22年度 実地 No.1より抜粋）

解答　**はね出し作用**

解説　満流状態の排水が下に移動することにより、下図の囲みの部分が正圧となり、器具Bの排水トラップの封水が跳ね出される。

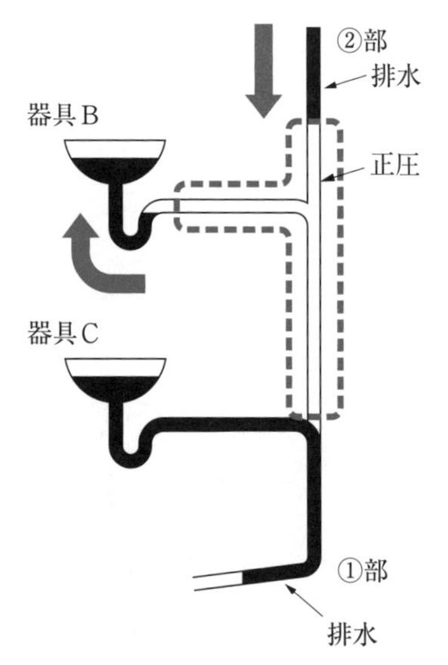

なお、器具A及び器具Bの排水トラップに発生する現象を防止するには、次図のように**器具排水管**に**通気管**を設ける。そうすることで、正圧時には圧力を大気に逃がし、負圧時には大気を導入することにより、排水管内の圧力変動を抑制することが可能である。

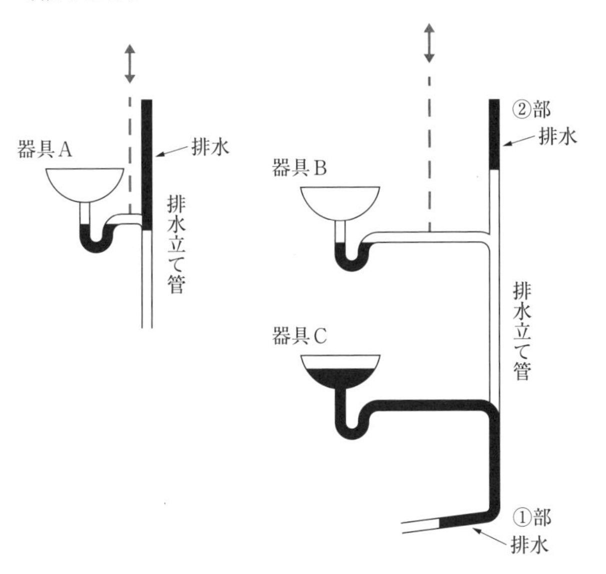

❽ 通気管末端の開口位置

次に示す図について、**適当なもの**には○、**適当でないもの**には×を正誤欄に記入し、×とした場合には、理由又は改善策を記述しなさい。

（平成21年度 実地 No.1より抜粋、類題：令和3年度 第二次検定 問題1）

空気調和設備用の
外気取入れ口
塔屋
通気管の末端
300 mm
屋上
水平距離 1.5 m

立面図

解答 ×

理　由：通気管の末端が外気取入れ口より、上端から**600mm**以上または水平距離**3.0m**以上離れていない。

改善策：上記の距離以上離す。

解説

通気管の末端は外気取入れ口より、上端から**300**mmしか離れていないので**600**mm以上、または水平距離が1.5mしか離れてないので**3.0**m以上離さなければならない。なお、いずれかが確保されていればよい。

⑨ 軽量鉄骨ボード壁への洗面器取付け要領

次に示す図について、**適当なもの**には○、**適当でないもの**には×を解答欄の正誤欄に記入し、×とした場合には、理由又は改善策を記述しなさい。

（平成25年度 実地 No.1より抜粋）

仕上げボード
軽量鉄骨
下地ボード
洗面器
取付用ビス

解答 ×

理　由：洗面器の取付用ビスが仕上げボード、下地ボード、軽量鉄骨に取り付けられており、洗面器ががたつき、脱落するおそれがある。

改善策：洗面器の取付用ビスは、**補強材を介して**壁に取り付ける。

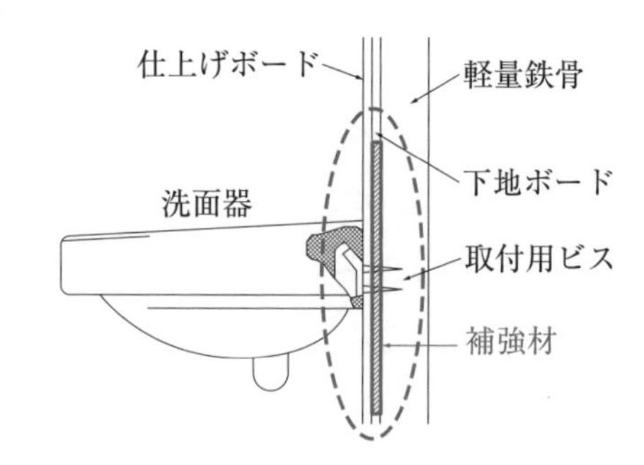

解説

右の図のように、下地ボードの部分に、木板や鉄板等の補強材を設けて、取付用ビスを用いて、洗面器を取り付けるとよい。

⑩ 大気圧式バキュームブレーカー

次に示す機材について、その使用場所又は使用目的を記述しなさい。

（平成22年度 実地 No.1より抜粋）

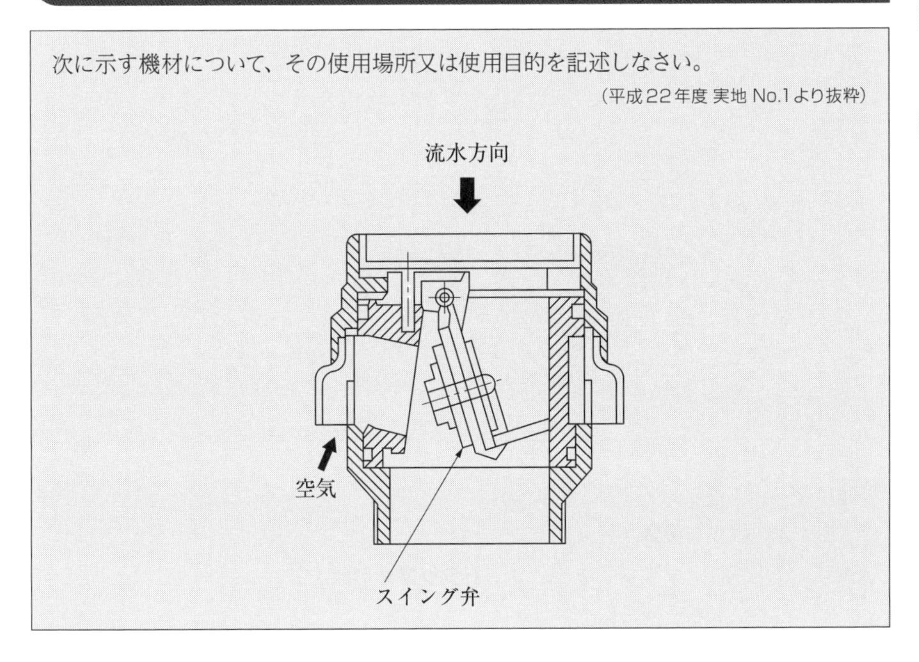

解答

使用場所：大便器洗浄弁

使用目的：負圧による**逆サイホン作用**により、吐出した汚水が給水管に**逆流**するのを防止するため。

解説

バキュームブレーカーの一次側が負圧となり、負圧による吸引力が発生すると、バキュームブレーカー内のスイング弁は一次側を閉止、空気側を開放し、バキュームブレーカーの二次側からの汚水の逆流を防止しつつ、空気を導入して負圧を解消する。吐水する場合は、スイング弁は一次側を開放して、空気側を閉止し、二次側へ吐水する。

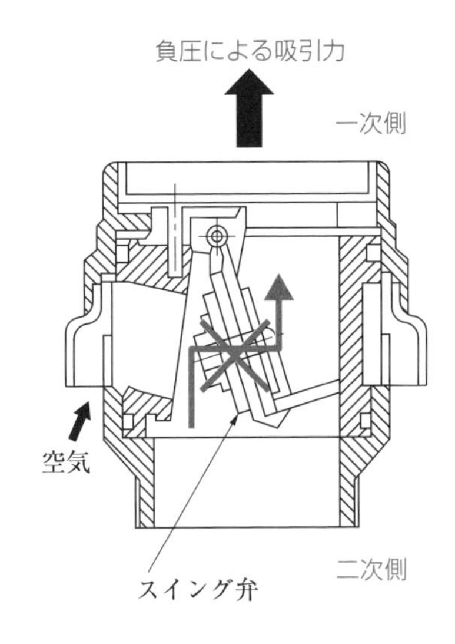

⑪ グリストラップ

次に示す図について、**適当なもの**には○、**適当でないもの**には×を解答欄の正誤欄に記入し、×とした場合には、理由又は改善策を記述しなさい。

（平成26年度 実地 No.1より抜粋）

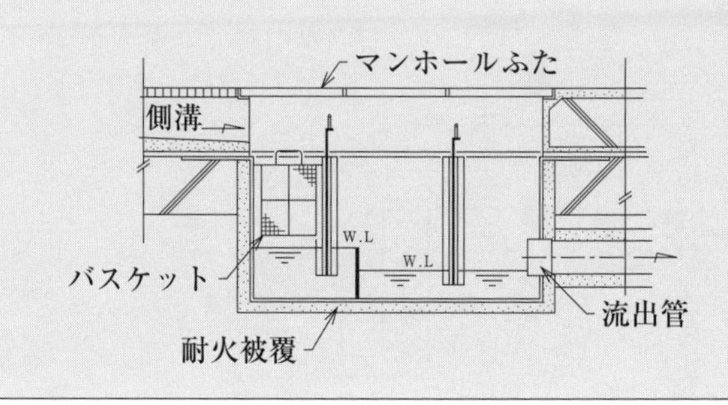

解答　×

理　由：流出管から**臭気**が侵入する。

改善策：流出管にトラップ管を設けて、**トラップ**を形成する。

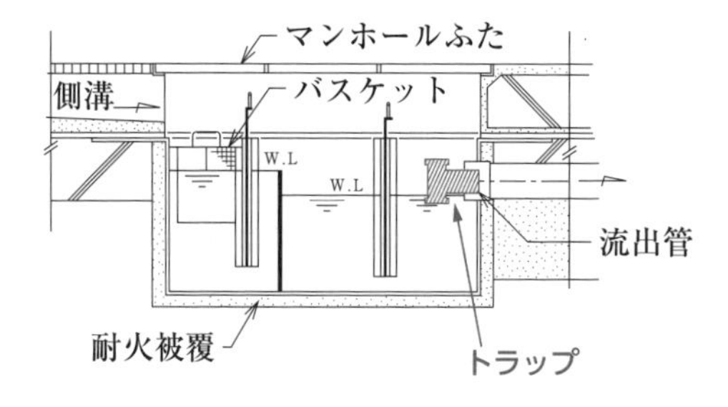

⑫ T字形に会合する汚水ますの施工要領

次に示す図について、**適当なもの**には○、**適当でないもの**には×を正誤欄に記入し、×とした場合には、理由又は改善策を記述しなさい。

（平成25年度 実地 No.1より抜粋、類題：令和元年度 実地 問題1）

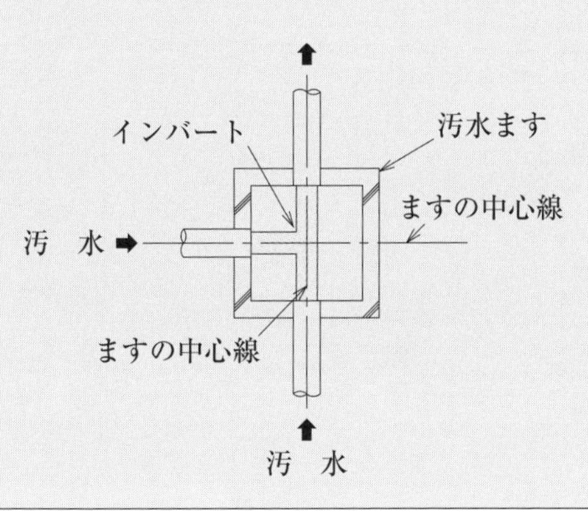

解答　×

理　由：汚水ます内で汚水が直交して合流しており、汚水の流れが阻害されるおそれがある。

改善策：汚水管の中心軸をますの中心線よりずらして、大きな曲率半径で合流させる。

解説

改善策は、下図のように汚水管を大きな曲率半径で合流させることである。

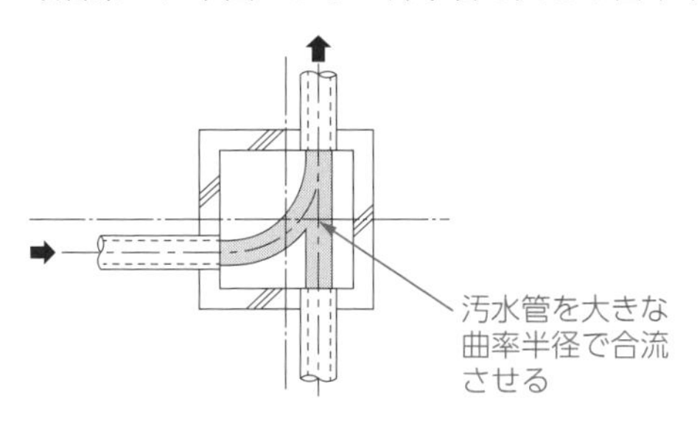

⑬ インバートますの肩の施工要領

次に示す図について、**適当なもの**には○、**適当でないもの**には×を正誤欄に記入し、×とした場合には、理由又は改善策を記述しなさい。

（平成23年度 実地 No.1より抜粋）

管の天端より
やや低い位置
モルタル

解答　×

理　由：モルタルの法面の肩が管の中心より**低い**位置にあり、汚物が法面に乗り上げるおそれがある。

改善策：モルタルの法面の肩を、管の**中心より高く**なるようにする。

解説

下図の①の部分を**法面**、②の部分を**肩**または**法肩**というが、図の赤い線で示した部分のようにモルタルの法面の肩を、管の中心より高くなるようにすればよい。なお、底部の半円状の溝を**インバート**という。

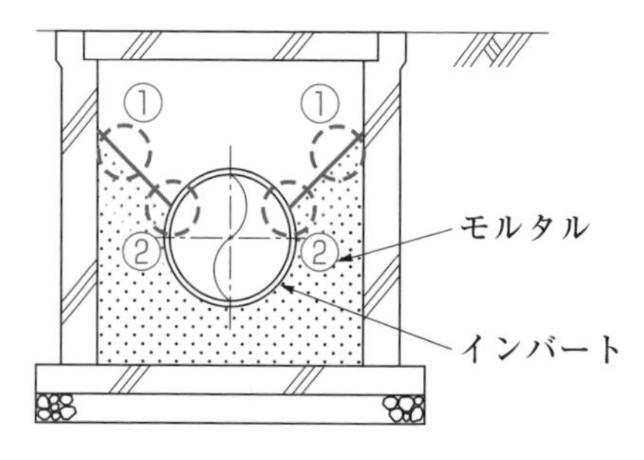

⑭ インバートます

次に示す機材について、その使用場所又は使用目的を記述しなさい。

（平成20年度 実地 No.1より抜粋）

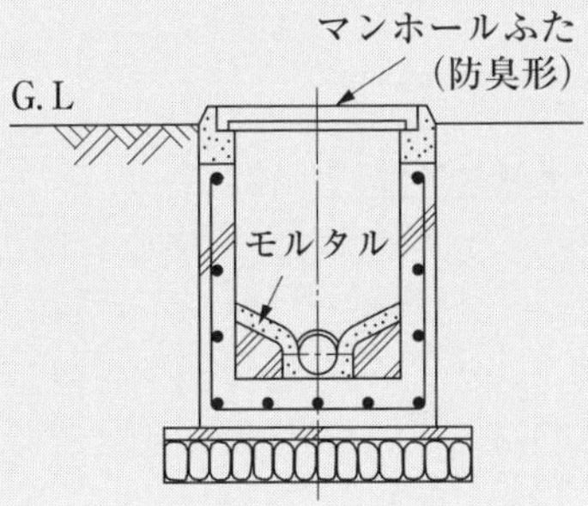

解答

使用場所：汚水埋設管

使用目的：点検・清掃

解説

インバートますは、汚物の流れる汚水管の点検・清掃のために用いられるものである。

⑮ ドロップますと屋外配管図

次に示す図について、**適当なもの**には○、**適当でないもの**には×を解答欄の正誤欄に記入し、×とした場合には、理由又は改善策を記述しなさい。

（平成27年度 実地 No.1より抜粋）

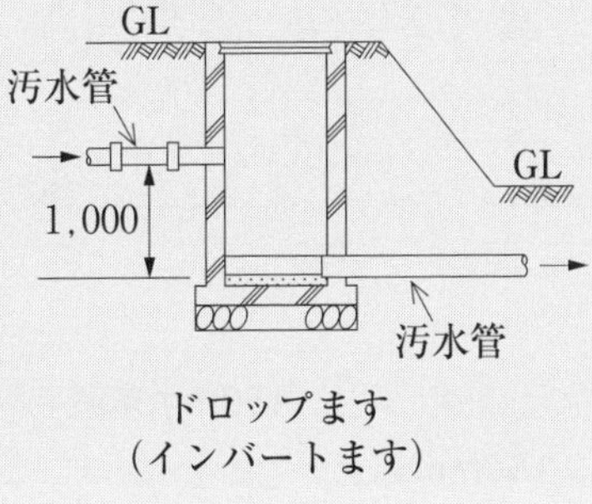

解答　×

理　由：流入管からの汚物等の固形物が、ます内に落下、飛散する。

改善策：流入管とますの間に配管（**ドロップ管**）を設け、流入管からの汚物・汚水を**インバート**に導く。

解説

以下の図のようにするとよい。

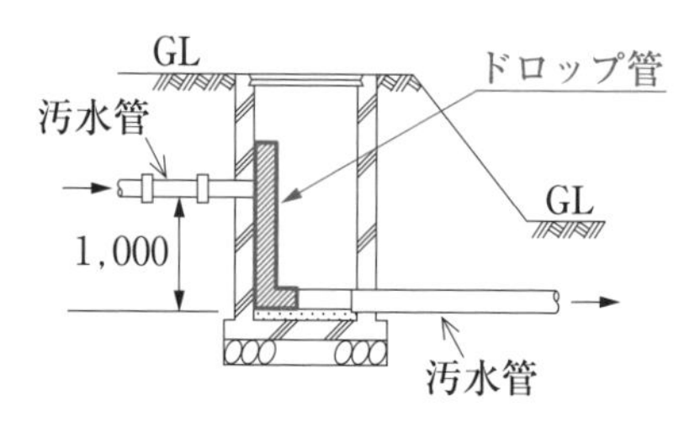

⑯ 雨水排水トラップますの内部詳細

次に示す図について、**適当なもの**には○、**適当でないもの**には×を正誤欄に記入し、×とした場合には、理由又は改善策を記述しなさい。

（平成21年度 実地 No.1より抜粋）

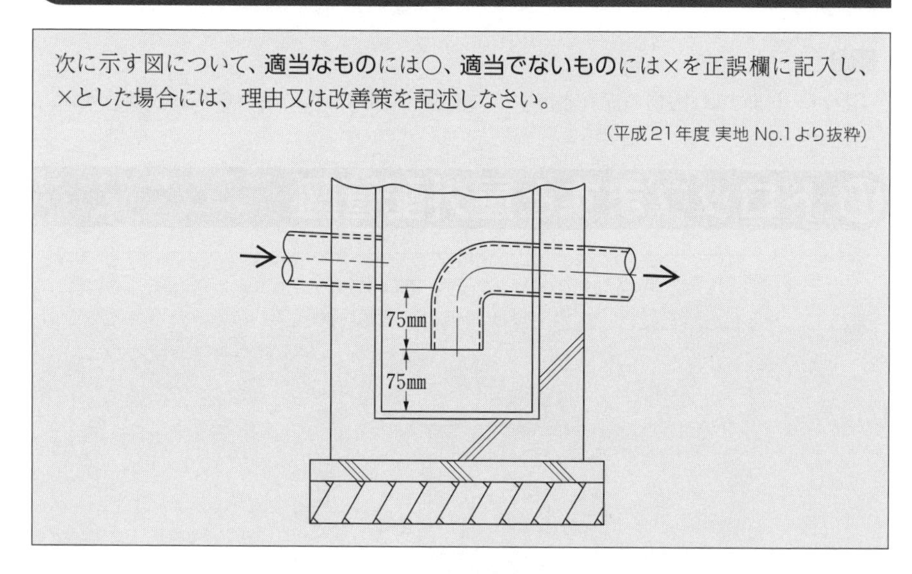

解答　×

理　由：泥だまりの深さが75mmであり、**150mm未満**である。

改善策：泥だまりの深さを**150mm以上**とする。

解説

雨水トラップますの**泥だまりの深さ**は、ます底部とトラップ管の下端までの垂直距離である。なお、トラップますではない雨水ますの場合の泥だまりの深さは、ます底部と流出管の下端までの垂直距離である。

改善策

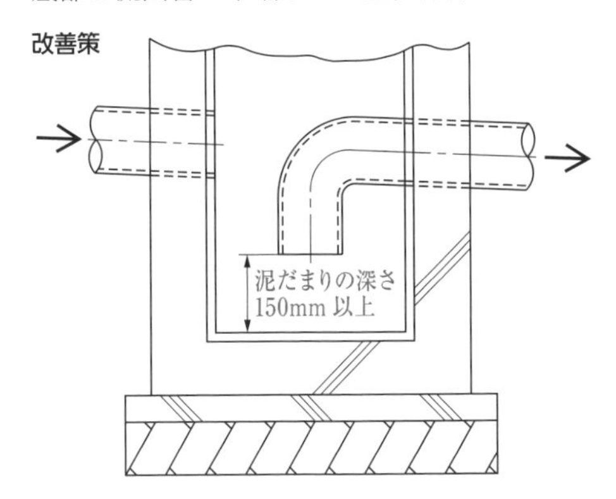

⑰ 汚水ますの施工要領

次に示す図について、**適切でない部分の理由又は改善策**を記述しなさい。

（令和2、平成29年度 実地 問題1より抜粋）

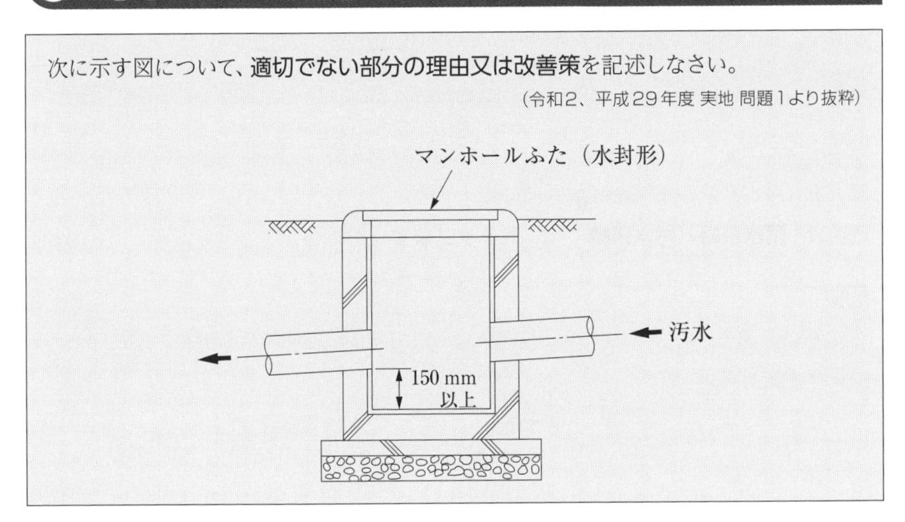

解答

理　由：泥だまりの部分に、汚水中の汚物が滞留、堆積する。

改善策：ますは**インバートます**とし、マンホールふたは**防臭形**とする。

解説

泥だまりを形成しているますは、**汚水ます**ではなく、**雨水ます**に用いられる（⑰は「雨水ます」、⑭は「汚水ます」の図である）。

雨水ますは泥だまりを設け土砂を流さないようにし、汚水ますは**インバート**を設け、汚物が流れるようにする。また、汚水ますのマンホールのふたは**防臭形**とする。

⑱ 埋設排水配管図

次に示す図について、**適当なもの**には○、**適当でないもの**には×を解答欄の正誤欄に記入し、×とした場合には、理由又は改善策を記述しなさい。

（平成19年度 実地 No.1より抜粋）

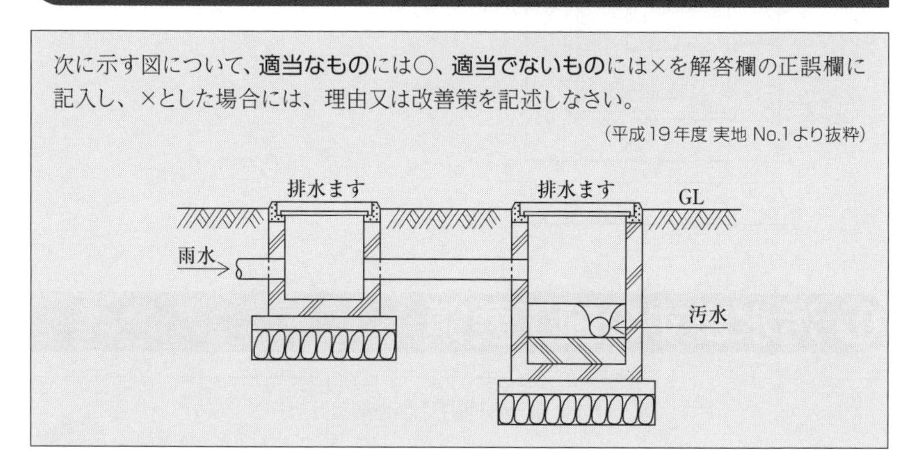

解答　×

理　由：汚水系統の臭気が雨水系統に侵入する。

改善策：**雨水系統**と**汚水系統**の間に**トラップます**を設ける。

解説

汚水系統の臭気が雨水系統に侵入しないように、雨水系統と汚水系統の間にトラップますを設ける。

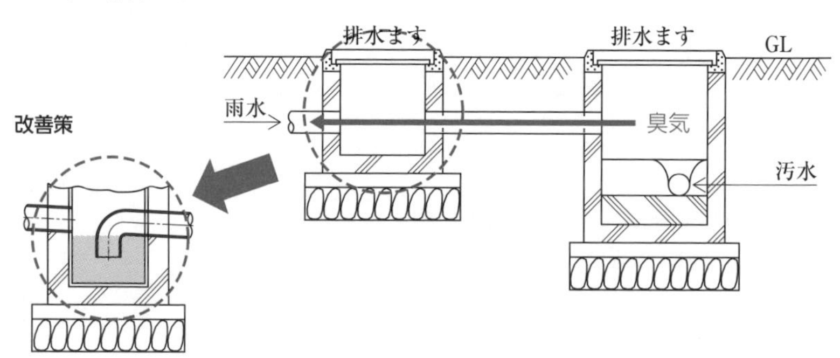

⑲ 間接排水

次に示す「飲料用高置タンク回り配管要領図」について、**排水口空間Aの必要最小寸法**を記述しなさい。

（令和３年度 第二次検定 問題1より抜粋）

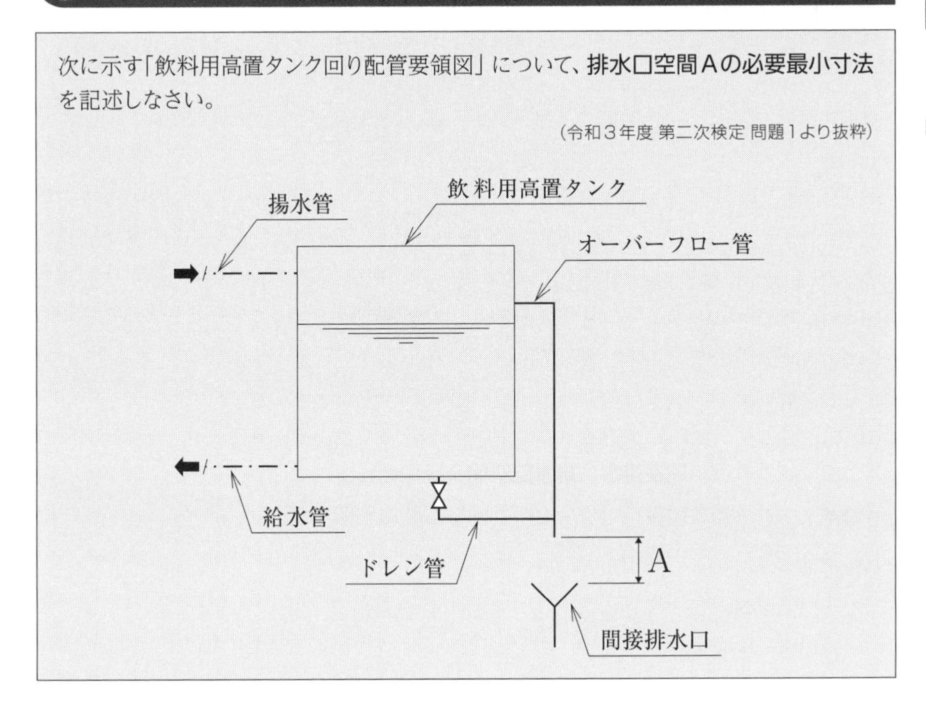

解答

A　150mm

解説

飲料用タンクのドレン管やオーバーフロー管の排水は、150mm以上の排水口空間を確保する必要がある。

次に示す「水飲み器の間接排水要領図」について、**適切でない部分の理由又は改善策**を具体的かつ簡潔に記述しなさい。

（令和元年度 実地 問題1より抜粋）

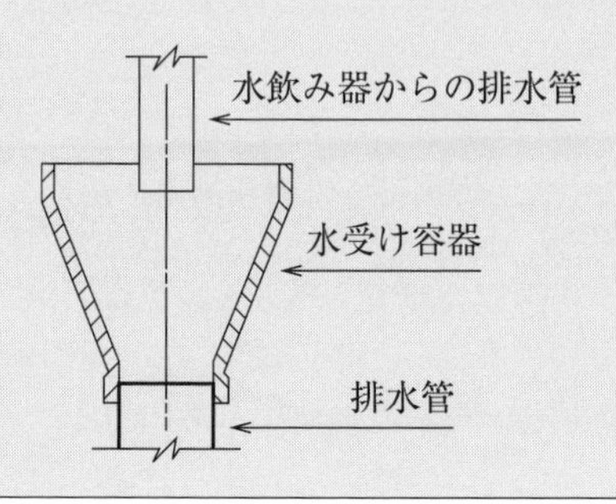

解答

理　由：水飲み器の**間接排水**に**排水口空間**が確保されていない。

改善策：水飲み器の間接排水に所定の排水口空間を確保する。

解説

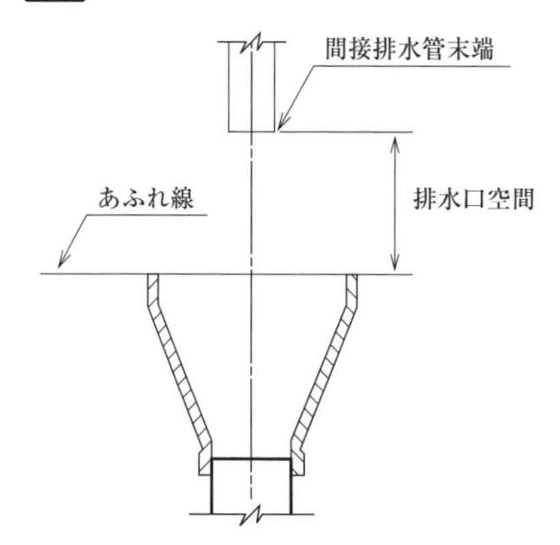

2-4 論説問題

令和３年より第二次検定の問題１の設問１として、空気調和設備、給排水設備に関する記述について正誤を問う問題が出題されている。

❶ 論説問題

次の (1) ～ (5) の記述について、**適当な場合には○を、適当でない場合には×を記入しなさい。**

(令和４年度 第二次検定 問題1より抜粋)

(1) 自立機器で縦横比の大きいパッケージ形空気調和機や制御盤等への頂部支持材の取付けは、原則として、２箇所以上とする。

(2) 汚水槽の通気管は、その他の排水系統の通気立て管を介して大気に開放する。

(3) パイプカッターは、管径が小さい銅管やステンレス鋼管の切断に使用される。

(4) 送風機とダクトを接続するたわみ継手の両端のフランジ間隔は、50mm 以下とする。

(5) 長方形ダクトのかどの継目 (はぜ) は、ダクトの強度を保つため、原則として、２箇所以上とする。

(1) ○

(2) ×汚水槽の通気管は、**単独で直接**大気に開放する。

(3) ○

(4) ×送風機とダクトを接続するたわみ継手の両端のフランジ間隔は、**150mm 以上**にする。

(5) ○

次の（1）～（5）の記述について、**適当な場合には○を、適当でない場合には×**を記入しなさい。　（令和３年度 第二次検定 問題1より抜粋）

（1）アンカーボルトは、機器の据付け後、ボルト頂部のねじ山がナットから3山程度出る長さとする。

（2）硬質ポリ塩化ビニル管の接着接合では、テーパ形状の受け口側のみに接着剤を塗布する。

（3）鋼管のねじ加工の検査では、テーパねじリングゲージをパイプレンチで締め込み、ねじ径を確認する。

（4）ダクト内を流れる風量が同一の場合、ダクトの断面寸法を小さくすると、必要となる送風動力は小さくなる。

（5）遠心送風機の吐出し口の近くにダクトの曲がりを設ける場合、曲がり方向は送風機の回転方向と同じ方向とする。

（1）○

（2）×硬質ポリ塩化ビニル管の接着接合では、テーパ形状の**受け口と差し口に**接着剤を塗布する。

（3）×鋼管のねじ加工の検査では、テーパねじリングゲージを**手締めで**締め込み、ねじ径を確認する。

（4）×ダクト内を流れる風量が同一の場合、ダクトの断面寸法を小さくすると、必要となる送風動力は**大きくなる**。

（5）○

第2部

第二次検定

第3章

工事施工

工事施工の問題は、工事を施工する場合の留意事項等をいくつか記述せよという形式で出題される。空調設備に関する問題と衛生設備に関する問題がそれぞれ出題され、どちらかを選択して解答する形式になっている。空調設備あるいは衛生設備を工事施工する際の一般的な事項について、第一次検定で学習した内容や、自分の知っていることを駆使して記述することが求められる。

3-1 空調設備

第二次検定において、工事施工の問題は例年、問題2、問題3で出題される。問題2は空調設備、問題3は衛生設備に関する設問である。受検者はこの2問のうち、いずれかを選択し、解答する。

❶ 工事施工の出題傾向

工事施工の問題は、「**○○を施工する場合の○○事項を4つ記述しなさい。**」という形式で出題される。**空調設備**に関する問題と**衛生設備**に関する問題が問2、問3で各1問ずつ出題され、うち**1問を選択して解答する**形式になっている。自分にとって書きやすい設問を選んで解答する。なお、選択した問題は、解答用紙の選択欄に**○印**を記入するのを忘れないこと。

また、設問には「**ただし、○○に関する事項は除く。**」と、ただし書きによる除外が示されているので、問題文をよく読んで、これらの**除外項目を記述しない**ように注意すること。施工する際の留意事項等は、**第一次検定で学習した内容を利用する**と記述しやすい（第1部 第一次検定 5章「機器・材料」、7章「工事施工」など）。

なお、平成30年以降は、記述する留意事項が指定される形で出題されている。

❷ 多翼送風機の据付

呼び番号3の多翼送風機を据え付ける場合の留意事項を、4つ解答欄に具体的かつ簡潔に記述しなさい。
ただし、コンクリート基礎、工程管理及び安全管理に関する事項は除く。
（平成29、20年度 実地 問題2）

解答例

①**水平**に据え付ける。

②周囲に**メンテナンススペース**を確保する。

③たわみ継手、防止ゴム、防水架台等の**防振措置**を行う。

④Vベルトの**芯出し調整**を行う。　等

解説

送風機の据付に関する一般事項について、自分の知っている内容を記述する。その他、第一次検定の送風機などに関する事項（➡P.127、141）から、設問に合致するものを記述するとよい。

④の**Vベルトの芯出し調整**は、糸などを用いて、Vプーリーが一直線上に配置されるように調整する。また、Vベルトの張りは指で押して、指の太さたわむ程度とする。

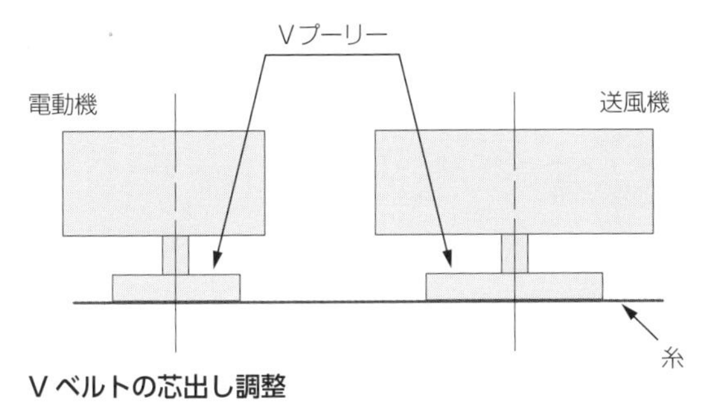

Vベルトの芯出し調整

③ パッケージ形空気調和機のドレン管の施工

> パッケージ形空気調和機におけるドレン配管の施工上の留意事項を、4つ解答欄に具体的かつ簡潔に記述しなさい。
> ただし、管材の選定、管の切断、工程管理及び安全管理に関する事項は除く。
>
> （平成28年度 実地 問題2）

解答例

① **間接排水**とする。
② **トラップ**は、空気調和機装置内の静圧以上に相当する**封水深**を確保する。
③ 適切な**口径、勾配**を確保する。
④ **通水試験**を行う、漏水、排水の状況を確認する。　等

解説

ドレン管とは、結露水などを排水するための配管をいう。ドレン管の施工に関する一般事項について、自分の知っている内容を記述する。その他、第一次検定のドレン管や排水管などに関する事項（➡P.79）から、設問に合致するものを記述するとよい。

④の**通水試験**とは、水を通して漏水や流れに異常がないことを確認する試験をいう。

④ パッケージ形空気調和機の据付

パッケージ形空気調和機を据え付ける場合の施工上の留意事項を、4つ解答欄に具体的かつ簡潔に記述しなさい。
ただし、コンクリート基礎、機器搬入、冷媒配管の施工、工程管理及び安全管理に関する事項は除く。
（令和2、平成27、22年度 実地 問題2）

解答例

①**水平**に据え付ける。

②周囲に**メンテナンススペース**を確保する。

③防振ゴム、防水架台等の**防振措置**を行う。

④振れ止め、ストッパー等の**転倒防止**措置を行う。　等

解説

パッケージ形空気調和機の据付に関する一般事項について、自分の知っている内容を記述する。その他、第一次検定のパッケージ形空気調和機などに関する事項（➡P.41）から、設問に合致するものを記述するとよい。

⑤ 渦巻きポンプの単体試運転調整

空調用渦巻きポンプの単体試運転調整に際し、留意事項を4つ解答欄に具体的かつ簡潔に記述しなさい。
ただし、工程管理及び安全管理に関する事項は除く。
（平成26、21年度 実地 No.2）

解答例

①**手で回して**異常のないことを確認する。

②**瞬時運転**して回転方向に異常のないことを確認する。

③吐出し弁を**閉じて起動**し、吐出し弁を**徐々に開いて**運転する。

④**異常音、異常振動、過熱**のないことを確認する。　等

解説

渦巻きポンプの単体試運転調整に関する一般事項について、自分の知っている内容を記述する。その他、第一次検定の渦巻きポンプなどに関する事項（➡P.147）から、設問に合致するものを記述するとよい。

なお、空調用渦巻きポンプの**空調用**とは、冷水、温水、冷温水、冷却水などの空調設備の用途をいう。

⑥ 亜鉛鉄板製ダクトの製作・施工

換気設備に用いる亜鉛鉄板製ダクトを製作及び施工する場合の留意事項を4つ解答欄に具体的かつ簡潔に記述しなさい。
ただし、工程管理及び安全管理に関する事項は除く。　(令和元、平成25年度 実地 問題2)

解答例

①長方形ダクトの短辺に対する長辺の比（**アスペクト比**）は4以下とする。

②ダクト断面を**拡大**するときは15度以下、**縮小**するときは30度以下とする。

③適切な間隔で、**吊り支持、振れ止め支持**を行う。

④**防火区画**の貫通部分のすき間は、ロックウール、モルタル等の**不燃材料**で埋める。
等

解説

亜鉛鉄板製ダクトの製作・施工に関する一般事項について、自分の知っている内容を記述する。その他、第一次検定のダクトなどに関する事項（➡P.104、139）から、設問に合致するものを記述するとよい。
なお、**亜鉛鉄板製ダクト**とは、鋼板を亜鉛でめっきした亜鉛めっき鋼板で製造されたダクトをいう。

⑦ 電気式のマルチパッケージ形空気調和機の屋外機の屋上設置

電気式のマルチパッケージ形空気調和機の屋外機を建物の屋上に設置する場合の留意事項を4つ解答欄に具体的かつ簡潔に記述しなさい。
ただし、コンクリート基礎工事、現場受入れ検査、工程管理及び安全管理に関する事項は除く。　(平成24年度 実地 No.2)

解答例

①屋外機からの排気を屋外機が吸い込むような**ショートサーキット**が発生しないように配置する。

②近隣建物からの離隔、防音壁等の**騒音措置**を行う。

③駐車場や厨房等からの**排気口から離隔**する。

④多雪地域の場合、**防雪フード**を設ける。　等

解説

電気式マルチパッケージ形空気調和機の屋外機の屋上設置に関する一般事項について、自分の知っている内容を記述する。その他、第一次検定のパッケージ形空気調和機などに関する事項（➔P.127）から、設問に合致するものを記述するとよい。

なお、**マルチパッケージ形空気調和機**とは、1台の屋外機に対して複数の屋内機で構成されるパッケージ形空気調和機をいう（➔P.41）。①の**ショートサーキット**とは、経路が短絡されることをいい、ここでは屋外機の排気を屋外機が直接吸い込むことをいう。

⑧ パッケージ形空気調和機の冷媒管施工

パッケージ形空気調和機の冷媒管を施工する場合の留意事項を4つ解答欄に簡潔に記述しなさい。
ただし、工程管理及び安全管理に関する事項を除く。

（令和3、平成23年度 第二次検定　問題2）

解答例

①規定の**高低差**、**延長**以下となるようにする。

②**フラッシング**を行い、管内の異物を除去する。

③**気密試験**を行い、漏れのないことを確認する。

④**真空乾燥**を行い、管内の水分を除去する。　等

解説

パッケージ形空気調和機の**冷媒管**施工に関する一般事項について、自分の知っている内容を記述する。その他、第一次検定のパッケージ形空気調和機や冷媒管などに関する事項（➔P.42）から、設問に合致するものを記述するとよい。

②の**フラッシング**とは、窒素ガスなどで配管内部の異物を排出することをいう。③の**気密試験**とは、窒素ガスなどで加圧し、機器や配管から漏れがないことを確認する試験をいう。④の**真空乾燥**とは、真空ポンプで機器、配管内部の圧力を下げて、機器、配管の内部の水を蒸発しやすくさせて乾燥させることをいう。

⑨ 渦巻きポンプの据付

事務所ビルの機械室に、空調用渦巻きポンプを据え付ける場合の留意事項を4つ解答欄に具体的かつ簡潔に記述しなさい。
ただし、工程管理及び安全管理に関する事項は除く。 (平成30、19年度 実地 No.2)

解答例

①**水平**に据え付ける。
②周囲に**メンテナンススペース**を確保する。
③防振継手、防振ゴム、防水架台等の**防振措置**を行う。
④軸芯の**芯出し調整**を行う。 等

解説

渦巻きポンプの据付に関する一般事項について、自分の知っている内容を記述する。その他、第一次検定の渦巻きポンプなどに関する事項（➔P.147）から、設問に合致するものを記述するとよい。

⑩ スパイラルダクトの施工

換気設備のダクトをスパイラルダクト（亜鉛鉄板製、ダクト径200mm）で施工する場合、次の(1)～(4)**に関する留意事項**を、それぞれ解答欄の(1)～(4)に具体的かつ簡潔に記述しなさい。
ただし、工程管理及び安全管理に関する事項は除く。 (令和4年度 第二次検定 問題2)

(1) スパイラルダクトの接続を差込接合とする場合の留意事項
(2) スパイラルダクトの吊り又は支持に関する留意事項
(3) スパイラルダクトに風量調整ダンパーを取り付ける場合の留意事項
(4) スパイラルダクトが防火区画を貫通する場合の貫通部処理に関する留意事項（防火ダンパーに関する事項は除く。）

解答例

(1) 差込んでから**ビス止め**して、ダクト用テープを**二重巻き**にする。
(2) 吊りボルトまたは吊りバンドで規定の支持間隔以下で**支持**する。
(3) エルボから離れた直線部分など気流が**整流されている**箇所に設置する。
(4) 貫通する部分のダクトの**板厚**は1.5mm以上とし、すき間はロックウール等の**不燃材**でふさぐ。

3-2 衛生設備

第二次検定において、工事施工の問題は例年、問題2、問題3で出題される。問題2は空調設備、問題3は衛生設備に関する設問である。受検者はこの2問のうち、いずれかを選択し、解答する。

❶ 屋内排水管（硬質塩化ビニル管）の施工

建物内の排水管を硬質塩化ビニル管で施工する場合の留意事項を、4つ解答欄に具体的かつ簡潔に記述しなさい。
ただし、工程管理及び安全管理に関する事項は除く。

（平成29、19年度 実地 問題3）

解答例

①適切な**勾配**を確保する。

②給水管と交差する場合は、**給水管の下**になるようにする。

③隠ぺいする前に、**満水試験、通水試験**を行う。

④管の**外面を損傷させない**ように埋め戻す。　等

解説

屋内排水管（硬質塩化ビニル管）の施工に関する一般事項について、自分の知っている内容を記述する。その他、第一次検定の排水管、硬質塩化ビニル管などに関する事項（➔P.135）から、設問に合致するものを記述するとよい。

❷ 壁付き手洗器、洗面器の据付

壁付き手洗器や、洗面器を据え付ける場合の施工上の留意事項を、4つ解答欄に具体的かつ簡潔に記述しなさい。
ただし、搬入、工程管理及び安全管理に関する事項は除く。

（令和元、平成28、21年度 実地 問題3）

解答例

①設計図に示された**所定の位置**に据え付ける。

②**水平**に据え付ける。

③所定の**バックハンガー**等の金具を用いて取り付ける。

④規定の**吐水口空間**を確保する。　等

解説

壁付き洗面器、手洗器の据付に関する一般事項について、自分の知っている内容を記述する。その他、第一次検定の洗面器、手洗器などに関する事項（➡P.130）から、設問に合致するものを記述するとよい。

車いす使用者用の場合は、

・規定の**設置高さ**（床からあふれ縁まで750mm程度）とする。

・洗面器**下部**に車いす利用者の膝部分が入る**スペース**を確保する。

③ 敷地内給水管の埋設

敷地内に給水管を埋設する場合の施工上の留意事項を、4つ解答欄に具体的かつ簡潔に記述しなさい。
ただし、管材の選定、管の切断、工程管理及び安全管理に関する事項は除く。

（令和4、平成27年度 第二次検定 問題3）

解答例

①他の埋設物と30cm以上**離隔**する。

②排水管と交差する場合は、**排水管の上**になるようにする。

③埋め戻し前に**水圧試験**を行う。

④管の**外面を損傷させない**ように埋め戻す。　等

解説

敷地内給水管の埋設に関する一般事項について、自分の知っている内容を記述する。その他、第一次検定の給水管、埋設などに関する事項（➡P.59）から、設問に合致するものを記述するとよい。

④ 小型プラスチック製ますを使用する屋外排水設備の施工

小型プラスチック製ますを使用する屋外排水設備を施工する場合の留意事項を4つ解答欄に具体的かつ簡潔に記述しなさい。
ただし、工程管理及び安全管理に関する事項は除く。　（平成26年度 実地 No.3）

解答例

①**水平**に据え付ける。

②割れ、破損防止のため**衝撃を与えない**ように取り扱う。

③基礎は、**自由支承の砂、砕石基礎**とする。

④ますに**土砂が入らない**ように埋め戻す。　等

解説

小型プラスチック製ますを使用する屋外排水設備の施工に関する一般事項について、自分の知っている内容を記述する。その他、第一次検定の排水ます、排水管、埋設などに関する事項（➔P.65）から、設問に合致するものを記述するとよい。
なお、**小型プラスチック製ます**とは、コンクリート製に対して小型の、樹脂製の排水ますをいう。

⑤ 屋内給水管（塩ビライニング鋼管・ねじ接合）の施工（保温等除く）

建物内の給水管（水道用硬質塩化ビニルライニング鋼管）をねじ接合で施工する場合の留意事項を4つ解答欄に具体的かつ簡潔に記述しなさい。
ただし、保温工事、工程管理及び安全管理に関する事項を除く。
（平成30、25年度 実地 問題3）

解答例

①切断は**金のこ**で行い、管を絞るようなパイプカッターや切粉の発生する高速カッターは使用しない。

②切断後、**鉄部が露出しない**ように**面取り**を行う。

③ねじ加工後、**ねじ用リングゲージ**で合格範囲内にあることを確認する。

④継手は**管端防食継手**を用いる。　等

解説

屋内給水管（塩ビライニング鋼管・ねじ接合）の施工（保温等除く）に関する一般事項について、自分の知っている内容を記述する。その他、第一次検定の給水管、塩ビライニング鋼管などに関する事項（➔P.134）から、設問に合致するものを記述するとよい。

なお、④の**管端防食継手**とは、配管の端部が腐食しないようにした継手のことをいう。

❻ 屋内排水管・通気管の施工

建物内の排水管、通気管を施工する場合の留意事項を4つ解答欄に具体的かつ簡潔に記述しなさい。
ただし、管の切断に関する事項、工程管理及び安全管理に関する事項は除く。

（平成24年度 実地 No.3）

解答例

①適切な**口径、勾配**を確保する。
②**満水試験、通水試験**を行い、漏水の有無、排水状況を確認する。
③**通気管の末端**は、開口部より上部600mm以上立ち上げるか、水平方向に3m以上離す。
④**排水槽の通気管**は、**単独**で**直接**大気に開放する。　等

解説

屋内排水管・通気管の施工に関する一般事項について、自分の知っている内容を記述する。その他、第一次検定の排水管、通気管などに関する事項（➔P.136）から、設問に合致するものを記述するとよい。

なお、②の**満水試験**とは、配管内に水を張った満水状態において、漏れがないことを確認する試験をいう。

⑦ 給水、排水管の敷地内埋設

給水、排水管を敷地内に埋設施工する場合の留意事項を4つ解答欄に簡潔に記述しなさい。
ただし、管の切断・接合に関する事項、工程管理及び安全管理に関する事項を除く。
（令和2、平成23年度 実地 問題3）

解答例

①給水管は、他の埋設物と30cm以上**離隔**する。
②給水管と排水管が交差する場合は、**給水管が排水管の上**になるようにする。
③埋め戻し前に、**給水管は水圧試験、排水管は満水試験、通水試験**を行う。
④管の**外面を損傷させない**ように埋め戻す。　等

解説

給水、排水管の敷地内埋設に関する一般事項について、自分の知っている内容を記述する。その他、第一次検定の給水管、埋設などに関する事項（➔P.59）から、設問に合致するものを記述するとよい。

⑧ 完成引渡し図書

事務所ビルで、給排水衛生設備工事の完成検査後に引き渡す図書のうち、保守管理に必要な図書名を4つ解答欄に記述しなさい。（平成22年度 実地 No.3）

解答例

①**取扱説明書**
②**試験成績書**
③**官庁届出書**
④**施工会社一覧、メーカーリスト**　等

⑨ 屋内給水管（塩ビライニング鋼管・ねじ接合）の施工（切断等除く）

事務所ビルの屋内に、給水管（塩ビライニング鋼管（ねじ接合））を施工する場合の留意事項を4つ解答欄に簡潔に記述しなさい。
ただし、管の切断に関する事項、工程管理及び安全管理に関する事項は除く。
（平成20年度 実地 No.3）

解答例

①ねじ加工後、**ねじ用リングゲージ**で合格範囲内にあることを確認する。
②継手は**管端防食継手**を用いる。
③**パイプレンチ**や**チェーンレンチ**でねじ込み、レンチ跡には**錆止め塗装**を施す。
④保温施工前に**水圧試験**を行う。　等

解説

屋内給水管（塩ビライニング鋼管・ねじ接合）の施工（切断等除く）に関する一般事項について、自分の知っている内容を記述する。その他、第一次検定の給水管、塩ビライニング鋼管などに関する事項（➔P.134）から、設問に合致するものを記述するとよい。

⑩ ガス瞬間湯沸器の設置と給湯管（銅管）の施工

ガス瞬間湯沸かし器（屋外壁掛け形、24号）を住宅の外壁に設置し、浴室への給湯管（銅管）を施工する場合の留意事項を解答欄に具体的かつ簡潔に記述しなさい。
記述する留意事項は、次の(1)～(4)とし、それぞれ解答欄の(1)～(4)に記述する。
ただし、工程管理及び安全管理に関する事項は除く。　（令和3年度 第二次検定 問題3）

(1) 湯沸器の配置に関し、運転又は保守管理の観点からの留意事項
(2) 湯沸器の据付けに関する留意事項
(3) 給湯管の敷設に関する留意事項
(4) 湯沸器の試運転調整に関する留意事項

解答例

(1) **空気の流通**がよく、**点検・修理**しやすい場所に設置する。

(2) 構造体に**堅固**にがたつきのないように**水平**に据え付ける。

(3) 空気溜りが生じる**凹凸配管を避け**て配管する。

(4) 湯沸器の**運転・停止**を確認し、給湯栓・シャワーより規定の**温度・流量**があるか確認する。

第2部

第二次検定

第4章

工程管理

4-1で工程管理の問題の傾向について解説してあるので、概要を把握し、4-2で工程表の作成手順が示されているので、手順を理解しよう。4-3では、過去に出題されたバーチャート工程表の実際の問題と解説が示されているので、反復練習して、確実に作成できるようにしておこう。4-4では、各種工程表の名称や特徴を問う論説問題が示されているので、確認しておこう。

4-1 工程管理の問題の傾向

第二次検定において、工程管理の問題は例年、問題４で出題される。受検者は問題４と問題５（法規）から、いずれかを選択し、解答する。

問題４は、例年、**横線式工程表（バーチャート工程表）**を作成する問題が出題されている。今後もこの傾向が継続するかどうかは不明であるが、その前提に立って対策を講じるしか、我々には選択の余地はない。

工程表の作成は、問題文に書かれている条件に沿って作成する必要がある。したがって、まず、問題文をよく読むことが重要である。

次に、

①工程表に作業名を作業順どおりに記入する
②各作業の所要日数の部分にバー（横棒）を記入する
③各日の所要日数の累積値を求める
④累積曲線を記入する

という順に工程表を完成させていく。不慣れであるとこれらに時間を要する。したがって、制限時間に工程表を完成させるために、実際に自分で作成手順を反復練習し、試験までに習熟しておくことが重要である。

4-2 工程表の作成手順

作業手順は、工程表に作業名を作業順どおりに記入する、各作業の所要日数の部分にバー（横棒）を記入する、各日の所要日数の累積値を求める、累積曲線を記入するというものになる。不慣れであるとこれらの各手順による作成に時間を要するので、何度も練習しておこう。

① 横線式工程表（バーチャート工程表）

横線式工程表（バーチャート工程表）は、**縦軸に各作業名**を列記し、**横軸に暦日と合わせた工期**をとって作成される工程表である。作成の手順を、例題を用いて以下に示す。

【例題1】

ある工事の作業について、横線式工程表(バーチャート工程表）を完成させなさい。ただし、工事はできるだけ早く終了させるものとし、土曜日、日曜日等の休日は考慮しない。

ある工事の作業（作業日数、工事比率）の相互関係等は、以下の通りである。

(イ) 作業A（3日、3%）は、工事着工とともに着手する。
(ロ) 作業B（3日、3%）及び作業C（5日、10 %）は、作業Aの完了後すぐに着手する。
(ハ) 作業D（4日、8%）は、作業Cの完了後、施工を3日間休止した後に着手する。
(ニ) 作業E（6日、24 %）は、作業Dの完了後に着手する。
(ホ) 作業F（4日、16 %）及び作業G（6日、18 %）は、作業Eに着手した後、3日遅れて着手する。
(ヘ) 作業H（5日、15 %）は、作業Eの完了後に着手する。
(ト) 作業I（2日、3%）は、作業Hの完了後に着手する。

解答用紙

作業名	工事比率 %	日																															累積比率 %
		1	2	3	4	5	6	7	8	9	10	11	12	13	14	15	16	17	18	19	20	21	22	23	24	25	26	27	28	29	30	31	
作業A	3																																100
作業B	3																																90
作業C	10																																80
作業D	8																																70
作業E	24																																60
作業F	16																																50
作業G	18																																40
作業H	15																																30
作業I	3																																20
				3																													10 0

解答

作業Aのバーに倣って、作業の相互関係の条件に従い、作業B～Iまでのバーを記入して、バーチャートを完成させる。

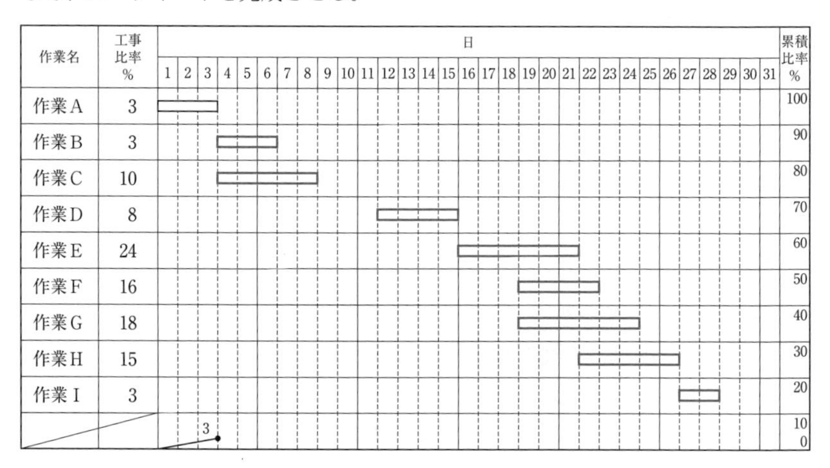

作業名	工事比率 %	日																															累積比率 %
		1	2	3	4	5	6	7	8	9	10	11	12	13	14	15	16	17	18	19	20	21	22	23	24	25	26	27	28	29	30	31	
作業A	3																																100
作業B	3																																90
作業C	10																																80
作業D	8																																70
作業E	24																																60
作業F	16																																50
作業G	18																																40
作業H	15																																30
作業I	3																																20
				3																													10 0

② 予定累積出来高曲線

予定累積出来高曲線とは、予定される工事の出来高の累積を示した曲線である。横線式工程表（バーチャート工程表）に予定累積出来高曲線を記入する手順を、例題を用いて以下に示す。

【例題2】

前項の【例題1】で作成した横線式工程表（バーチャート工程表）について、予定累積出来高曲線を記入し、各作業の開始及び完了日ごとに累積出来高の数字を記入しなさい。ただし、各作業の出来高は、作業日数内において均等とする。

解説

(1) 各作業の1日ごとの出来高を求める。

各作業の出来高は、作業日数内において均等なので、各作業の1日ごとの出来高は下記のとおりである。

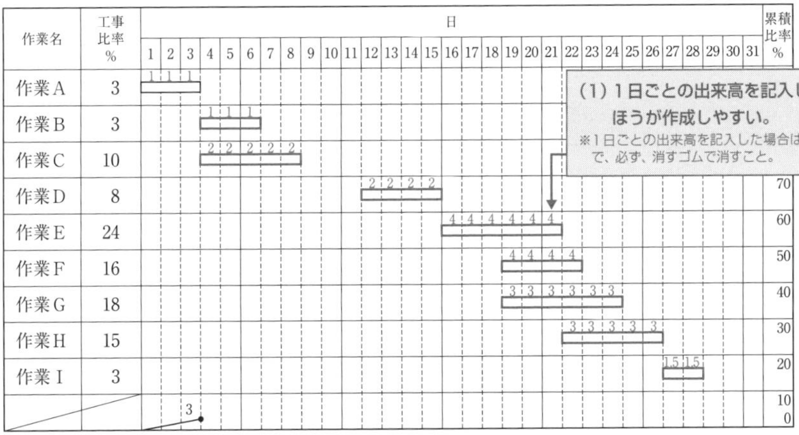

作業名	工事比率 %	日 1	2	3	4	5	6	7	8	9	10	11	12	13	14	15	16	17	18	19	20	21	22	23	24	25	26	27	28	29	30	31	累積比率 %
作業A	3	1	1	1																													
作業B	3				1	1	1																										
作業C	10				2	2	2	2	2																								
作業D	8												2	2	2	2																	70
作業E	24																4	4	4	4	4	4											60
作業F	16																			4	4	4	4										50
作業G	18																			3	3	3	3	3	3								40
作業H	15																						3	3	3	3	3						30
作業I	3																											1.5	1.5				20
				3																													10 0

(1) 1日ごとの出来高を記入したほうが作成しやすい。
※1日ごとの出来高を記入した場合は、後で、必ず、消すゴムで消すこと。

(2) 各作業の開始及び完了日を求める。

各作業の開始及び完了日は、次図の補助線で示した日である。

(3) 各作業の開始及び完了日ごとに累積出来高を求める。

3日：1+1+1＝3［%］　　**18日**：24+12＝36［%］

6日：3+9＝12［%］　　**21日**：36+33＝69［%］

8日：12+4＝16［%］　　**22日**：69+10＝79［%］

11日：16+0＝16［%］　　**24日**：79+12＝91［%］

15日：16+8＝24［%］　　**26日**：91+6＝97［%］

28日：97+3＝100[%]

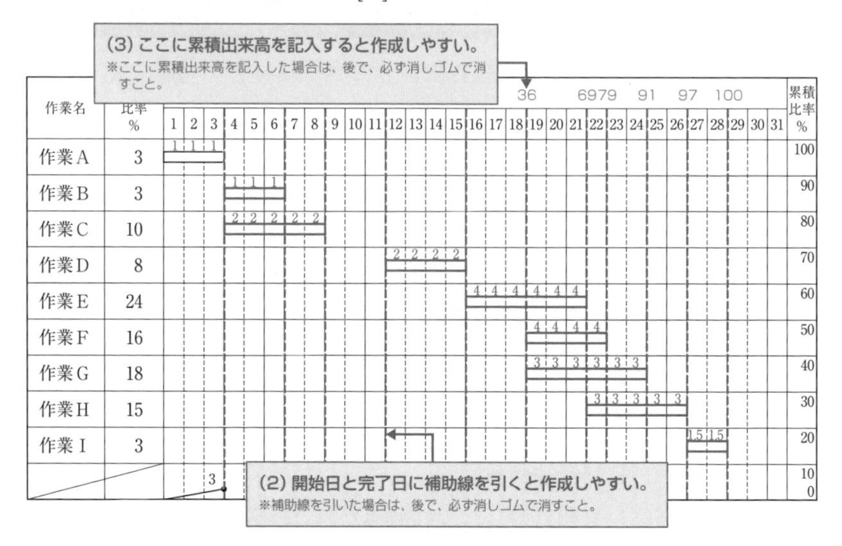

(4) 作業の開始及び完了日ごとの累積出来高の数字を元に、グラフ右の累積比率の目盛に従って、3日目の例に倣って点をプロットする。

(5) プロットした点を線で結ぶ。

(6) プロットした点の近傍に数字を書き込んで、完成させる。

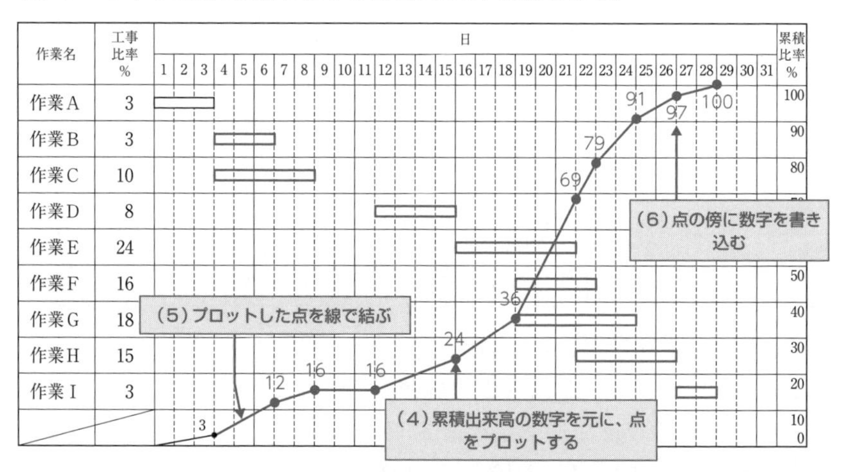

❸ 工事の作業順序

バーチャート工程表の作成は、左欄の作業名欄に、各作業を適切な作業順序どおりに上から記入するところから始まる。したがって、設問で与えられている各作業を、どのような順序で実施すべきか理解する必要がある。

平成29年度試験に出題された問題を例にすると（問題文は次ページに掲載）、与えられている各作業を作業順序に並び替えて、作業欄に記入すると次のとおりである。

〔空気調和設備工事の作業〕

作業名	作業日数	工事比率
準備・墨出し	2日	10％
空気調和機据付け	2日	35％
コンクリート基礎打設	1日	10％
水圧試験	2日	5％
冷温水配管（空調機廻り）	4日	20％
保温	3日	15％
試運転調整	1日	5％

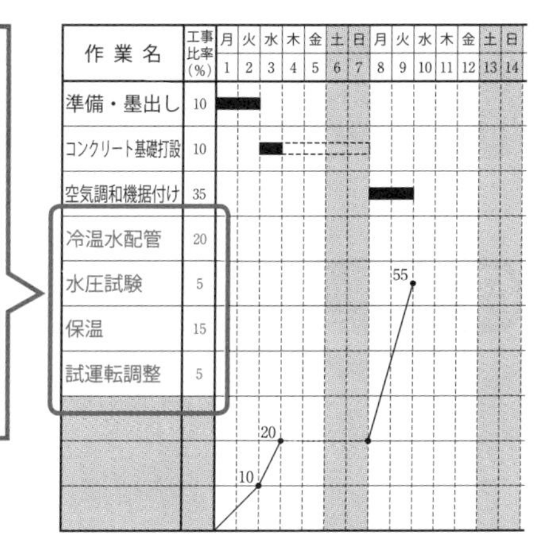

設問の条件により、前後に差異はあるが、保温を先に施工してしまうと、水圧試験などの配管の試験を実施しても、水漏れなどを確認できなくなるので、**試験は保温の前に実施する**。参考までに、過年度に出題された空調設備工事、給排水設備工事の作業順序を下記に記す。

令和4年	令和3年	令和2年	令和元年	平成30年
空調設備（ユニット型空気調和機設置工事）	空気調和設備工事	空気調和設備工事（冷温水の配管工事）	空調設備工事及び衛生設備工事	設備工事
1. 準備・墨出し 2. コンクリート基礎打設 3. 空気調和機設置 4. ダクト工事 5. 冷温水配管 6. 水圧試験 7. 保温 8. 試運転調整	1. 準備・墨出し 2. 機器設置 3. 配管 4. 水圧試験 5. 保温 6. 試運転調整	1. 準備・墨出し 2. 配管 3. 水圧試験 4. 保温 5. 後片付け・清掃	空調設備工事 1. 準備・墨出し 2. 天井内機器設置 3. 配管 4. 気密試験 5. 仕上げ面への器具取付 6. 試運転調整 衛生設備工事 1. 準備・墨出し 2. 配管 3. 水圧試験 4. 保温 5. 仕上げ面への器具取付 6. 試運転調整	準備・墨出し 1. 配管 2. 水圧試験 3. 保温 4. 器具取付 5. 試運転調整

4-3 過去に出題された バーチャート工程表

ここでは、過去に出題されたバーチャート工程表のうち、いくつかの工程表作成問題とその解説を示すので、内容を確認しておくこと。

❶ 空調設備（ユニット形空調機設置工事）のバーチャート工程表

ある建築物にユニット形空気調和機を設置する空気調和設備工事の作業名、作業日数、工事比率は、以下のとおりである。
次の設問1～設問4の答えを解答欄に記入しなさい。

（平成29年度 実地 問題4より抜粋）

〔空気調和設備工事の作業〕

作業名	作業日数	工事比率
準備・墨出し	2日	10%
空気調和機据付け	2日	35%
コンクリート基礎打設	1日	10%
水圧試験	2日	5%
冷温水配管（空調機廻り）	4日	20%
保温	3日	15%
試運転調整	1日	5%

〔施工条件〕

① 並行作業はしないものとする。

② 工事は最速で完了させるものとする。

③ コンクリート基礎打設後4日は、養生のためすべての作業に着手できない。

④ 土曜日・日曜日は現場の休日とする。ただし、養生は土曜日・日曜日を使用できるものとする。

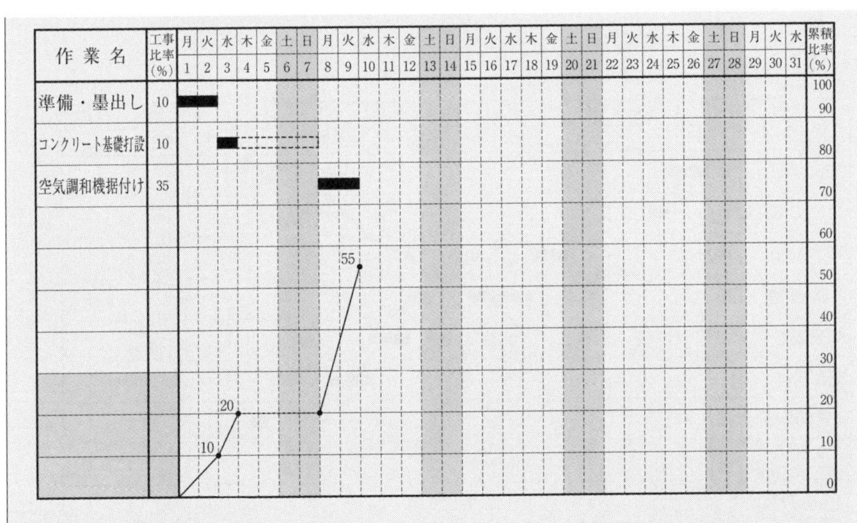

〔設問1〕 図の作業名欄に、空気調和設備工事の作業名を、作業順に並べ替えて記入しなさい。

〔設問2〕 バーチャート工程表を完成させなさい。

〔設問3〕 予定累積出来高曲線を記入し、各作業の完了日ごとに累積出来高の数字を記入しなさい。ただし、各作業の出来高は、作業日数内において均等とする。

〔設問4〕 この工事の着工が3日遅れた場合、工事完了の遅れは何日となるか記入しなさい。

解答

設問1 ～ 3

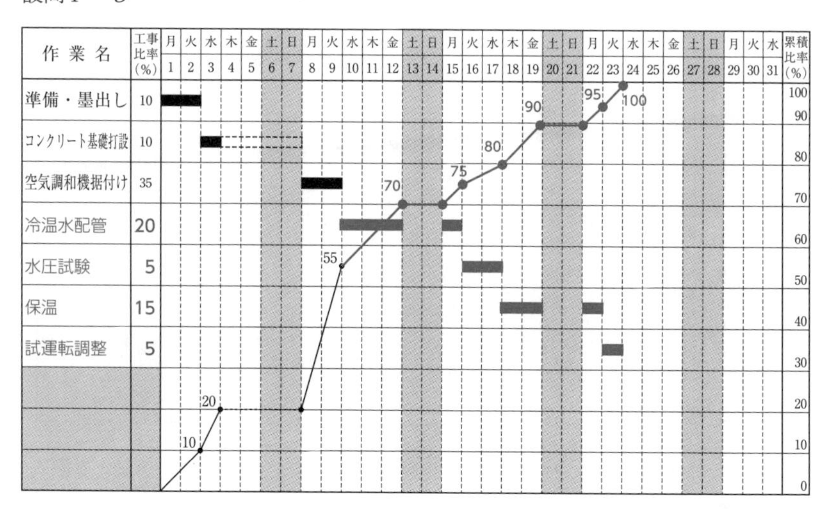

設問4　7日（下図参照）

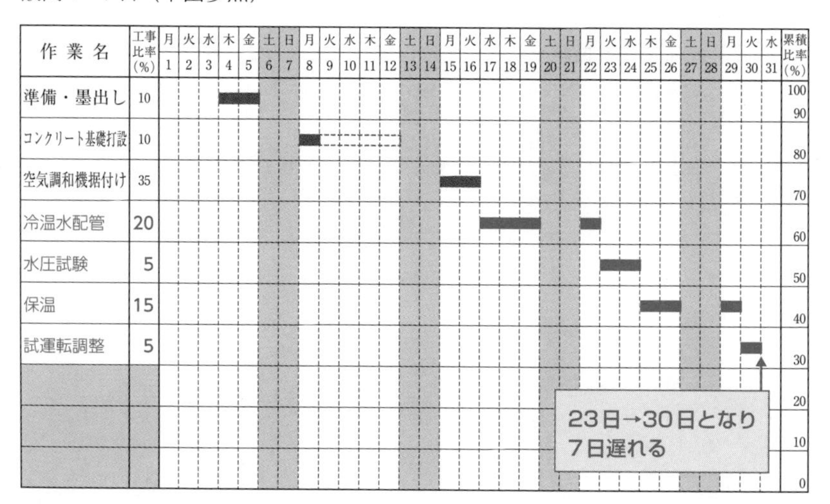

解説

設問の表に示された準備・墨出し、空気調和機据付け、コンクリート基礎打設、水圧試験、冷温水配管、保温、試運転調整のうち、準備・墨出し、空気調和機据付け、コンクリート基礎打設の３つの作業は、すでにバーチャート工程表に記載されているので、残りの水圧試験、冷温水配管、保温、試運転調整の４つの作業を適当な順序に並び替えて、バーチャート工程表に記入することがポイントである。４つのうち、試運転調整が最終作業であり、水圧試験は保温の前に実施する必要があり、水圧試験は配管が施工されていないとできない。したがって、後半４つの作業の順序は、冷温水配管、水圧試験、保温、試運転調整となる。あとは、並行作業ができない、土日休みの条件に従い、バーチャート工程表を作成する。

❷ 空調設備（パッケージ形空調機設置工事）のバーチャート工程表

ある建物にパッケージ形空気調和機を設置する空気調和設備工事の作業（日数、工事比率）は以下のとおりである。

次の設問1～設問3の答えを解答欄に記入しなさい。

（平成27年 実地 No.4より抜粋）

〔空気調和設備工事の作業〕

屋外機設置（3日、30 %）

屋内機設置（4日、20 %）

気密試験（真空引きを含む）（2日、10 %）

試運転調整（2日、10 %）

配管（渡り配線を含む）（4日、20 %）

保温（2日、10 %）

〔施工条件〕

① パッケージ形空気調和機の屋内機は床置形、配管は露出配管とし、屋内機設置後に実施する。

② 並行作業はしないものとする。

③ 工事は最速で完了させるものとする。

④ 土曜・日曜日は現場の休日とする。

〔設問1〕 バーチャート工程表の作業名欄に、空気調和設備工事の作業を作業順に並べ替えて記入しなさい。ただし、作業名の括弧内は記入を要しない。

〔設問2〕 バーチャート工程表を完成させなさい。

〔設問3〕 予定累積出来高曲線を記入し、各作業の完了日ごとに累積出来高の数字を記入しなさい。ただし、各作業の出来高は、作業日数内において均等とする。

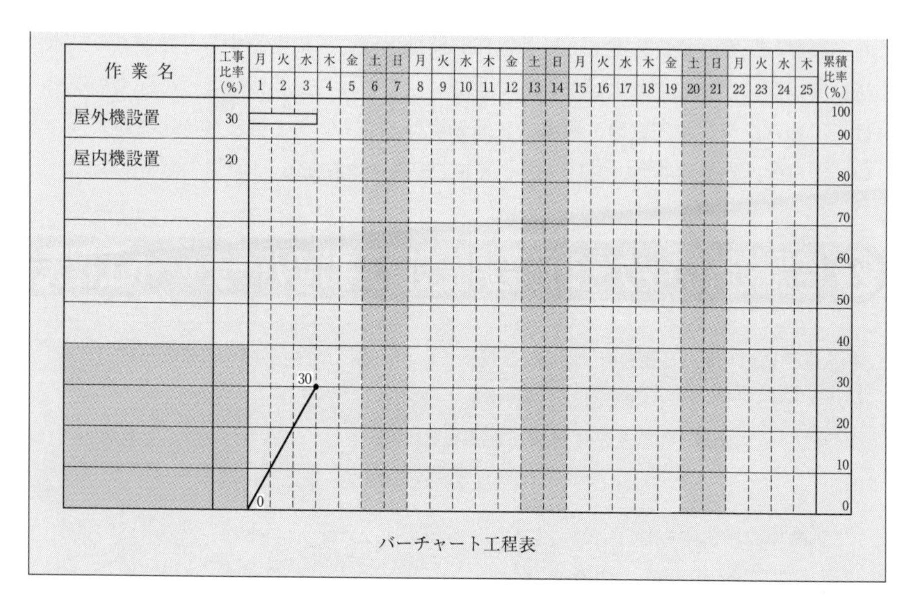

バーチャート工程表

解答

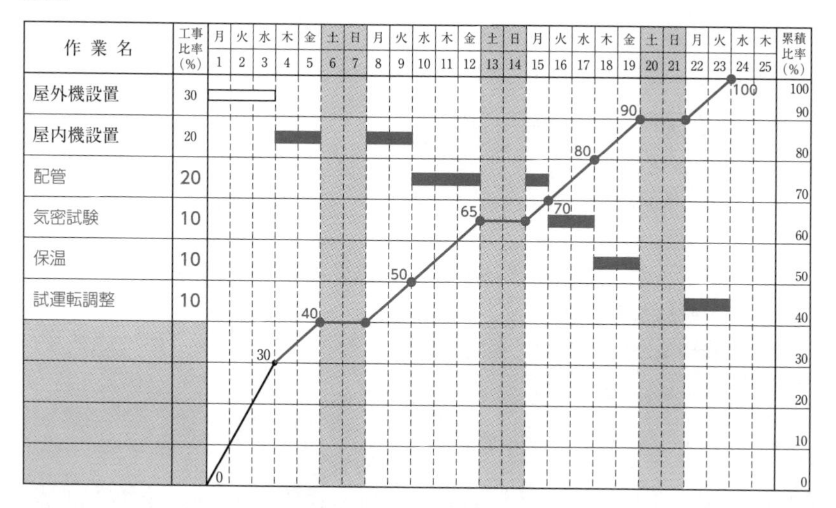

解説

設問の表に示された屋外機設置、屋内機設置、気密試験、試運転調整、配管、保温のうち、屋外機設置、屋内機設置の２つの作業は、すでにバーチャート工程表に記載されているので、残りの気密試験、試運転調整、配管、保温の４つの作業を適当な順序に並び替えて、バーチャート工程表に記入することがポイントである。４つのうち、試運転調整が最終作業であり、気密試験は保温の前に実施する必要があり、気密試験は配管が施工されていないとできない。したがって、後半４つの作業の順序は、配管、気密試験、保温、試運転調整となる。あとは、並行作業ができない、土日休みの条件に従い、バーチャート工程表を作成する。

③ 給排水衛生設備のバーチャート工程表

ある建物の給排水衛生設備工事の作業（作業日数、工事比率）は、以下のとおりである。次の設問1～設問3の答えを解答欄に記入しなさい。

（平成26年 実地 No.4より抜粋）

〔給排水衛生設備工事の作業〕

墨出し（吊り金物取付けを含む）（2日、4%）

器具取付け（水栓、衛生陶器）（2日、38%）

器具の調整（2日、4%）

試験（満水・水圧）（2日、6%）

配管（4日、36%）

保温（2日、12 %）

〔施工条件〕

1）先行する作業と後続する作業は、並行作業はできない。

2）配管は、建築仕上げ内の隠ぺい配管とし、別契約の建築仕上げ工事は3日を要するものとする。

3）給排水衛生設備工事、建築仕上げ工事とも、土曜・日曜日は現場の休日とする。

4）工事は最速で完了させるものとする。

〔設問1〕図-1の作業名欄に、給排水衛生設備工事の作業名及び別契約の建築仕上げ工事を、作業順に記入しなさい。ただし、作業名の括弧内は記入を要しない。

〔設問2〕バーチャート工程表を完成させなさい。

〔設問3〕予定累積出来高曲線を記入し、各作業の完了日ごとに累積出来高の数字を記入しなさい。ただし、各作業の出来高は、作業日数内において均等とする。

作業名	工事比率(%)	月 1	火 2	水 3	木 4	金 5	土 6	日 7	月 8	火 9	水 10	木 11	金 12	土 13	日 14	月 15	火 16	水 17	木 18	金 19	土 20	日 21	月 22	火 23	水 24	木 25	累積比率(%)
墨出し	4																										100 90
																											80
																											70
																											60
																											50
																											40
																											30
																											20
																											10
		0	4																								0

解答

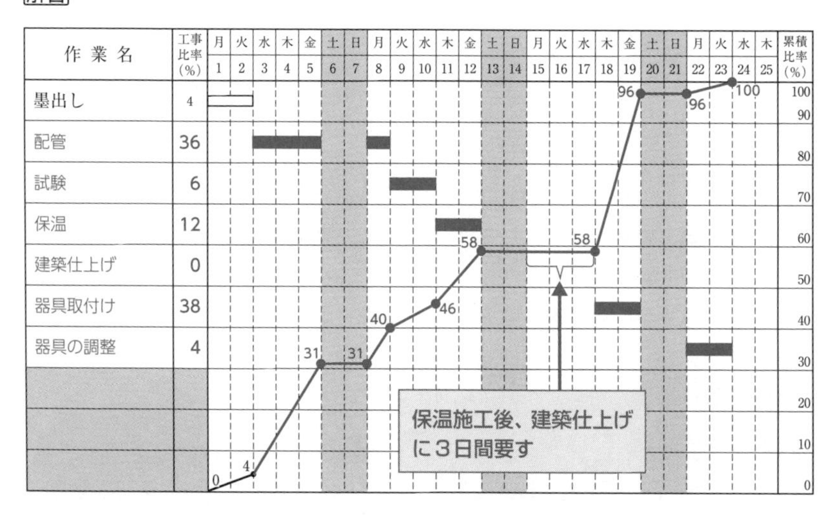

解説

ポイントは、まず、題意で与えられた施工条件である、先行作業と後続作業を並行作業することはできない、配管は建築仕上げ内の隠ぺい配管なので、建築仕上げ前までに終わらせる、建築仕上げは3日を要する、土曜・日曜日は現場の休日とする、工事は最速で完了させる、の事項を遵守することと、試験は保温の前に実施する必要があるという点である。

❹ 工程短縮のための検討

● 増員

ある建築物を新築するにあたり、ユニット形空気調和機を設置する空気調和設備の作業名、作業日数、工事比率が下記の表及び施工条件のとき、次の設問の答えを解答欄に記述しなさい。

（令和４年度 第二次検定 問題４）

作業名	作業日数	工事比率
準備・墨出し	2日	2%
コンクリート基礎打設	1日	3%
水圧試験	2日	5%
試運転調整	2日	5%
保温	3日	15%
ダクト工事	3日	18%
空気調和機設置	2日	20%
冷温水配管	4日	32%

（注）表中の作業名の記載順序は、作業の実施順序を示すものではありません。

〔施工条件〕

① 準備・墨出しの作業は、工事の初日に開始する。

② 各作業は、相互に並行作業しないものとする。

③ 各作業は、最早で完了させるものとする。

④ コンクリート基礎打設後５日間は、養生のためすべての作業に着手できないものとする。

⑤ コンクリート基礎の養生完了後は、空気調和機を設置するものとする。

⑥ 空気調和機を設置した後は、ダクト工事をその他の作業より先行して行うものとする。

⑦ 土曜日、日曜日は、現場の休日とする。ただし養生期間は休日を使用できるものとする。

〔設問1〕 バーチャート工程表及び累積出来高曲線を作成し、次の（1）及び（2）に答えなさい。ただし、各作業の出来高は、作業日数内において均等とする。

（バーチャート工程表及び累積出来高曲線の作成は、採点対象外です。）

（1）工事全体の工期は何日になるか答えなさい。

（2）① 工事開始後18日の作業終了時点での累積出来高を答えなさい。

② その日に行われた作業の作業名を答えなさい。

〔設問2〕 工期短縮のため、ダクト工事、冷温水配管及び保温の各作業については、下記の条件で作業を行うこととした。バーチャート工程表及び累積出来高曲線を作成し、次の（3）及び（4）に答えなさい。
ただし、各作業の出来高は、作業日数内において均等とする。

（バーチャート工程表及び累積出来高曲線の作成は、採点対象外です。）

（条件） ① ダクト工事は1.5倍、冷温水配管は2倍、保温は1.5倍に人員を増員し作業する。なお、増員した割合で作業日数を短縮できるものとする。

② 水圧試験も冷温水配管と同じ割合で短縮できるものとする。

（3）工事全体の工期は何日になるか答えなさい。

（4）① 工事開始後18日の作業終了時点での累積出来高を答えなさい。

② その日に行われた作業の作業名を答えなさい。

作業名	工事比率(%)	月	火	水	木	金	土	日	月	火	水	木	金	土	日	月	火	水	木	金	土	日	月	火	水	木	金	土	日	月	火	水	累積比率
		1	2	3	4	5	6	7	8	9	10	11	12	13	14	15	16	17	18	19	20	21	22	23	24	25	26	27	28	29	30	31	
準備・墨出し																																	100 90
																																	80
																																	70
																																	60
																																	50
																																	40
																																	30
																																	20
																																	10
																																	0

解答

〔設問1〕

(1) 工期30日

(2) ①67% ②冷温水配管

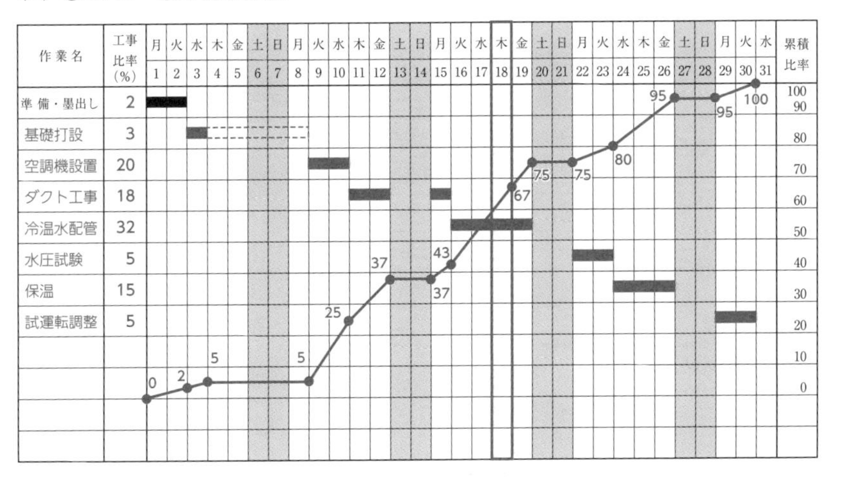

〔設問2〕

(3) 工期23日

(4) ①87.5% ②保温

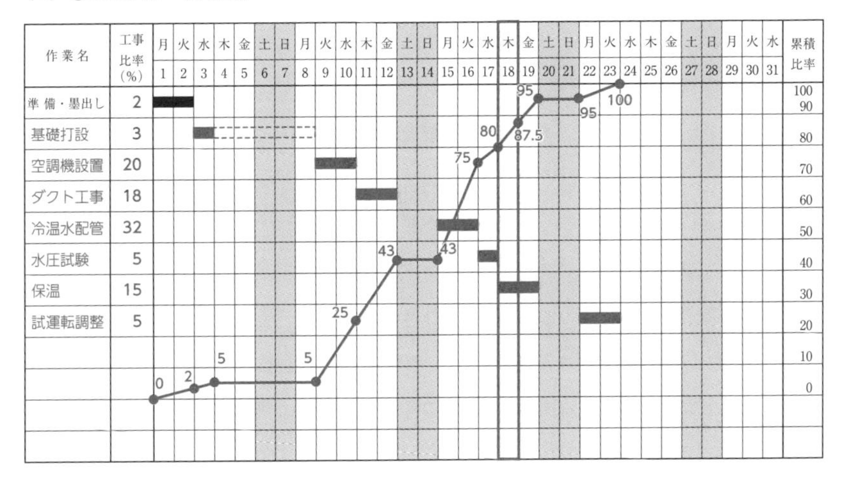

● 並行作業

2階建て事務所ビルの新築工事において、空気調和設備工事の作業が下記の表及び施工条件のとき、次の設問1及び設問2の答えを解答欄に記述しなさい。

（令和3年度 第二次検定 問題4）

	1階部分		2階部分	
作業名	作業日数	工事比率	作業日数	工事比率
準備・墨出し	1日	2%	1日	2%
配管	6日	24%	6日	24%
機器設置	2日	6%	2日	6%
保温	4日	10%	4日	10%
水圧試験	2日	2%	2日	2%
試運転調整	2日	6%	2日	6%

（注）表中の作業名の記載順序は、作業の実施順序を示すものではありません。

〔施工条件〕

① 1階部分の準備・墨出しの作業は、工事の初日に開始する。

② 機器設置の作業は、配管の作業に先行して行うものとする。

③ 各作業は、同一の階部分では、相互に並行作業しないものとする。

④ 同一の作業は、1階部分の作業が完了後、2階部分の作業に着手するものとする。

⑤ 各作業は、最早で完了させるものとする。

⑥ 土曜日、日曜日は、現場での作業を行わないものとする。

〔設問1〕バーチャート工程表及び累積出来高曲線を作成し、次の（1）～（3）に答えなさい。ただし、各作業の出来高は、作業日数内において均等とする。

（バーチャート工程表及び積累出来高曲線の作成は、採点対象外です。）

（1）工事全体の工期は、何日になるか答えなさい。

（2）① 累積出来高が70%を超えるのは工事開始後何日目になるか答えなさい

② その日に1階で行われている作業の作業名を答えなさい。

③ その日に2階で行われている作業の作業名を答えなさい。

（3）タクト工程表はどのような作業に適しているか簡潔に記述しなさい。

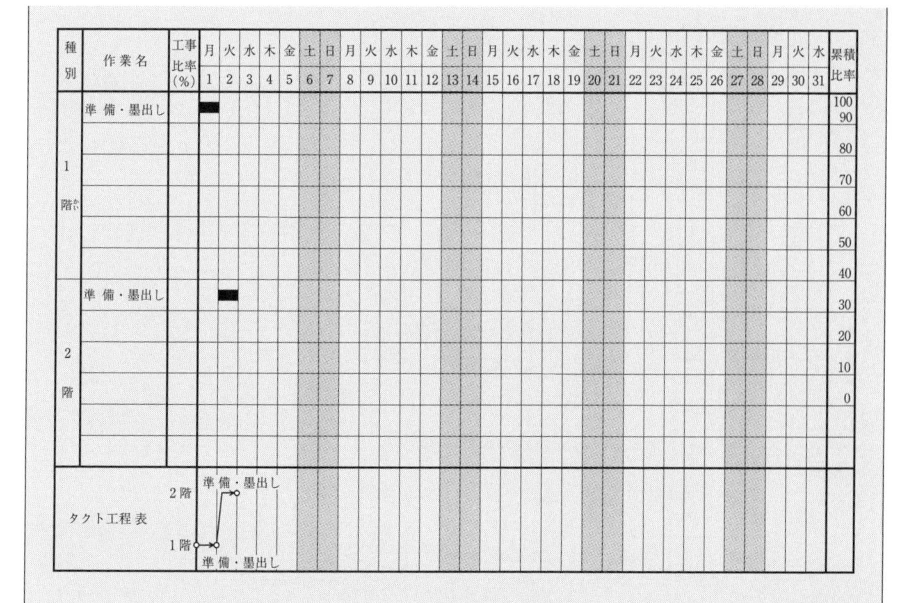

〔設問2〕工期短縮のため、機器設置、配管及び保温の各作業については、1階部分と2階部分を別の班に分け、下記の条件で並行作業を行うこととした。バーチャート工程表を作成し、次の(4)及び(5)に答えなさい。

(バーチャート工程表の作成は、採点対象外です。)

(条件) ① 機器設置、配管及び保温の各作業は、1階部分と2階部分の作業を同じ日に並行作業することができる。各階部分の作業日数は、当初の作業日数から変更がないものとする。

② 水圧試験は、1階部分と2階部分を同じ日に同時に試験する。各階部分の作業日数は、当初の作業日数から変更がないものとする。

③ ①及び②以外は、当初の施工条件から変更がないものとする。

(4) 工事全体の期工は、何日になるか答えなさい。

(5) ②の条件を変更して、水圧試験も1階部分と2階部分を別の班に分け、1階部分と2階部分を別の日に試験することができることとし、また、並行作業とすることも可能とした場合、工事全体の工期は、②の条件を変更しない場合に比べて、何日短縮できるか答えなさい。水圧試験の各階部分の作業日数は、当初の作業日数から変更がないものとする。

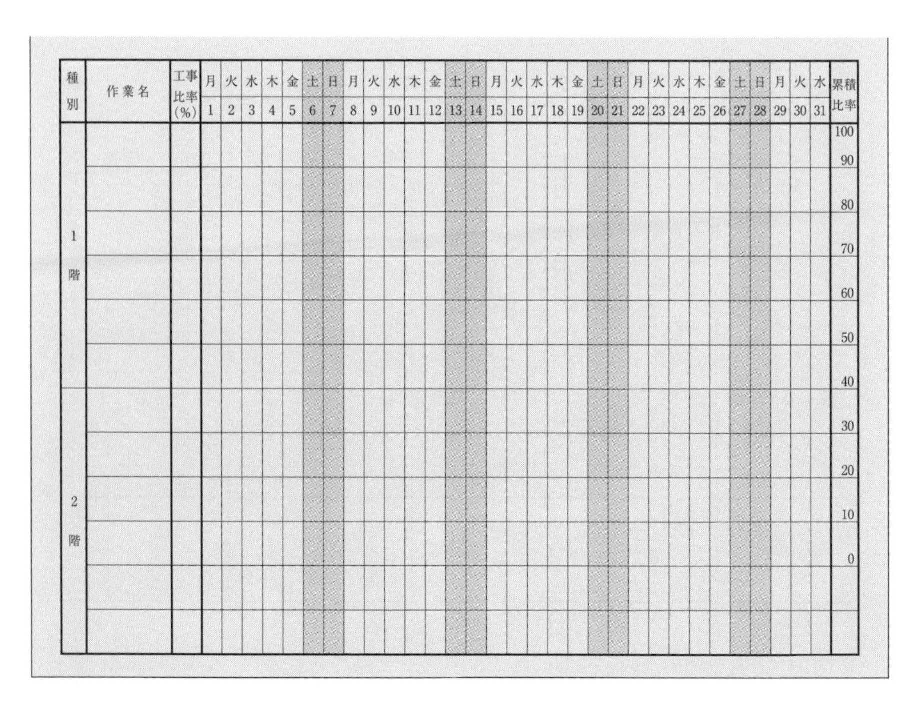

解答

〔設問1〕

(1) 31日

(2) ①19日目　②保温　③配管

(3) 同じ作業を違う場所で繰り返し行う作業に適している。

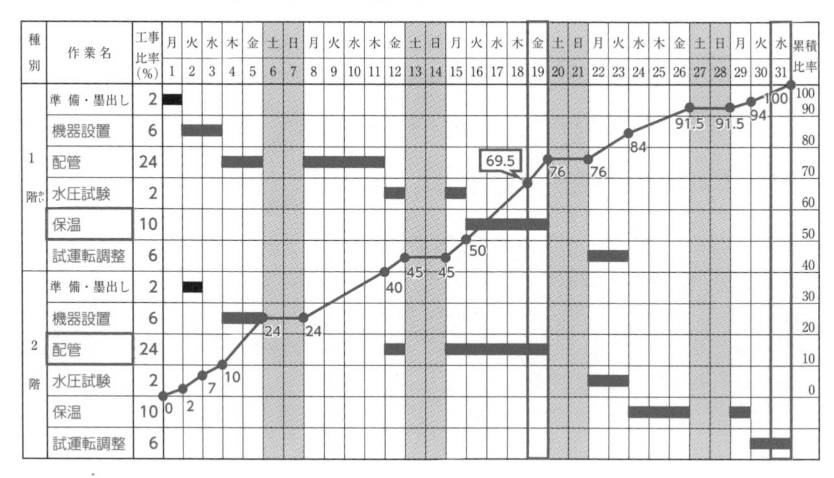

〔設問2〕

(4) 26日

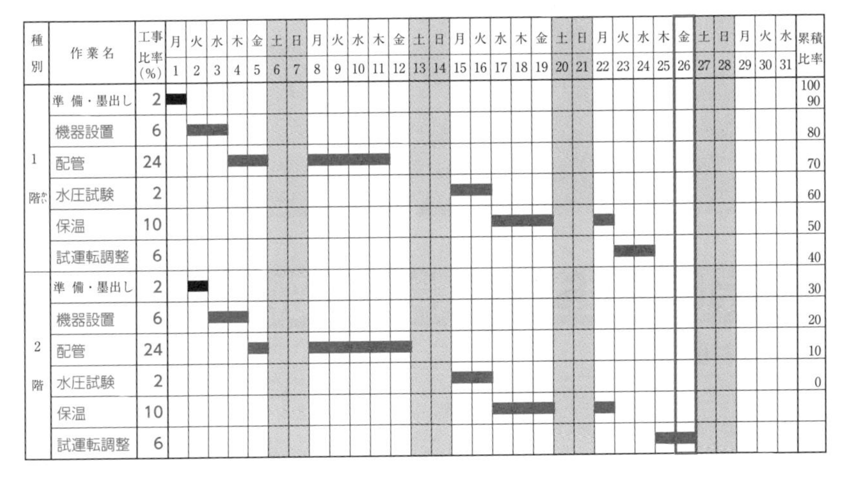
種別
作業名
工事比率(%)
月 火 水 木 金 土 日 月 火 水 木 金 土 日 月 火 水 木 金 土 日 月 火 水 木 金 土 日 月 火 水
1 2 3 4 5 6 7 8 9 10 11 12 13 14 15 16 17 18 19 20 21 22 23 24 25 26 27 28 29 30 31
累積比率
1階
準備・墨出し 2
機器設置 6
配管 24
水圧試験 2
保温 10
試運転調整 6
2階
準備・墨出し 2
機器設置 6
配管 24
水圧試験 2
保温 10
試運転調整 6
100
90
80
70
60
50
40
30
20
10
0

(5) 1日

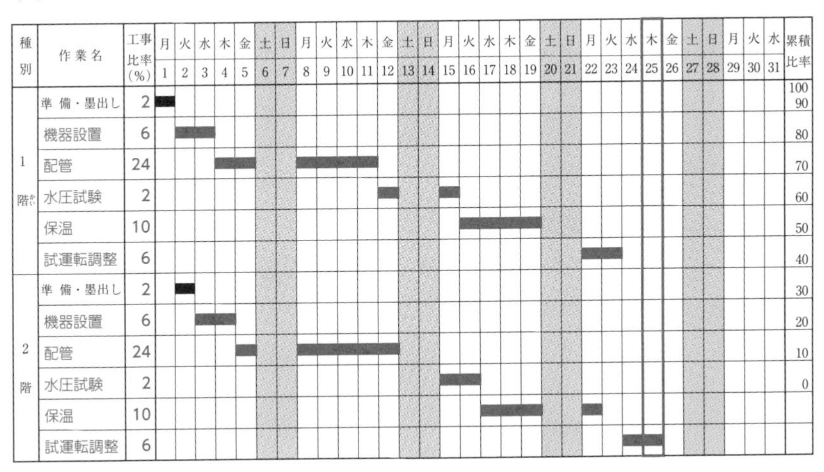
種別
作業名
工事比率(%)
月 火 水 木 金 土 日 月 火 水 木 金 土 日 月 火 水 木 金 土 日 月 火 水 木 金 土 日 月 火 水
1 2 3 4 5 6 7 8 9 10 11 12 13 14 15 16 17 18 19 20 21 22 23 24 25 26 27 28 29 30 31
累積比率
1階
準備・墨出し 2
機器設置 6
配管 24
水圧試験 2
保温 10
試運転調整 6
2階
準備・墨出し 2
機器設置 6
配管 24
水圧試験 2
保温 10
試運転調整 6
100
90
80
70
60
50
40
30
20
10
0

4-4 論説問題

問4の設問4、5において、例年、工程管理に関する論説問題が出題される。第一次検定で学習した内容で解答可能である。以下に、過去に出題された問題と解答を示すので、内容を確認しておくこと。

① 過去に出題された論説問題

● 出来高累計曲線

全体工事を出来高累計曲線で管理する曲線式工程表では、許容される範囲において、最も早く施工が完了したときの限界を上方許容限界曲線、最も遅く施工が完了したときの限界を下方許容限界曲線というが、この両曲線を、上下の曲線に挟まれた部分の形状から何と呼ぶか記入しなさい。
（平成28年度 実地 問題4 設問4）

解答

バナナ曲線

解説

下図の全体工事を**出来高累計曲線**（**累積出来高曲線**ともいう）で管理する曲線式工程表において、許容される範囲において、最も早く施工が完了したときの限界を**上方許容限界曲線**、最も遅く施工が完了したときの限界を**下方許容限界曲線**という。この上下の両曲線に挟まれた部分の形状は、バナナに類似しているので、**バナナ曲線**という。

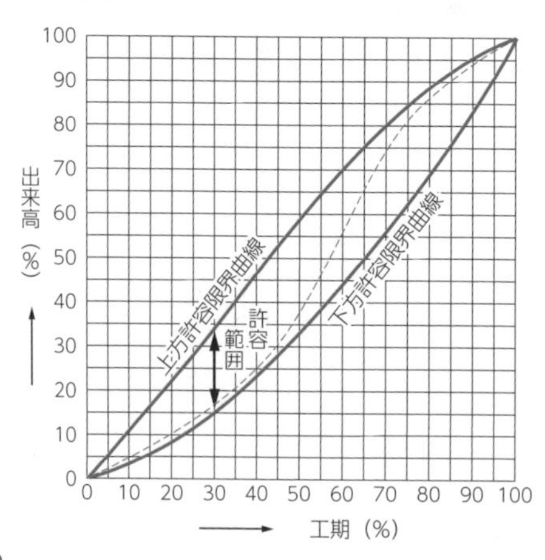

累積出来高曲線が、その形状から呼ばれる別の名称を記述しなさい。
(令和4年度 第二次検定 問題4 設問3)

予定累積出来高曲線が、その形状から呼ばれる別の名称を記入しなさい。
(平成26年度 実地 No.4 設問4)

解答

S字カーブ

解説

予定累積出来高曲線は、下図のように、工期の初期と終期の傾きが緩やかで、工期の中期の傾きが急な、S字状に湾曲する曲線を呈するので**S字カーブ**という。

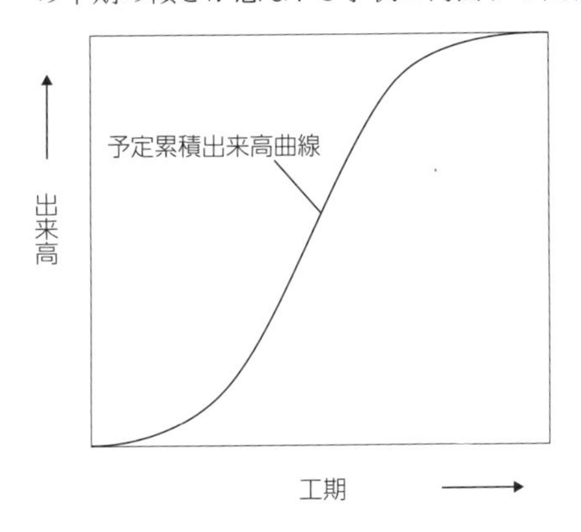

実施累積出来高曲線による工程管理の方法を簡潔に述べなさい。
(平成23年度 実地 No.4 設問4)

解答

上方許容限界曲線と下方許容限界曲線に囲まれた部分(バナナ曲線)の中に入るように工程を管理する。

解説

実施した工事の進捗が上方許容限界曲線より上方に超過している場合は、施工速度が速すぎ、安全や品質で問題が生じるおそれがあり、実施した工事の進捗が下方許容限界曲線よりも下方に未達している場合は、施工速度が遅すぎ、工期に間に合わないおそれがあるので、バナナ曲線の中に入るように工程を管理する必要がある。なお、予定状態の曲線を予定累積出来高曲線、実施後の状態の曲線を**実施累積出来**

高曲線という。

> 工程管理に使用される次の曲線のうちから1つ選び、解答欄に選択した曲線の名称を記入し、その曲線の利点を簡潔に記述しなさい。
>
> ・進捗線（イナズマ線）
>
> ・累積出来高曲線　　（平成24年度 実地 No.5 設問5）

解答：下記のいずれかを記載

・進捗線（イナズマ線）：現在進行中の作業の進捗がわかる。

・累積出来高曲線：工事全体の進捗がわかる。

解説

進捗線（イナズマ線）とは、下図のようにバーチャート工程表の、各作業の進捗状況を線で結んで表したもの。線の形状が稲光に類似しているので、イナズマ線といわれる。

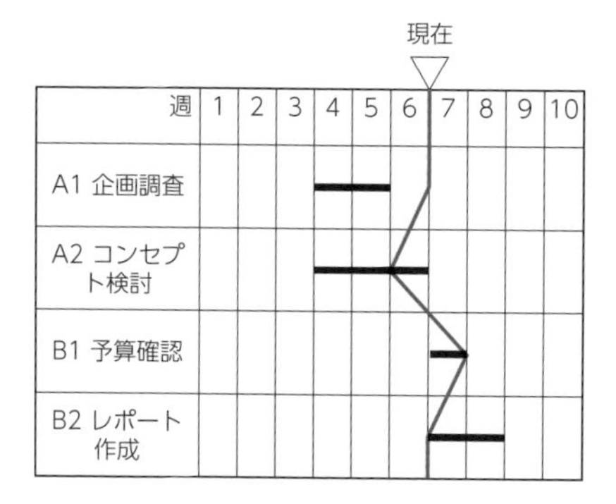

● バーチャート工程表

> バーチャート工程表の短所を記入しなさい。　（平成29年度 実地 問題4 設問5）

解答

・各作業の関連性や影響度合いがわかりにくい。

解説

バーチャート工程表の特徴は次のとおりである（➔P.114）。

①縦軸に各作業名を列記し、横軸に暦日と合わせた工期をとって作成される。

②各作業の施工時期や所要日数がわかりやすい。

③工事の進捗状況を把握しやすいので、詳細工程表に用いられることが多い。

④各工事細目の予定出来高から、S字カーブと呼ばれる予定進度曲線が得られる。

⑤予定進度曲線と実施進度を比較することにより、進行度のチェックができる。

⑥作業間の関連が明確ではない。

⑦ガントチャート工程表との比較

・必要な作業日数がわかりやすい。

・各作業の所要日数と施工日程がわかりやすい。

⑧ネットワーク工程表との比較

・作成が容易なため、比較的小さな工事に適している。

・作業順序関係があいまいで、作業間の関連が明確ではない。

・各作業の工期に対する影響の度合いを把握しにくいので、重点管理作業が把握しにくい。

・遅れに対する対策が立てにくい。

●ネットワーク工程表とバーチャート工程表

> ネットワーク工程表が、バーチャート工程表に比べ優れている点を、簡潔に記述しなさい。
> (平成27年度 実地 No.4 設問5)

解答

・作業順序が明確になる。

・クリティカルパスがわかる。

・工期短縮の検討がしやすい。 等

> ネットワーク工程表に対する横線式工程表(バーチャート工程表)の利点を簡潔に記述しなさい。
> (平成20年度 実地 No.4 設問4)

解答

・各作業の開始日と終了日がわかりやすい。

・作成が容易である。 等

> ネットワーク工程表に対する横線式工程表(バーチャート工程表)の欠点を簡潔に述べなさい。
> (平成23年度 実地 No.4 設問5)

解答

作業の順序が把握しにくい。

遅れに対する対策が立てにくい。　等

解説

ネットワーク工程表に対するバーチャート工程表の特徴は次のとおりである（➔P.114）。

①作成が容易なため、比較的小さな工事に適している。

②作業順序関係があいまいで、作業間の関連が明確ではない。

③各作業の工期に対する影響の度合いを把握しにくいので、重点管理作業が把握しにくい。

④遅れに対する対策が立てにくい。

● タクト工程表

タクト工程表の利点を簡潔に記述しなさい。

（令和3年度 第二次検定 問題4 設問1、平成30年度 実地 問題4 設問5、平成25年度 実地 No.4 設問5）

解答

同じ作業が繰り返しある場合、効率的に作成できる。

解説

タクト工程表とは、下図のように、フロアごと、エリアごとなど、工事場所ごとに分けて作成された工程表をいう。

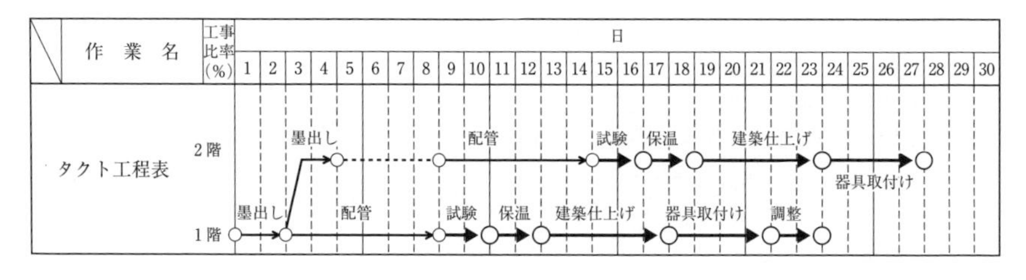

● ガントチャート

図に示すような各作業の完了時点を100％として横軸にその達成度をとり、現在の進行状態を棒グラフで示す工程表の名称を記入しなさい。

（平成28、26年度 実地 問題4 設問5）

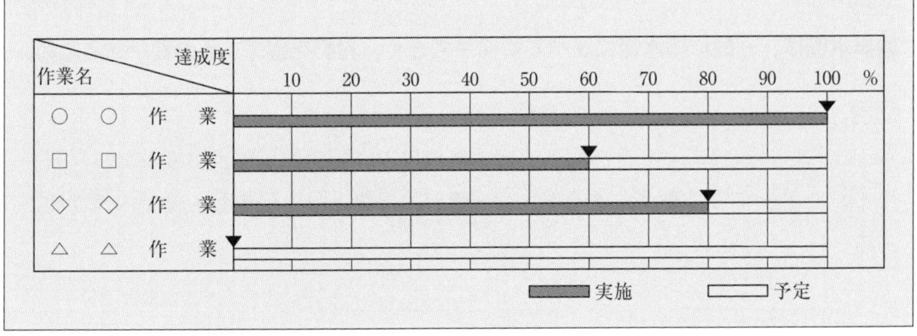

解答

ガントチャート工程表

解説

ガントチャート工程表とは、縦軸に作業名、横軸に達成度をとった工程表で、各作業の現時点における進行状態が達成度により把握できる、作成が容易である、各作業の前後関係がわかりにくいなどの特徴を有している（➔P.113）。

● 工程管理に関するその他の事項

冷媒管の気密試験を窒素ガスで行う理由を簡潔に記述しなさい。

（平成24年度 実地 No.5 設問4）

解答

水分を混入させないように、できるだけ乾燥した状態で行うため。

解説

冷媒管内に空気中の水分が混入すると、冷媒管を腐食させたり、水分が機器に氷結して機能を阻害させたりするなどの不具合が生じるので、水分を含まない窒素ガスで気密試験を行う必要がある（➔P.268）。

給水管、給湯管及び雑排水管のうち、優先して施工する配管の用途とその理由を簡潔に記述しなさい。
（平成22年度 実地 No.4 設問4）

解答

雑排水管は、一般に給水管に比べて管径が大きく、勾配を確保する必要があるため。

解説

雑排水管は、重力による自然流下で排水するので、配管施工に自由度がなく、管径や勾配を確保する必要があるので、給水管、給湯管よりも優先して施工する必要がある。

屋外の埋設配管の埋設深さを決定する要因を簡潔に記述しなさい。
（平成22年度 実地 No.4 設問5）

解答

- **配管上部にかかる荷重**
- **凍結深度**
- **下水道本管の埋設位置**　等

解説

埋設配管の埋設深さを決定する際には、車両の重量などの配管上部にかかる荷重、氷点下以下となる地表面からの深さである凍結深度、公共下水道の下水道本管の埋設位置などを考慮して行う必要がある。

冷媒管を真空乾燥（真空引き）する目的を簡潔に記述しなさい。
（平成21年度 実地 No.4 設問4）

解答

冷媒管内の空気と水分の除去

解説

冷媒管内に空気中の水分が混入すると、冷媒管を腐食させたり、水分が機器に氷結して機能を阻害したりするなどの不具合が生じるので、冷媒管内を真空状態にして空気を排出するとともに、水分を蒸発しやすくして乾燥させる必要がある（➔P.268）。

ルームエアコンの屋外ユニットを据え付ける場合の留意事項又は措置を簡潔に記述しなさい。
（平成21年度 実地 No.4 設問5 改題）

解答

- **騒音**
- **気流**
- **冷媒配管長さ**　等

解説

パッケージ形空気調和機の一種であるルームエアコンの屋外ユニットは、近隣施設への騒音の影響、屋外ユニットの給気や排気に伴う気流の影響、屋内ユニットとの間の冷媒配管の長さや高低差などに留意して据え付ける必要がある（➔P.267）。

第2部

第二次検定

第5章

法規

第二次検定の法規の問題は、労働安全衛生法及び関係法令に関する記述の空白部分に、当てはまる数値、語句を記入または選ぶ形式で出題される。出題範囲は、第一次検定で学習した範囲であり、すでに学習した知識により解答することが可能であるが、過去において再三出題される関連条項を、よく読んで慣れておくことが重要である。特に問われることの多いキーワードを赤字で示してあるので、繰り返し確認してよく覚えておこう。

5-1 法規

第二次検定において、法規の問題は例年、問題5で出題される。受検者は問題4（工程管理）・問題5から、いずれかを選択し、解答する。

① 法規の問題傾向

第二次検定の法規の問題は、**労働安全衛生法及び関係法令**に関する問題が出題される。出題形式は、労働安全衛生法及び関係法令に規定されている内容の文章の一部が空白になっており、そこに当てはまる数値、語句を記入または選ぶ形式で出題される。

例として、平成29年度実地問題5を掲載する。

基本的には、第一次検定で学習した内容と同様であるが、過去10年間で出題された関係法令の条項を、以下に抜粋して記載してあるので、再度確認されたい。特に、赤字箇所は空白になっている部分であり、繰り返し出題されている部分であるので、よく学習しておくこと。また、法令の条文を読み慣れることも必要である。抜粋した条文を記載してあるので、条文をよく読んで慣れておくこと。

【問題 5】 次の設問 1 及び設問 2 の答えを解答欄に記入しなさい。

〔設問 1〕 建設工事現場における、労働安全衛生に関する文中、[　　]内に当てはまる「労働安全衛生法」上に**定められている語句又は数値**を選択欄から選びなさい。

(1) 事業者は、作業所内で使用する脚立については、脚と水平面との角度を [A] 度以下とし、折りたたみ式のものにあっては、脚と水平面との角度を確実に保つための金具等を備えなければならない。

(2) 事業者は、常時労働者の数が 10 人以上 50 人未満の事業場には [B] を選任し、安全管理者と衛生管理者の行う業務を担当させなければならない。

(3) 掘削面の高さが 2 m 以上となる地山の掘削（ずい道及びたて坑以外の坑の掘削を除く。）の作業を行う場合は [C] を選任しなければならない。

(4) 事業者は、移動式クレーンを用いて作業を行うときは、移動式クレーンの運転者及び玉掛けをする者が当該移動式クレーンの [D] を常時知ることができるよう、表示その他の措置を講じなければならない。

選択欄

安全衛生推進者、主任技術者、75、80、定格荷重 作業主任者、専門技術者、総括安全衛生管理者、傾斜角

〔設問 2〕 建設工事現場における、労働安全衛生に関する文中、[　　]内に当てはまる「労働安全衛生法」上に**定められている数値**を記入しなさい。

(5) 事業者は、架設通路については、こう配を [E] 度以下としなければならない。
ただし、階段を設けたもの又は高さが 2 m 未満で丈夫な手掛を設けたものはこの限りでない。

解答 A：**75**、B：**安全衛生推進者**、C：**作業主任者**、D：**定格荷重**、E：**30**

解説 次ページ以降の条項参照。

② 労働安全衛生法

労働安全衛生法とは、労働基準法と相まって、労働災害の防止のための危害防止基準の確立、責任体制の明確化及び自主的活動の促進の措置を講ずる等、その防止に関する総合的計画的な対策を推進することにより、職場における労働者の安全と健康を確保するとともに、快適な職場環境の形成を促進することを目的とした法律である。

（作業主任者）

第14条　事業者は、**高圧室内作業その他の労働災害を防止するための管理を必要とする作業**で、政令で定めるものについては、都道府県労働局長の**免許を受けた者**又は都道府県労働局長の登録を受けた者が行う**技能講習を修了した者**のうちから、厚生労働省令で定めるところにより、当該作業の区分に応じて、**作業主任者**を選任し、その者に当該作業に従事する労働者の指揮その他の厚生労働省令で定める事項を行わせなければならない。

（安全衛生教育）

第60条　事業者は、その事業場の業種が政令で定めるものに該当するときは、新たに職務につくこととなつた**職長**その他の作業中の労働者を直接指導又は監督する者（作業主任者を除く。）に対し、次の事項について、厚生労働省令で定めるところにより、安全又は衛生のための教育を行なわなければならない。

③ 労働安全衛生法施行令

労働安全衛生施行令とは、労働安全衛生法の施行令（法律に付属し、その施行に必要な細則や、その委任に基づく事項などを定める政令）をいう。

（**総括安全衛生管理者**を選任すべき事業場）

第2条　法第10条第1項の政令で定める規模の事業場は、次の各号に掲げる業種の区分に応じ、常時当該各号に掲げる数以上の労働者を使用する事業場とする。

一　林業、鉱業、建設業、運送業及び清掃業　**100人**

（**作業主任者**を選任すべき作業）

第6条　法第14条の政令で定める作業は、次のとおりとする。

二　**アセチレン溶接**装置又は**ガス集合溶接**装置を用いて行う金属の溶接、溶断又は

加熱の作業

四　**ボイラー（小型ボイラーを除く。）の取扱い**の作業

八の二　**コンクリート破砕器**を用いて行う破砕の作業

九　掘削面の高さが**2メートル以上**となる**地山の掘削**（ずい道及びたて坑以外の坑の掘削を除く。）の作業（第十一号に掲げる作業を除く。）

十　**土止め支保工**の切りばり又は腹起こしの取付け又は取り外しの作業

十四　**型枠支保工**（支柱、はり、つなぎ、筋かい等の部材により構成され、建設物におけるスラブ、桁等のコンクリートの打設に用いる型枠を支持する仮設の設備をいう。以下同じ。）の組立て又は解体の作業

十五　つり足場（ゴンドラのつり足場を除く。以下同じ。）、張出し足場又は高さが**5メートル以上**の構造の**足場**の組立て、解体又は変更の作業

十五の二　**建築物の骨組み又は塔**であって、金属製の部材により構成されるもの（その高さが**5メートル以上**であるものに限る。）の組立て、解体又は変更の作業

十五の四　建築基準法施行令（昭和二十五年政令第三百三十八号）第二条第一項第七号に規定する軒の高さが**5メートル以上**の**木造建築物の構造部材**の組立て又はこれに伴う屋根下地若しくは外壁下地の取付けの作業

十五の五　**コンクリート造の工作物**（その高さが5メートル以上であるものに限る。）の解体又は破壊の作業

十七　**第一種圧力容器（小型圧力容器及び次に掲げる容器を除く。）の取扱い**の作業

二十一　別表第六に掲げる**酸素欠乏危険場所**における作業

二十三　**石綿**若しくは**石綿**をその重量の0.1パーセントを超えて含有する製剤その他の物（以下「**石綿**等」という。）を取り扱う作業（試験研究のため取り扱う作業を除く。）又は**石綿**等を試験研究のため製造する作業

（就業制限に係る業務）

第20条　法第61条第1項の政令で定める業務（都道府県労働局長の当該業務に係る**免許を受けた者**又は都道府県労働局長の登録を受けた者が行う当該業務に係る**技能講習を修了した者**その他厚生労働省令で定める資格を有する者でなければ、当該業務に就かせてはならない業務）は、次のとおりとする。

三　**ボイラー（小型ボイラーを除く。）の取扱い**の業務

四　前号の**ボイラー又は第一種圧力容器（小型圧力容器を除く。）の溶接**（自動溶接機による溶接、管（ボイラーにあっては、主蒸気管及び給水管を除く。）の周継手の溶接及び圧縮応力以外の応力を生じない部分の溶接を除く。）の業務

五　**ボイラー（小型ボイラー及び次に掲げるボイラーを除く。）又は第六条第十七号**

の第一種圧力容器の整備の業務

七　つり上げ荷重が**1トン以上**の**移動式クレーン**の運転（道路交通法（昭和三十五年法律第百五号）第二条第一項第一号に規定する道路（以下この条において「道路」という。）上を走行させる運転を除く。）の業務

十　**可燃性ガス及び酸素を用いて行なう金属の溶接、溶断又は加熱**の業務

十二　機体重量が**3トン以上**の別表第七第一号、第二号、第三号又は第六号に掲げる**建設機械**で、動力を用い、かつ、不特定の場所に自走することができるものの運転（道路上を走行させる運転を除く。）の業務

十五　作業床の高さが**10メートル以上**の**高所作業車**の運転（道路上を走行させる運転を除く。）の業務

十六　制限荷重が**1トン以上**の揚貨装置又はつり上げ荷重が**1トン以上**のクレーン、移動式クレーン若しくはデリックの**玉掛け**の業務

④ 労働安全衛生規則

労働安全衛生規則とは、労働安全衛生法の施行規則（法律を施行するために必要な細則や、法律・政令の委任事項などを定めた命令）をいう。

（**安全衛生推進者**等を選任すべき事業場）

第12条の2　法第12条の2の厚生労働省令で定める規模の事業場は、常時**10人以上50人未満**の労働者を使用する事業場とする。

（安全衛生推進者等の選任）

第12条の3　法第12条の2の規定による安全衛生推進者又は衛生推進者（以下「安全衛生推進者等」という。）の選任は、**都道府県労働局長**の登録を受けた者が行う講習を修了した者その他法第十条第一項各号の業務（衛生推進者にあつては、衛生に係る業務に限る。）を担当するため必要な能力を有すると認められる者のうちから、次に定めるところにより行わなければならない。

一　安全衛生推進者等を選任すべき事由が発生した日から**14日以内**に選任すること。

二　その事業場に専属の者を選任すること。ただし、労働安全コンサルタント、労働衛生コンサルタントその他厚生労働大臣が定める者のうちから選任するときは、この限りでない。

（特別教育を必要とする業務）

第36条　法第59条第3項の厚生労働省令で定める**危険又は有害な業務**は、次のとおりとする。

三　**アーク溶接**機を用いて行う金属の溶接、溶断等（以下「**アーク溶接**等」という。）の業務

十の五　作業床の高さ（令第十条第四号の作業床の高さをいう。）が**10メートル未満**の**高所作業車**（令第十条第四号の高所作業車をいう。以下同じ。）の運転（道路上を走行させる運転を除く。）の業務

十四　**小型ボイラー**（令第1条第4号の小型ボイラーをいう。以下同じ。）**の取扱い**の業務

十六　つり上げ荷重が**1トン未満**の**移動式クレーン**の運転（道路上を走行させる運転を除く。）の業務

十八　**建設用リフト**の運転の業務

十九　つり上げ荷重が**1トン未満**のクレーン、移動式クレーン又はデリックの**玉掛け**の業務

二十　**ゴンドラ**の操作の業務

二十六　令別表第六に掲げる**酸素欠乏危険場所**における作業に係る業務

三十七　**石綿**障害予防規則第4条第1項に掲げる作業に係る業務

三十九　**足場**の組立て、解体又は変更の作業に係る業務（地上又は堅固な床上における補助作業の業務を除く。）

四十　高さが**2メートル以上**の箇所であって作業床を設けることが困難なところにおいて、昇降器具（労働者自らの操作により上昇し、又は下降するための器具であって、作業箇所の上方にある支持物にロープを緊結してつり下げ、当該ロープに労働者の身体を保持するための器具（第539条の2及び第539条の3において「身体保持器具」という。）を取り付けたものをいう。）を用いて、労働者が当該昇降器具により身体を保持しつつ行う作業（四十度未満の斜面における作業を除く。以下「**ロープ高所作業**」という。）に係る業務

（**ガス等の容器**の取扱い）

第263条　事業者は、ガス溶接等の業務に使用するガス等の容器については、次に定めるところによらなければならない。

二　容器の温度を**40度以下**に保つこと。

（強烈な光線を発散する場所）

第325条　事業者は、アーク溶接のアークその他強烈な光線を発散して危険のおそれのある場所については、これを区画しなければならない。ただし、作業上やむを得ないときは、この限りでない。

2　事業者は、前項の場所については、適当な**保護具**を備えなければならない。

（**掘削面のこう配**の基準）

第356条　事業者は、手掘りにより地山（崩壊又は岩石の落下の原因となるき裂がない岩盤からなる地山、砂からなる地山及び発破等により崩壊しやすい状態になっている地山を除く。）の掘削の作業を行なうときは、掘削面のこう配を、次の表の上欄に掲げる地山の種類及び同表の中欄に掲げる掘削面の高さに応じ、それぞれ同表の下欄に掲げる値以下としなければならない。

地山の種類	掘削面の高さ（単位　メートル）	掘削面のこう配（単位　度）
岩盤又は堅い粘土からなる地山	五未満	九十
	五以上	七十五
その他の地山	二未満	九十
	二以上五未満	七十五
	五以上	六十

第357条　事業者は、手掘りにより砂からなる地山又は発破等により崩壊しやすい状態になっている地山の掘削の作業を行なうときは、次に定めるところによらなければならない。

一　**砂**からなる地山にあっては、掘削面のこう配を**35度以下**とし、又は掘削面の高さを**5メートル未満**とすること。

二　**発破**等により**崩壊**しやすい状態になっている地山にあっては、掘削面のこう配を**45度以下**とし、又は掘削面の高さを**2メートル未満**とすること。

（**誘導者**の配置）

第365条　事業者は、明り掘削の作業を行なう場合において、運搬機械等が、労働者の作業箇所に後進して接近するとき、又は転落するおそれのあるときは、**誘導者**を配置し、その者にこれらの機械を**誘導**させなければならない。

（作業床の設置等）

第519条　事業者は、高さが**2メートル**以上の作業床の端、開口部等で墜落により労働者に危険を及ぼすおそれのある箇所には、囲い、手すり、覆い等（以下この条において

「囲い等」という。）を設けなければならない。

（**要求性能墜落制止用器具**等の取付設備等）

第521条　事業者は、高さが**2メートル以上**の箇所で作業を行なう場合において、労働者に要求性能墜落制止用器具等を使用させるときは、要求性能墜落制止用器具等を安全に取り付けるための設備等を設けなければならない。

（**照度**の保持）

第523条　事業者は、高さが**2メートル以上**の箇所で作業を行なうときは、当該作業を安全に行なうため必要な**照度**を保持しなければならない。

（昇降するための設備の設置等）

第526条　事業者は、高さ又は深さが**1.5メートル**をこえる箇所で作業を行なうときは、当該作業に従事する労働者が安全に昇降するための設備等を設けなければならない。ただし、安全に昇降するための設備等を設けることが作業の性質上著しく困難なときは、この限りでない。

（**移動はしご**）

第527条　事業者は、移動はしごについては、次に定めるところに適合したものでなければ使用してはならない。

一　丈夫な構造とすること。

二　材料は、著しい損傷、腐食等がないものとすること。

三　幅は、**30センチメートル以上**とすること。

四　すべり止め装置の取付けその他転位を防止するために必要な措置を講ずること。

（**脚立**）

第528条　事業者は、脚立については、次に定めるところに適合したものでなければ使用してはならない。

一　丈夫な構造とすること。

二　材料は、著しい損傷、腐食等がないものとすること。

三　脚と水平面との角度を**75度以下**とし、かつ、折りたたみ式のものにあっては、脚と水平面との角度を確実に保つための金具等を備えること。

四　踏み面は、作業を安全に行なうため必要な面積を有すること。

（**地山の崩壊**等による危険の防止）

第534条　事業者は、地山の崩壊又は土石の落下により労働者に危険を及ぼすおそれのあるときは、当該危険を防止するため、次の措置を講じなければならない。

一　地山を安全な**こう配**とし、落下のおそれのある土石を取り除き、又は擁壁、土止め支保工等を設けること。

二　地山の崩壊又は土石の落下の原因となる雨水、地下水等を排除すること。

（**屋内に設ける通路**）

第542条　事業者は、屋内に設ける通路については、次に定めるところによらなければならない。

一　用途に応じた幅を有すること。

二　通路面は、つまずき、すべり、踏抜等の危険のない状態に保持すること。

三　通路面から高さ**1.8メートル以内**に障害物を置かないこと。

（**架設通路**）

第552条　事業者は、架設通路については、次に定めるところに適合したものでなければ使用してはならない。

一　丈夫な構造とすること。

二　勾配は、**30度以下**とすること。ただし、階段を設けたもの又は高さが**2メートル未満**で丈夫な手掛を設けたものはこの限りでない。

三　勾配が**15度を超える**ものには、踏桟その他の**滑止め**を設けること。

四　墜落の危険のある箇所には、次に掲げる設備（丈夫な構造の設備であって、たわみが生ずるおそれがなく、かつ、著しい損傷、変形又は腐食がないものに限る。）を設けること。

イ　高さ**85センチメートル以上**の**手すり**又はこれと同等以上の機能を有する設備（以下「**手すり**等」という。）

ロ　高さ35センチメートル以上50センチメートル以下の桟又はこれと同等以上の機能を有する設備（以下「**中桟**等」という。）

（**作業床**）

第563条　事業者は、足場（一側足場を除く。）における高さ**2メートル以上**の作業場所には、次に定めるところにより、作業床を設けなければならない。

二　つり足場の場合を除き、幅、床材間の隙間及び床材と建地との隙間は、次に定めるところによること。

イ　幅は、**40センチメートル以上**とすること。

ロ　床材間の隙間は、**3センチメートル以下**とすること。

ハ　床材と建地との隙間は、**12センチメートル未満**とすること。

⑤ クレーン等安全規則

クレーン等安全規則とは、クレーンに関する労働安全衛生法の施行規則をいい、移動式クレーンや建設リフトなどの事項について、規定している。

（検査証の有効期間）

第60条　移動式クレーン検査証の有効期間は、**2年**とする。ただし、製造検査又は使用検査の結果により当該期間を**2年**未満とすることができる。

（検査証の備付け）

第63条　事業者は、移動式クレーンを用いて作業を行なうときは、**当該移動式クレーン**に、その移動式クレーン検査証を備え付けておかなければならない。

（就業制限）

第68条　事業者は、令第20条第七号に掲げる業務（つり上げ荷重が**1トン以上**の移動式クレーンの運転の業務）については、**移動式クレーン運転士免許**を受けた者でなければ、当該業務に就かせてはならない。ただし、つり上げ荷重が**1トン以上5トン未満**の移動式クレーンの運転の業務については、小型移動式クレーン運転**技能講習**を修了した者を当該業務に就かせることができる。

（**定格荷重**の表示等）

第70条の2　事業者は、移動式クレーンを用いて作業を行うときは、移動式クレーンの運転者及び玉掛けをする者が当該移動式クレーンの**定格荷重**を常時知ることができるよう、表示その他の措置を講じなければならない。

⑥ 酸素欠乏症等防止規則

酸素欠乏症等防止規則とは、酸素欠乏症等の防止に関する労働安全衛生法の施行規則をいい、酸素欠乏症や硫化水素中毒の防止などの事項について、規定している。

（換気）

第5条　事業者は、酸素欠乏危険作業に労働者を従事させる場合は、当該作業を行う場所の空気中の酸素の濃度を**18パーセント以上**（第二種酸素欠乏危険作業に係る場所にあっては、空気中の酸素の濃度を**18パーセント以上**、かつ、硫化水素の濃度を100万分の10以下）に保つように換気しなければならない。ただし、爆発、酸化等を防止するため換気することができない場合又は作業の性質上換気することが著しく困難な場合は、この限りでない。

⑦ 石綿障害予防規則

石綿障害予防規則とは、石綿（アスベスト）による障害に関する労働安全衛生法の施行規則をいい、石綿による障害の防止に関する事項などについて、規定している。

（作業計画）

第4条　事業者は、**石綿**等が使用されている**解体**等対象建築物等（前条第五項ただし書の規定により石綿等が使用されているものとみなされるものを含む。）の解体等の作業（以下「石綿使用建築物等解体等作業」という。）を行うときは、石綿による労働者の健康障害を防止するため、あらかじめ、作業計画を定め、かつ、当該作業計画により石綿使用建築物等解体等作業を行わなければならない。

（特別の教育）

第27条　事業者は、石綿使用建築物等解体等に係る業務に労働者を就かせるときは、当該労働者に対し、次の科目について、当該業務に関する衛生のための**特別の教育**を行わなければならない。

⑧ ボイラー及び圧力容器安全規則

ボイラー及び圧力容器安全規則とは、労働安全衛生法及び労働安全衛生法施行令の規定に基づき、ボイラー及び圧力容器の安全に関する事項が、規定されています。

（設置報告）

第91条　事業者は、小型ボイラーを設置したときは、遅滞なく、小型ボイラー設置報告書（様式第26号）に機械等検定規則第1条第1項第1号の規定による構造図及び同項第2号の規定による小型ボイラー明細書並びに当該小型ボイラーの設置場所の周囲の状況を示す図面を添えて、**所轄労働基準監督署長**に提出しなければならない。ただし、認定を受けた事業者については、この限りでない。

⑨ 年少者労働基準規則

年少者労働基準規則とは、労働基準法の規定に基づき、年少者の労働基準に関する事項が、規定されています。

（年少者の就業制限の業務の範囲）

第8条　法第62条第1項の厚生労働省令で定める危険な業務及び同条第2項の規定により**満18歳に満たない者**を就かせてはならない業務は、次の各号に掲げるものとする。

三　**クレーン**、デリック又は揚貨装置の運転の業務

五　最大積載荷重が**2トン以上**の人荷共用若しくは荷物用の**エレベーター**又は高さが15メートル以上のコンクリート用エレベーターの運転の業務

七　動力により駆動される**巻上げ機**（電気ホイスト及びエアホイストを除く。）、運搬機又は索道の運転の業務

八　直流にあつては**750ボルト**を、交流にあつては**300ボルト**を超える電圧の充電電路又はその支持物の点検、修理又は操作の業務

十　クレーン、デリック又は揚貨装置の**玉掛けの業務**（2人以上の者によつて行う玉掛けの業務における補助作業の業務を除く。）

二十三　土砂が崩壊するおそれのある場所又は深さが**5メートル以上**の地穴における業務

二十四　高さが**5メートル**以上の場所で、墜落により労働者が危害を受けるおそれのあるところにおける業務

二十五　**足場**の組立、解体又は変更の業務（地上又は床上における補助作業の業務を除く。）

索引

い

う

え

お

か

き

く

け

こ

す

せ

そ

た

ち

ね

の

は

ひ

ふ

へ

ほ

ま

み

む

め

も

ゆ

よ

著者紹介

石原 鉄郎（いしはら てつろう）

管工事施工管理技士、建築施工管理技士、電気施工管理技士、ビル管理士、給水装置工事主任技術者などの技術系国家試験の指導講師。講習会の指導講師のほか動画出演講師も勤める。著書に『建築土木教科書 1級・2級 電気通信工事施工管理技士 学科・実地 要点整理＆過去問解説』『建築土木教科書 炎のビル管理士 テキスト＆問題集』『工学教科書 炎の第3種冷凍機械責任者 テキスト＆問題集』『工学教科書 炎の2級ボイラー技士 テキスト＆問題集』『建築土木教科書 ビル管理士 出るとこだけ！ 第2版』『建築土木教科書 給水装置工事主任技術者 出るとこだけ！ 第2版』（以上、翔泳社）、『改訂版 はじめての人でもよく解る！　やさしく学べるビル管理の法律』（第一法規）などがある。

装丁　小口翔平 ＋ 青山風音（tobufune）
DTP　株式会社シンクス

建築土木教科書
2級 管工事施工管理技士 第一次・第二次検定 合格ガイド 第2版

2018年 5月21日　初　版　第1刷発行
2023年12月11日　第2版　第1刷発行
2024年 8月 5日　第2版　第2刷発行

著　者　　石原鉄郎（いしはらてつろう）
発行人　　佐々木幹夫
発行所　　株式会社 翔泳社（https://www.shoeisha.co.jp）
印刷／製本　株式会社 ワコー

ISBN978-4-7981-8286-5　　Printed in Japan